高校土木工程专业规划教材

建 筑 工 程 制 图

主　编　张　英　　郭树荣

副主编　江景涛　　钱书香

参　编　李腾训　　宋亦刚　　李素蕾

　　　　叶　玲　　张　岩

中国建筑工业出版社

图书在版编目（CIP）数据

建筑工程制图（含习题集）/张英，郭树荣主编. —北京：中国建筑工业出版社，2005

高校土木工程专业规划教材

ISBN 978-7-112-07321-4

Ⅰ.建... Ⅱ.①张... ②郭... Ⅲ.建筑工程-建筑制图-高等学校-教材 Ⅳ.TU204

中国版本图书馆 CIP 数据核字（2005）第 029291 号

高校土木工程专业规划教材

建 筑 工 程 制 图

主 编 张 英 郭树荣

副主编 江景涛 钱书香

参 编 李腾训 宋亦刚 李素蕾

*

中国建筑工业出版社出版、发行（北京西郊百万庄）

各地新华书店、建筑书店经销

北京市铁成印刷厂印刷

*

开本：787 毫米 × 1092 毫米 1/16 印张：34 字数：632 千字

2005年6月第一版 2007年12月第五次印刷

印数：11001—13000 册 定价：57.00 元（含习题集+多媒体课件）

ISBN 978-7-112-07321-4

（13275）

本书按照《房屋建筑制图统一标准》（GB/T 50001—2001）等最新颁布的国家标准编写。本书主要内容包括：绪论，点、线、平面的投影，曲线与曲面，基本形体及截交线、相贯线，建筑形体的投影，轴测图，建筑施工图，结构施工图的识读，设备施工图，建筑装饰施工图等。

本书配有内容丰富的教学课件，可供读者在使用本书时参考。

本书可作为高等学校本科土建类各专业的教材，也可供高等职业学院、成教学院、职工大学等其他类型学院师生参考使用，还可供相关工程技术人员使用。

* * *

责任编辑：吉万旺　张　晶
责任设计：崔兰萍
责任校对：关　健　王金珠

前　言

随着教育部制定的《面向21世纪高等工程教育教学内容和课程体系改革计划》的启动，为适应教学改革的发展，满足工科院校建筑工程类各专业的教学需要，根据高等学校工科制图课程教学指导委员会制定的《画法几何及土木建筑制图课程教学基本要求》的主要精神，结合近年来计算机应用技术的发展，参考国内外同类教材，总结多年的教学经验，特别是近年来本课程教学改革的实践经验编写而成的。

在编写本书时，以教育部全面推进素质教育，重在培养学生的创新精神和实践能力的教育思想为指导，从对学生知识结构全面提高的要求为前提确定了编写大纲。

教材采用最新颁布的《房屋建筑制图统一标准》，在图例选择方面尽量选用了国家标准上出现的图例，1996年11月28日，中华人民共和国建设部批准由山东省建筑设计研究院和中国建筑标准研究所编制的《混凝土结构施工图平面整体表示方法制图规则和构造详图》（96G101）图集，作为国家建筑标准设计图集，在全国推广使用。本书在结构施工图中，详细介绍了平法规则。在所有已出版的教材中是最先介绍平法作图的教材之一。

本书与之配套出版的还有张英、郭树荣主编的《建筑工程制图习题集》及课件。该课件采用了大量的三维动画演示，教师和学生可以对三维动画任意旋转从不同的角度观看各种构件的造型，并可以任意剖切观看内部结构，形象生动，使课程中的许多难点变得简单易懂（例如截交线、相贯线部分、钢筋配置情况）。

参加编写工作的人员有：张英、郭树荣、江景涛、钱书香、李腾训、宋亦刚、李素苗、叶玲、张岩等。由张英、郭树荣任主编，江景涛、钱书香任副主编。此外，董昌利、汪飞等绘制了书中的部分图形。多媒体课件制作人员：张英、叶玲、张岩、郭树荣、宋亦刚、李素蕾、张玉涛。

在编写过程中，得到淄博市规划设计、淄博怡康居装饰有限公司的大力支持，在此表示感谢。

在编写过程中，参考了一些国内同类教材，在此特向有关作者致谢。

由于编者水平有限，本书会存在一些错误和缺点，恳请读者和同行批评指正。

编　者
2004年11月

目　录

绪　　论

一、建筑工程制图课程的地位、性质和任务

　　一切现代化的工程，不论是建造工厂、住宅、公路、铁路、水坝、水闸，或是制造机床、汽车、轮船、机车、飞机等，都不可能没有图样而进行建筑或制造。因为，即使是对工程对象的最为详尽的语言说明或文字描述，也不可能使人充分领会而得出关于该工程对象的完整而明确的概念。最有效而适用的办法，莫过于用图样来表达。因此工程图样被誉为"工程技术界的语言"，是表达和交流技术思想的重要工具，工程技术部门的一项重要技术文件，也是指导生产、施工管理等必不可少的技术资料。土木建筑工程，包括房屋、给水排水、道路与桥梁等各专业的工程建设，都是先进行设计，绘制图样，然后按图施工的。比如在建筑工程中，无论是建造巍峨壮丽的高楼大厦（如图1所示）或者简单的房屋，都要根据设计完善的图纸，才能进行施工。这是因为建筑物的形状、大小、结构、设备、装修等，都不能用人类的语言或文字来描述清楚。但图纸却可以借助一系列的图样，将建筑物的艺术造型、外表形状、内部布置、结构构造、各种设备、地理环境以及其他施工要求，准确而详尽地表达出来，作为施工的根据。

　　工程图不仅是工程界的共同语言，还是一种国际性语言，因为各国的工程图纸都是根据统一的投影理论绘制出来的。因此掌握一国的制图技术，就不难看懂他国的图纸。各国的工程界相互之间经常以工程图为媒介，进行讨论问题、交流经验、引进技术、技术改革等活动。总之，凡是从事建筑工程的设计、施工、管理的技术人员都离不开图纸。没有图纸，就没有任何的工业建设。

　　图2所示是某一小学教学楼的一张建筑施工图。从图中的立面图、平面图和剖面图可以看到教学楼的长宽高度、南立面形状、内部间隔、教室大小、楼层高度、门窗楼梯的位置等主要施工资料，但还需要有总平面图来表示教学楼的位置、朝向、四周地形和道路等，以及用建筑详图来表示门、窗、栏杆等配件的具体做法。除了建筑施工图之外，还需要一套结构施工图来表示屋面、楼面的梁板、楼梯、地基等构件的构造方法。此外还需有设备施工图来表示室内给水、排水、电气等设备的布置情况。只有这样，才能满足施工的要求。上述这些表示建筑物及其构配件的位置、大小、构造和功能的图，称为图样。在绘图纸上绘出图样，并加上图标，能起指导施工作用，称为图纸。一般图样都是根据投影原理作出的正投影图。

　　因此，在高等学校土木建筑工程各专业的教学计划中，都设置了这门主干技术基础课，为学生的绘图和读图能力打下一定的基础，并在后继课程、生产实习、课程设计和毕业设计中继续培养和提高，使他们能获得在绘图和读图方面的初步训练。

　　本课程的任务主要在于：

　　培养绘制和阅读土木工程图样的基本能力。

　　具体地说，就是要在下列几个方面进行训练：

图 1　××大厦

1. 正确使用绘图仪器和工具，掌握熟练的绘图技巧；
2. 熟悉并能适当的运用各种表达物体形状和大小的方法；
3. 学会凭观察估计物体各部分的比例而徒手绘制草图的基本技能；
4. 熟悉有关的制图标准及各种规定画法和简化画法的内容及其应用；
5. 掌握有关专业工程图样的主要内容及特点；
6. 培养利用计算机绘制图形的基本能力；
7. 培养空间思维能力和空间分析能力；
8. 培养认真负责的工作态度和严谨细致的工作作风。

在学习过程中，还应注意丰富和发展三维形状及相关位置的空间逻辑思维和形象思维能力，为今后进一步掌握现代化图形技术和学习计算机辅助设计打下必要的基础。

2

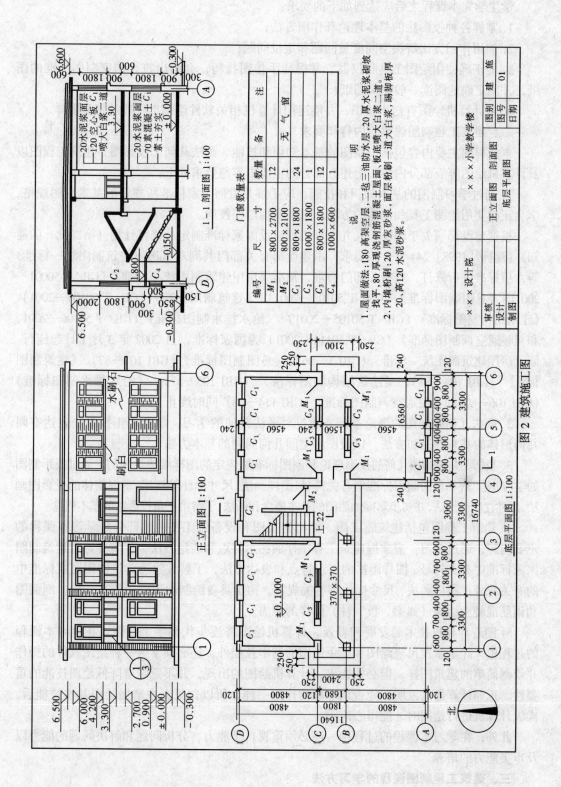

图 2 建筑施工图

学生学完本课程之后应达到如下的要求：

1. 掌握各种投影法的基本理论和作图方法；

2. 能用作图方法解决空间度量问题和定位问题；

3. 能正确使用绘图工具和仪器，掌握徒手作图技巧，会画出符合国家制图标准的图纸，并能正确地阅读一般建筑图纸；

4. 对计算机绘图有初步认识，并能运用计算机相关软件绘画出一般的工程图样。

二、建筑工程制图课程的内容和要求

本课程的主要内容包括：制图的基本知识和技能、画法几何、投影图、建筑工程图以及计算机绘图等五部分内容。上述五部分的主要内容与要求如下：

1. 通过学习制图的基本知识和技能，应了解并贯彻国家标准所规定的基本制图规格，学会正确使用绘图工具和仪器的方法，基本掌握绘图技能。

根据建设部《关于印发一九九八年工程建设国家标准制定、修订计划（第二批）的通知》（建标〔1998〕244 号）的要求，由建设部有关部门共同对《房屋建筑制图统一标准》等六项标准进行修订，经有关部门会审，批准《房屋建筑制图统一标准》（GB/ T 50001—2001）、《总图制图标准》（GB/ T 50103—2001）、《建筑制图标准》（GB/ T 50104—2001）、《建筑结构制图标准》（GB/ T 50105—2001）、《给水排水制图标准》（GB/ T 50106—2001）和《暖通空调制图标准》（GB/ T 50114—2001）为国家标准，自 2002 年 3 月 1 日起施行。原《房屋建筑制图统一标准》（GBJ 1—86）、《总图制图标准》（GBJ 103—87）、《建筑制图标准》（GBJ 104—87）、《建筑结构制图标准》（GBJ 105—87）、《给水排水制图标准》（GBJ 106—87）和《暖通空调制图标准》（GBJ 114—88）同时废止。

2. 画法几何是制图的理论基础。通过对画法几何的学习，学会用正投影法表达空间几何形体的基本理论和方法，以及图解空间几何问题的基本方法。

3. 投影图是按画法几何的投影理论和制图标准所规定的图样画法绘制的。通过投影制图的学习，应了解和贯彻制图标准中有关符号、图样画法、尺寸标注等规定，掌握物体的投影图画法、尺寸注法和读法，并初步掌握轴测图的基本概念和画法，了解第三角投影法的基本概念。

4. 建筑工程图包括建筑施工图、结构施工图和设备施工图，这部分是学习本课程的主要内容，通过学习，应掌握建筑工程图样的图示特点和表达方法，了解并熟悉建筑制图国家标准中有关符号、图样画法的图示特点和表达方法，了解并熟悉建筑制图国家标准中的有关符号、图样画法、尺寸标注等有关规定。初步具备绘制和识读建筑平、立、剖面图和钢筋混凝土结构（如梁、板、柱）图样的能力。

5. 随着计算机技术的发展和普及，计算机绘图将逐步代替手工绘图。在学习本课程的过程中，除了掌握尺规绘图和徒手绘图的基本技能外，还必须学会一种绘图软件的操作并绘制简单的建筑图样。但必须指出，计算机绘图的出现，并不意味着降低绘图技能的重要性，正如计算器的发明不能否认珠算的作用一样。所以，只有在掌握绘图基本技能后，操纵计算机进行绘图时才能得心应手。

此外，在学习本课程的过程中，还必须重视自学能力、分析问题和解决问题的能力以及审美能力的培养。

三、建筑工程制图课程的学习方法

本课程是一门既有理论且实践性较强的技术基础课，其核心内容主要是学习如何用二维平面图形来表达三维空间形体的形状，由已画好的二维平面图形来想像空间三维形体的形状，初步掌握绘制和识读建筑工程图样的能力。本课程主要内容中的画法几何是制图的理论基础，比较抽象，系统性和理论性较强。制图是投影理论的运用，实践性较强，学习时要努力完成一系列的绘图作业。计算机绘图是工程技术人员必须掌握的一门近代新技术，需努力学习，打下较好的基础。学习时要讲究学习方法，方能提高学习效果。

1. 工程图样是重要的技术文件，是施工和制造的依据，不能有丝毫的差错。图中多画或者少画一条线，写错或遗漏一个尺寸数字，都会给生产带来严重的损失。因此，在学习过程中，必须具备高度的责任心，养成实事求是的科学态度和严肃认真、耐心细致、一丝不苟的工作作风。

2. 绘图和读图能力的培养，主要是通过一系列的绘图实践，包括编写程序和上机操作来实现的。因此，应认真对待并及时完成每一次的练习或作业，逐步掌握绘图和读图方法，熟悉有关的制图标准规格。

3. 要养成正确使用绘图仪器和工具的习惯，严格遵守国家标准和规定，遵循正确的作图步骤和方法，不断提高绘图效率。

4. 投影制图部分，是土木工程制图的重点，也是学好有关专业图的重要基础，因此必须达到熟练掌握的程度。特别要注意掌握形体分析法，学会把复杂的形体分解为简单形体组合的思维方法，从而提高绘图和读图能力。

5. 建筑制图课程只能为学生制图能力的培养打下一定基础。学生还应在以后的各门技术基础课程和专业课程、生产实习、课程设计和毕业设计中，无论读图或绘图，都应自始至终严格要求自己，并且尽可能采用计算机新技术。只有这样，才能完成国家培养合格工程师在制图能力方面的训练，毕业后能出色地为我国现代化建设服务。

应该强调的是：在本课程的学习过程中，要逐步增强自学能力，随着学习进度及时复习和小结。必须学会通过自己阅读作业指示和查阅教材来解决习题和作业中的问题，作为培养今后查阅有关的标准、规范、手册等资料来解决工程实际问题能力的起步。要有意识地逐步将中学时期的学习方法转变为适应于高等学校的学习方法。

四、中国古代建筑制图的成就

中国是世界上文化发达最早的国家之一。在数千年的悠久历史中，勤劳智慧的中国劳动人民创造了辉煌灿烂的文化。在科学技术方面（例如天文、地理、建筑、水利、机械、医药等），我国都曾为世界文明的发展作出过卓越的贡献，留下丰富的遗产。与科学技术密切相关的制图技术，也必然相应地获得光辉的成就。

历代封建王朝，无不大兴土木，修筑宫殿、苑囿、陵寝。根据历史记载就可知道，我国早已使用了较好的作图方法，如在《周髀算经》中就有商高用直角三角形边长为3:4:5的比例作直角的记载；在春秋战国时的著作中，也曾述及绘图与施工划线工具的应用，如在墨子的著述中就有"为方以矩，以圆为规，直以绳，衡以水，正以垂"，矩是直角尺，规是圆规，绳是木工用于弹画直线的墨绳，水是用水面来衡量水平方向的工具，垂是用绳悬挂重坠来校正铅坠方向的工具；《史记》称："秦每破诸侯，写放其宫室，作之咸阳北阪上。"这说明秦灭六国曾派人摹绘各国宫室，仿照其式样建造于咸阳。设计制图在我国史籍中有许多记载，例如"齐王起九重之台，募国中能画者……画台"（见《说苑》）。人们熟知的阿房宫是秦始皇于渭南上林苑所建朝宫的前殿，《史记》称："前殿阿房，东西五百步，南北五十丈，上可以坐万人，下可以建五丈旗，周驰为阁道，自殿下直抵南山。表南山之巅为以为阙。为复道，自阿房渡渭，属之咸阳，以象天极。"唐代杜牧《阿房宫赋》中有所谓"覆压三百余里，隔离天日"的描述。这样巨大的建筑工程，没有图样是不可能建成的。

中国古代的工程技术虽然有过光辉的历史，但由于长期处于封建统治之下，19世纪中叶后又处于半封建、半殖民地状态，生产力发展受到极大阻碍，工业落后，制图技术更不被重视，发展缓慢。中华人民共和国成立以后，尤其是改革开放以来，我国工、农业生产和科学技术获得空前发展，国家又制定了相应的制图标准，制图的理论、应用以及制图技术，都随之向前迈进。特别是电子计算机的诞生和发展，它的高速计算能力、强大而高效的图形、文字处理功能和巨大的存储能力，与人类的知识、经验、逻辑思维能力紧密结合，形成了高速、高效、高质的人机结合交互式计算机辅助设计系统。这一系统使制图技术产生了根本性的革命。目前使用计算机绘图技术的设计、科研和生产单位已越来越广泛。在肯定我国古代制图技术方面的卓越成就的同时，必须览古励金，鞭策自己，为早日实现制图技术的自动化，促进我国实现现代化而作出贡献。

五、计算机绘图简介

自古以来，图形常被用作传达信息的工具，人们一直沿用直尺和圆规在图板上绘制图样。随着科学技术的进步，图形日趋复杂，要求精细的图样也逐渐增多，传统的手工绘图方式越来越不能满足要求。自20世纪50年代人们就开始研究怎样利用计算机绘图。计算机绘图就是将有关图形问题用数据来描述，使它变为计算机可以接受的信息并存储在计算机里，经数字处理后在显示设备上显示图形，最后用绘图机画出图形。将数据转换成图形的过程是由硬件系统来承担。

在我国，计算机绘图技术起步较晚，但进步较快：1960年，研制成数控绘图仪；1977年又研制成平面电机型绘图机；1981年，科学院研制成PDH—120自动绘图系统。

应用计算机技术进行绘图，首先要把待绘画的客体（即想像中的物体）用数据来描述，使它变为计算机可以接受的信息，也就是建立数学模型。然后，把数学模型采用方便的数据结构或数据库，输入计算机存储起来。最后，经过计算机处理生成模型的图像，在屏幕上显示，或由绘图机画出。由此就产生了一门新兴的学科——计算机图学，为计算机绘图提供理论依据和技术上的准备，这是一门具有广阔发展前途的学科。

现在，计算机绘图技术已在各种科学技术和生产部门获得了广泛的应用，无论是机械、船舶、电子等产品的设计，还是建筑、铁道、电站等工程设计，都可以应用计算机辅助设计（CAD）。于是计算机绘图就成为CAD的一个组成部分。在科学研究领域里，计算机绘图大量用于产生数学、物理和经济等各方面的各项数据的二维和三维图形，简明地表示了函数的势态，便于人们了解复杂的现象。在其他方面，计算机绘图技术应用也很广，例如飞行员的仿真训练，在艺术和商业方面制作动画片，在农业、医学等领域里也都有应用，不胜枚举。

20世纪80年代以来，随着微型计算机性能的日益提高及其价格的逐渐降低，使过去只能由大、中、小型计算机承担的绘图任务，现在可以由微型计算机绘图来承担。为普及和推广计算机绘图技术创造了有利的条件。

目前，在国内外工程上应用较为广泛的绘图软件是AutoCAD，它是美国Autodesk公司开发的一个交互式图形软件系统。该系统自 1982 年问世以来，经过 20 多年的应用、发展和不断完善，版本几经更新，功能不断增强，已成为目前最流行的图形软件之一。Auto-CAD 具有强大的绘制图形和编辑图形功能，还具有开放的体系结构，提供了多种二次开发的支持工具或环境。用户可结合自己的应用需求利用这些工具或环境进行二次开发。

第一章 制图的基本知识

第一节 国 家 制 图 标 准

图样是工程界的技术语言，为了使工程图样达到基本统一，便于生产和技术交流，绘制工程图样必须遵守统一的规定，这个在全国范围内的统一的规定就是国家制图标准。

本书主要采用由国家质量技术监督局发布各个部门的技术图样均适用的统一的《技术制图》、建设部发布的《房屋建筑制图统一标准》（GB/ T 50001—2001）、《总图制图标准》（GB/ T 50103—2001）、《建筑制图标准》（GB/ T 50104—2001）、《建筑结构制图标准》（GB/ T 50105—2001）、《给水排水制图标准》（GB/ T 50106—2001）。下面介绍标准中的部分内容。

一、图纸幅面

1. 图纸幅面与图框

图纸幅面简称图幅，是指图纸尺寸的大小，为了使图纸整齐，便于保管和装订，在国标中规定了图幅尺寸。常见的图幅有 A0、A1、A2、A3、A4 等，详见表 1-1。

幅 面 及 图 框 尺 寸 （mm）　　　　　　　　表 1-1

尺寸代号 ＼ 幅面代号	A0	A1	A2	A3	A4
$b \times l$	841×1189	594×841	420×594	297×420	210×297
c	10			5	
α	25				

由表 1-1 可看出，A1 图幅是 A0 图幅的对裁，A2 图幅是 A1 图幅的对裁，其余类推。表中代号意义见图 1-1 所示。

一般 A0 ~ A3 图幅宜横式使用，如图 1-1（a），必要时，也可竖式使用，如图 1-1（b）。根据实际需要，图纸幅面的长边可适当加长，但不是任意的，需符合国标规定，详见表 1-2。

图纸长边加长尺寸（mm）　　　　　　　　表 1-2

幅面代号	长边尺寸	长 边 加 长 后 尺 寸									
A0	1189	1486	1635	1783	1932	2080	2230	2378			
A1	841	1051	1261	1471	1682	1892	2012				
A2	594	743	891	1041	1189	1338	1486	1635	1783	1932	2080
A3	420	630	841	1051	1261	1471	1682	1892			

注：有特殊需要的图纸，可采用 $b \times l$ 为 841mm × 891mm 与 1189mm × 1261mm 的幅面。

无论图纸是否装订,都应画出图框,没有装订边的图纸请参见国家制图标准,其尺寸如图1-1。

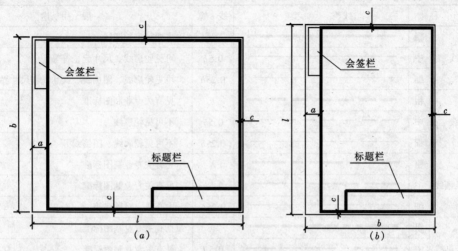

图 1-1　图框的格式

(a) 横式幅面;(b) 竖式幅面

2. 标题栏与会签栏

标题栏位于图纸的右下角,是用来填写工程名称、设计单位、图名、图纸编号等内容,其尺寸和分区格式见《房屋建筑制图统一标准》。

在本课程的学习过程中,制图作业的标题栏建议采用图1-2所示的格式、大小和内容,外边框用粗实线绘制,分格线用细实线绘制。

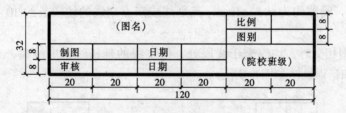

图 1-2　本书作业采用的标题栏

会签栏位于图纸的左上角图框线处,如图1-3,是用来填写会签人员所代表的专业、姓名、日期(年、月、日)等。不需会签的图纸,可不设会签栏。

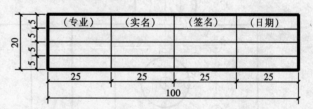

图 1-3　会签栏

二、图线

画在图上的线条统称图线,为了使图上的内容主次分明、清晰易看,在绘制工程图时,采用不同线型和不同粗细的图线来表示不同的意义和用途。各种图线和用途见表1-3。

表中图线的宽度"b"应根据图形的比例大小和复杂程度来决定,并应在0.35、0.5、0.7、1.0、1.4、2.0mm系列中选取。

画图线时要注意:

名　称		线　型	线　宽	一　般　用　途
实线	粗		b	主要可见轮廓线
	中		$0.5b$	可见轮廓线、尺寸起止符等
	细		$0.25b$	可见轮廓线、图例线、尺寸线和尺寸界线等
虚线	粗		b	见有关专业制图标准
	中		$0.5b$	不可见轮廓线
	细		$0.25b$	不可见轮廓线、图例线等
单点长画线	粗		b	见有关专业制图标准
	中		$0.5b$	见有关专业制图标准
	细		$0.25b$	中心线、对称线等
双点长画线	粗		b	见有关专业制图标准
	中		$0.5b$	见有关专业制图标准
	细		$0.25b$	假想轮廓线、成型前原始轮廓线
波浪线			$0.25b$	断开界线
折断线			$0.25b$	断开界线

1．同一张图纸内，相同比例的各图样，应选用相同的线宽组。

2．相互平行的图线，其间隙不宜小于其中的粗线宽度，且不宜小于 0.7mm。

3．虚线、单点长画线或双点长画线的线段长度和间隙，宜各自相等。其中虚线的线段长约 3~6mm，间隙约为 0.5~1mm，点划线或双点划线的线段长约 10~30mm，间隙约为 2~3mm。

4．各种线型相交时，均应交于线段处，但实线的延长线是虚线时，要留有空隙。它们的正确画法和错误画法如图1-4所示。

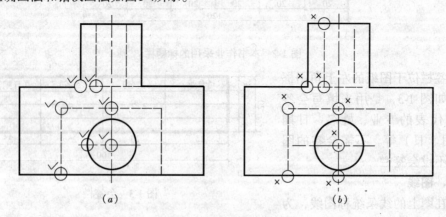

图 1-4　各种线型交接
（a）正确；（b）错误

5．图线不得与文字、数字或符号重叠、相交，不可避免时应首先保证文字等的清晰。

6．单点长画线或双点长画线的两端，不应是点。

7. 单点长画线或双点长画线，当在较小图形中绘制有困难时，可用实线代替。

三、字体

图纸上所需书写的文字、数字、符号等，均应笔划清晰、书写端正、排列整齐、间隔均匀。

1. 汉字

汉字应采用国家规定的简化汉字，并用长仿宋字体。文字的字高即字号，应从下列系列中选用：20、14、10、7、5、3.5mm。字的高度和宽度的关系，应符合表1-4的规定。

长仿宋字体字高宽关系（mm）　　　　　　　　　　表 1-4

字　高	20	14	10	7	5	3.5
字　宽	14	10	7	5	3.5	2.5

写好长仿宋体字的基本要领为横平竖直、起落分明、结构匀称、填满方格。字体示例如图 1-5 所示。长仿宋体字和其他汉字一样，都是由 8 种笔划组成，见表 1-5。在书写时，要先掌握基本笔划的特点，注意在运笔时，起笔和落笔要有棱角，使笔划形成尖端或三角形，字体的结构布局，笔划之间的间隔均匀相称，偏旁、部首比例的适当，也不可忽视。要写好长仿宋体字，正确的方法是按字体大小，先用细实线打好框格，多描摹和临摹。多看、多写，持之以恒，自然熟能生巧。

图 1-5　字体示例

2. 拉丁字母和数字

在设计图纸中，所有涉及的拉丁字母、阿拉伯数字与罗马数字都可按需要写成直体字或斜体字，斜体字斜度应是从字的底线逆时针向上倾斜75°角，如图1-5所示的拉丁字母、阿拉伯数字。字高应不小于3.5mm。

长仿宋体字的基本笔划和写法　　　　　　　　　　表1-5

名　称	横	竖	撇	捺	挑	点	钩
形　状	一	丨	ノ	＼	✓	ハ	丁乚
笔　法	一	丨	ノ	＼	✓	ハ	丁乚

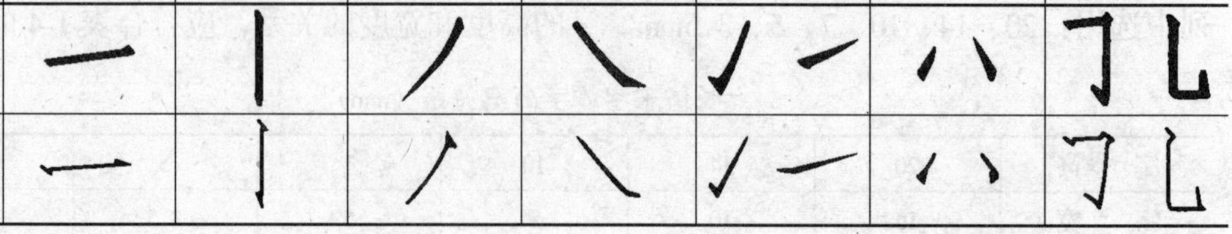

四、比例

图样的比例应为图形与实物对应的线性尺寸之比，宜注写在图名的右侧，字的基准线应取平，比例的字高应比图名的字高小一号或二号，如图1-6所示。绘图时所用的比例，应根据图样的用途与被绘对象的复杂程度从表1-6中选用，并优先选用表中的常用比例。

底层平面图 1:100

图1-6　比例的注写

一般情况下，一个图样应选用一个比例。根据专业制图的需要，同一图样也可选用两种比例。

绘 图 所 用 比 例　　　　　　表1-6

常用比例	1:1、1:2、1:5、1:10、1:20、1:50
	1:100、1:150、1:200、1:500、1:1000、1:2000、1:5000
	1:10000、1:20000、1:50000、1:100000、1:200000
可用比例	1:3、1:4、1:6、1:15、1:25、1:30、1:40、1:60、1:80
	1:250、1:300、1:400、1:600

五、尺寸标注

图样除了画出建筑物及其各部分的形状外，还必须准确地、详尽地、清晰地标注尺寸，以确定其大小，作为施工时的依据。因此，尺寸标注是图样中的另一重要内容，也是制图工作中极为重要的一环，需要认真细致、一丝不苟。

1. 尺寸的组成

一个完整的尺寸由尺寸界线、尺寸线、尺寸起止符号、尺寸数字组成，故常称为尺寸的四大要素，如图1-7所示。

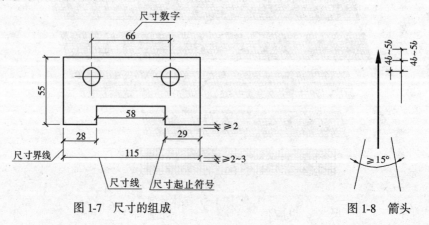

图1-7　尺寸的组成　　　　　　　　　图1-8　箭头

（1）尺寸界线　表示尺寸的范围。一般用细实线画出，并垂直于被注线段。其一端应离开轮廓线不小于2mm，另一端伸出尺寸线外2～3mm，有时也可以借用轮廓线、中心线等作为尺寸界线，如图1-7中的尺寸58、66。

（2）尺寸线　表示尺寸的方向。尺寸线必须用细实线单独画出，不能用其他图线代替，也不能画在其他图线的延长线上；标注线性尺寸时，尺寸线必须与所注的尺寸方向平行，且与图形最外轮廓线距离不小于10mm；当有几条相互平行的尺寸线时，大尺寸要注在小尺寸的外面，以免尺寸线与尺寸界线相交。在圆或圆弧上标注直径尺寸时，尺寸线一般应通过圆心或其直径的延长线上。

（3）尺寸起止符号　表示尺寸的起止位置。用中实线绘制，其长度约为2～3mm，其倾斜方向与尺寸界线顺时针方向成45°角。

标注半径、直径、角度、弧长等尺寸时，尺寸起止符号用箭头表示。箭头画法如图1-8所示。

（4）尺寸数字　表示线段的真实大小，与图样的大小及绘图的准确性无关。尺寸数字一律用阿拉伯数字书写，长度单位规定为毫米（即"mm"，可省略不写）；线性尺寸的数字一般注在尺寸线的中部。水平方向的尺寸，尺寸数字要写在尺寸线的上面，字头朝上；垂直方向的尺寸，尺寸数字要写在尺寸线的左侧，字头朝左；倾斜方向的尺寸，尺寸数字字头要保持朝上的趋势，应按图1-9（a）的形式书写；应避免在图中所示30°范围内标注尺寸，当实在无法避免时，可按图1-9（b）的形式书写。当尺寸界线间隔较小时，尺寸数字可注在尺寸界线外侧，或上下错开，或用引出线引出再标注，如图1-9（c）所示。在剖面图中写尺寸数字时，应在空白处书写，而在空白处不画剖面线，如图1-9（a）。

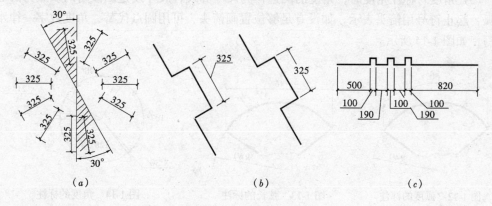

（a）　　　　　　　　　（b）　　　　　　　　　（c）

图1-9　尺寸的书写形式

2．圆弧的标注

凡小于或等于半圆的圆弧，其尺寸标注半径。半径尺寸线一端从圆心开始，另一端画箭头指向圆弧。半径尺寸数字前应加注半径符号"r"或"R"，如图1-10所示。当圆弧半径较大、圆心较远时，半径尺寸线可画成折线或断开线，但应对准圆心，如图1-10所示。

3．圆的标注

圆及大于半圆的圆弧应标注直径。在标注圆的直径尺寸数字前应加注直径符号"ϕ"，如图1-11所示。直径尺寸线应通过圆心，两端画箭头指向圆弧；较小圆的直径尺寸，可标注在圆外，其直径尺寸线也应通过圆心，两端所画箭头应从圆内或圆外指向圆弧，如

图 1-11 所示。

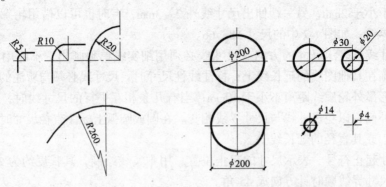

图 1-10 圆弧的标注　　　　　　图 1-11 圆的标注

4. 球的标注

标注球的直径或半径尺寸时，应在尺寸数字前加注符号"$S\phi$"或"SR"。注写方法与圆弧半径和圆直径的尺寸标注方法相同。

5. 弧度、弦长、角度的标注

(1) 弧度　标注弧长时，尺寸线应是该圆弧的同心圆弧，尺寸界线应垂直于该圆弧的弦，起止符号用箭头表示，弧长数字上方，应加圆弧符号"⌒"弦长，如图 1-12 所示。

(2) 弦长　标注圆弧的弦长时，尺寸线应是平行该弦的直线，尺寸界线应垂直于弦，起止符号用中粗 45°斜短线表示，如图 1-13 所示。

(3) 角度　标注角度时，角度的两边作为尺寸界线，尺寸线是以该角的顶点为圆心的圆弧，起止符号用箭头表示，如没有足够位置画箭头，可用圆点代替，角度数字一律水平注写，如图 1-14 所示。

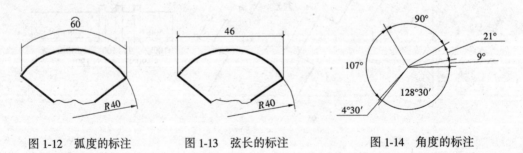

图 1-12 弧度的标注　　　图 1-13 弦长的标注　　　图 1-14 角度的标注

6. 坡度的标注

标注坡度时，在坡度数字下，应加注坡度符号，坡度符号用单面箭头，一般应指向下坡方向，如图 1-15 所示。其注法可用百分比表示，如图 1-15（a）中的 2%；也可用比例表示，如图 1-15（b）中的 1:2；还可用直角三角形的形式表示，如图 1-15（c）中的屋顶坡度。

7. 多层结构的标注

指引线应通过并垂直于被引的各层，文字说明的次序与构造的层次一致，如图 1-16 所示。

尺寸标注中还有其他的一些详细规定，具体可查阅《房屋建筑制图统一标准》（GB/T

50001—2001）。

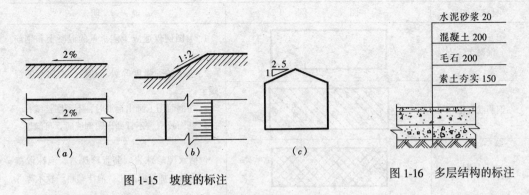

图 1-15 坡度的标注

图 1-16 多层结构的标注

六、常用建筑材料

当建筑物或建筑材料被剖切时，通常在图样中的断面轮廓线内，画出建筑材料图例，如表 1-7 中列出的是常用建筑材料图例。

常用建筑材料图例 　　　　　　　　　　　　　　　　　　表 1-7

材料名称	图　例	说　明
自然土壤		包括各种自然土壤
夯实土壤	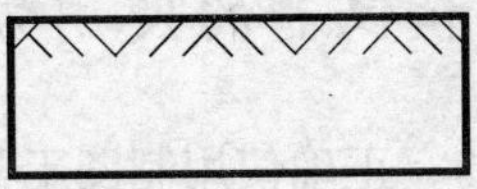	
砂、灰土	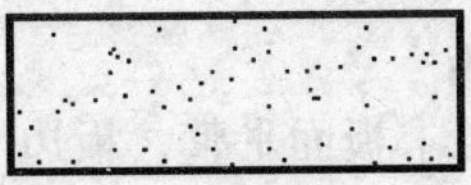	靠近轮廓线绘较密的点
砂砾石、 碎砖、三合土	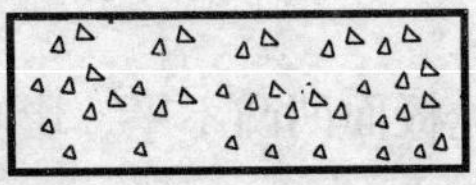	
石　材	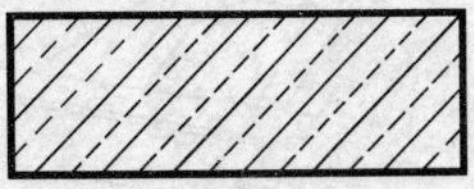	
毛　石	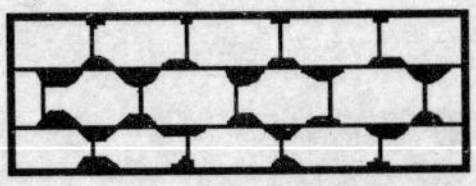	
普通砖	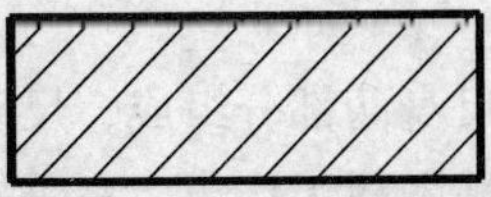	包括实心砖、多孔砖、砌块等砌体，断面较窄不易绘出图例线时，可涂红

15

材料名称	图 例	说 明
混凝土		1. 本图例仅适应于能承重的混凝土和钢筋混凝土;
钢筋混凝土		2. 包括各种强度等级、骨料、添加剂的混凝土; 3. 在剖面图上画出钢筋时，不画图例线; 4. 断面较窄，不宜画出图例线时，可涂黑
多孔材料		包括水泥珍珠岩、沥青珍珠岩、泡沫混凝土、非承重加气混凝土、泡沫塑料、软木等
木 材		1. 上图为横断面，左上图为垫木、木砖、木龙骨; 2. 下图为纵断面
金 属		1. 包括各种金属; 2. 图形小时，可涂黑

第二节　绘图工具和仪器的使用方法

工程图样通常是用制图工具和仪器绘制的，正确使用制图工具和仪器，是保证图面质量和提高绘图速度的基础。以下简要介绍常用制图工具和仪器的使用方法。

一、图板

图板用于固定图纸。图板为矩形木板，要求板面平整，板边平直。绘图时其长边为水平方向，短边为垂直方向，左侧短边称为工作边，如图 1-17 所示。图纸要用胶带纸固定，较小图纸放在图板的偏左下方。

图板不能水洗或曝晒，更不能刻划，以免板面凹凸不平，影响图面质量。

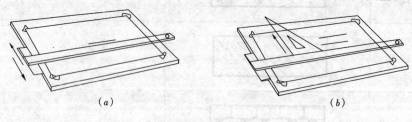

图 1-17　图板与丁字尺
（a）作水平线;（b）作竖直线

二、丁字尺

丁字尺用于画水平线。丁字尺由尺头和尺身两部分组成，尺头的内边缘和尺身的上边缘为工作边。画水平线时，使尺头内边缘紧贴图板工作边，左手按住尺身，右手握笔，沿尺身上边缘（工作边）从左向右画线。丁字尺沿图板工作边上下滑动，可画出多条水平线，顺序是先上后下，如图1-17（a）所示。

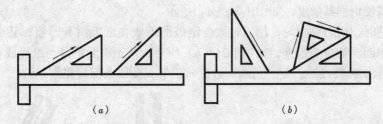

图1-18　丁字尺与三角板
（a）作30°、45°斜线；（b）作60°、75°、15°斜线

三、三角板

一副三角板有两块，分别按其最小锐角称为30°和45°三角板。

三角板与丁字尺配合用于画铅垂线和15°倍角的倾斜线，如图1-18所示。

两块三角板互相配合，可以画出任意直线的平行线和垂直线，如图1-19所示。

图1-19　两块三角板配合使用

四、比例尺

要把建筑物表达在纸上，必须按一定的比例缩小。比例尺就是用来缩小（也可用来放大）图形用的。常用的比例尺是三个面上刻有六种比例的三棱尺，单位为米，如图1-20所示。也有的比例尺做成直尺形状，叫做比例直尺。常用的百分比例尺有1:100、1:200、1:500；常用的千分比例尺有1:1000、1:2000、1:5000。

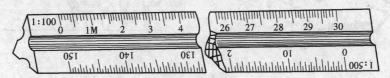

图1-20　比例尺

我们在绘图时，不需通过计算，可以直接用它在图纸上量得实际尺寸。如已知图形的比例是1:100，画出一长度为1500mm的线段，就可用比例尺上1:100的刻度去量取15，即可得到该线段的长度15mm，即1500mm。

五、铅笔

绘图所用铅笔以铅芯的软硬程度来分，"B"表示黑，"H"表示软硬，其前面的数字

17

越大，表示铅笔的铅芯越黑或越硬。

削铅笔时，应削成圆锥形或楔形（顶端为矩形，宽度等于线条宽度），注意保存有标号的一端，以便识别其硬度，如图1-21（a）所示。

使用铅笔时，用力要均匀，用力过大会刮破图纸或在纸上留有凹痕，甚至折断铅芯。画线时，从侧面看笔身要铅直，如图1-21（b）所示，从正面看笔身与纸面成60°角，如图1-21（c）所示。画长线时，要一边画一边旋转铅笔，使线条保持粗细一致。

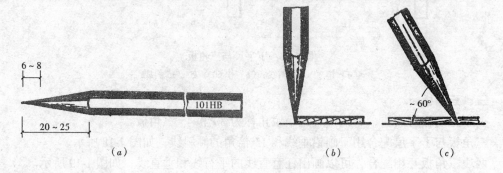

图 1-21　铅笔
(a) 铅笔的削法；(b) 侧面看；(c) 正面看

六、圆规

圆规是画圆或圆弧的工具，如图1-22。圆规有两条腿，无肘关节的腿装有定圆心用的钢针，有肘关节的腿可按需要换装铅笔插脚（画铅笔图用）、墨线插脚（画墨线图用）或钢针插脚（作分规用）。画大圆时，可在圆规上接一个延伸杆，如图1-22（b）所示。

画圆或圆弧时，所用铅笔芯的型号要比画同类直线的铅笔软一号。为了方便使用圆规，应使针尖略长于铅芯，如图1-22（b）所示。

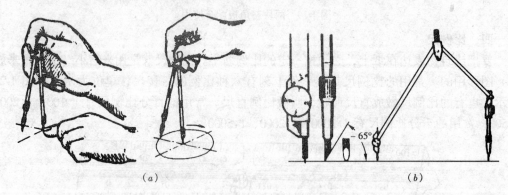

图 1-22　圆规

七、分规

分规主要是用于量取线段和等分线段的，如图1-23所示。

八、曲线板

曲线板（如图1-24a）是用来画非圆曲线的。

如图1-24所示，已知曲线上各点，画图步骤如下：

（1）徒手用铅笔轻轻地依次把各点光滑连接，如图1-24（b）。

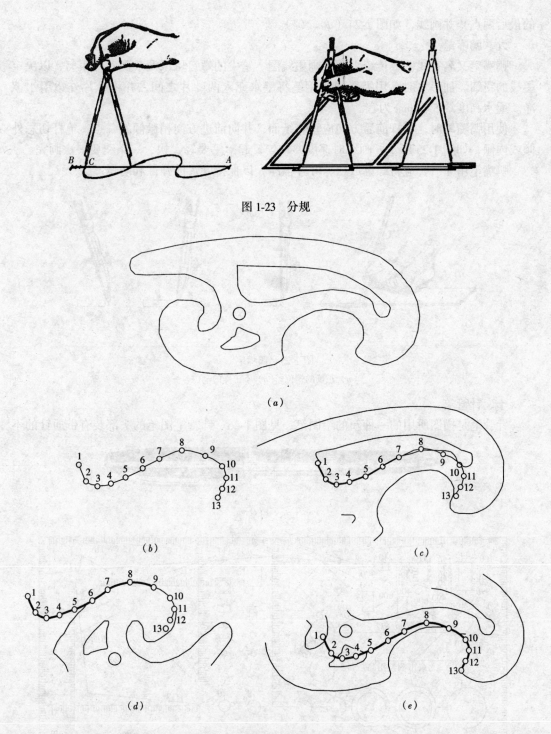

图 1-23　分规

（a）

（b）　　　　　　　　　　　　（c）

（d）　　　　　　　　　　　　（e）

图 1-24　曲线板

（2）根据曲线上各点的弯曲趋势，找出曲线板与曲线相吻合的线段。画线时最后一点不画，如图 1-24（c）的 8 点。

（3）依次找出曲线板与曲线相吻合的线段（每次尽量多吻合几点，并包括前一次吻合的最后两点）并画线，如图 1-24 (d)、(e)。

九、鸭嘴笔

鸭嘴笔又名直线笔，传统上用于画墨线图。笔尖的螺钉可以调节两叶片距离，以决定墨线的粗细。加墨水时，用吸管或小钢笔将墨水充入两叶片之间，并将叶片外边墨水擦净。墨水高度约 5~6mm 为宜。

使用鸭嘴笔时，笔杆前后方向应垂直纸面，并向前进方向稍微倾斜一点；笔杆切忌外倾或内倾，如图 1-25 所示。画线时速度要均匀，起落笔要轻、快，一条线要一次画完。

鸭嘴笔用完后，应将螺母放松，叶片擦净，以保持叶片的弹性和防锈。

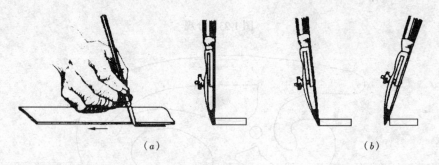

图 1-25　鸭嘴笔
(a) 正确的笔位；(b) 不正确的笔位

十、针管笔

针管笔是描图所用的一种新的绘图笔，见图 1-26。针管笔图笔的头部装有带通针的不

图 1-26　针管笔

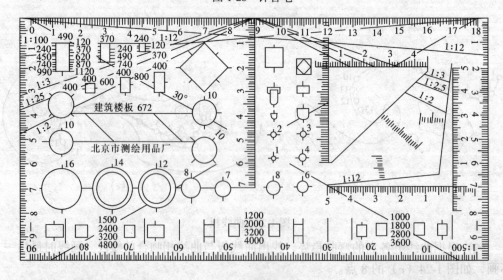

图 1-27　建筑模板

锈钢针管，针管的内孔直径从 0.1~1.2mm，有多种型号。把针管笔装在专用的圆规夹上还可画出墨线圆及圆弧，见图 1-26。

针管笔需使用炭素墨水，不用时，应将管内墨水挤出，并用清水洗净。

十一、制图模板

为了提高制图的质量和速度，把制图时常用的一些图形、符号、比例等刻在一块有机玻璃上，作为模板使用。常用的模板有建筑模板、结构模板、轴测模板等。图 1-27 为建筑模板。

第三节 几 何 作 图

根据已知条件，画出所需要的平面图形为几何作图。几何作图是绘制各种平面图形的基础，也是绘制各种工程图样的基础。下面介绍一些常用的几何做图方法。

一、等分直线段（图 1-28）

（1）已知直线段 AB，如图 1-28（a）所示。

（2）过 A 点作任意直线 AC，用直尺在 AC 上从点 A 截取任意长度为五等份，得 1、2、3、4、5 各点，如图 1-28（b）所示。

（3）连接 $B5$，然后过其他等分点分别作直线平行于 $B5$，交 AB 于五个等分点，即为所求，如图 1-28（c）所示。

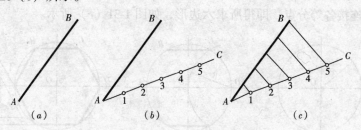

图 1-28　五等分线段 AB

二、分两平行线之间的距离为已知等份（图 1-29）

（1）已知平行线 AB 和 CD，如图 1-29（a）所示。

（2）置直尺 O 点于 CD 上，摆动尺身，使刻度 5 落在 AB 直线上，截得 1、2、3、4 各等分点，如图 1-29（b）所示。

（3）过各等分点作 AB（或 CD）的平行线，即为所求，如图 1-29（c）所示。

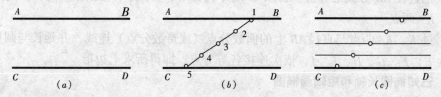

图 1-29　分两平行线 AB 和 CD 之间的距离为五等份

三、作圆的内接正多边形

1. 作圆的内接正五边形（图 1-30）

（1）已知圆 O，如图 1-30（a）所示。

（2）作出半径 OA 的中点 B，以 B 为圆心，BC 为半径画弧，交直径于 E，如图 1-30（b）所示。

（3）以 CE 为半径，分圆周为五等份。依次连接各五等分点，即得所求五边形，如图 1-30（c）所示。

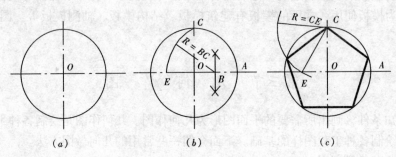

图 1-30　作圆的内接正五边形

2. 作圆的内接正六边形（图 1-31）

可以用两种方法求作：一种是用圆规作图，一种是用三角板作图。

（1）已知圆 O，如图 1-31（a）所示。

（2）用 R 划分圆周为六等份，如图 1-31（b）所示。

（3）依次连接各等分点，即得所求六边形，如图 1-31（c）所示。

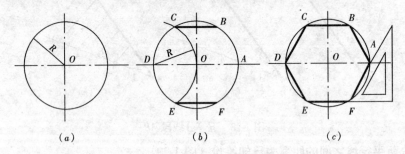

图 1-31　作圆的内接正六边形

3. 作圆的内接任意正多边形（图 1-32）

下面以作已知圆 O 的正七边形为例介绍：

（1）把直径 AB 分成七等份。再以 B 或 A 为圆心，BA 为半径画弧，与 CD 的延长线交于 K、K' 两点。

（2）过 K、K' 两点与直径 AB 上的偶数分点（或奇数分点）连线，并延长与圆周交于 A（B）、E、F、G、H、I、J，依次连接各等分点，即得所求七边形。

四、已知椭圆长轴和短轴画椭圆

1. 同心圆法（图 1-33）

（1）已知椭圆短轴 AB 和长轴 CD，如图 1-33（a）所示。

（2）分别以 AB 和 CD 为直径作大小两圆，并等分两圆周为若干份，例如十二等份，如图 1-33（b）所示。

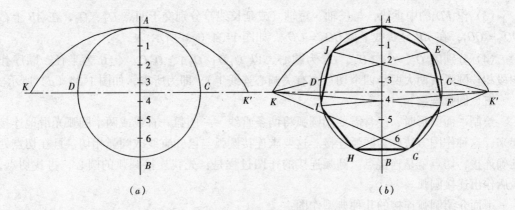

图 1-32 作圆的内接正多边形

（3）从大圆各等分点作垂直线，与过小圆各对应等分点所作的水平线相交，得椭圆上各点。用曲线板连接起来，即得所求，如图 1-33（c）所示。

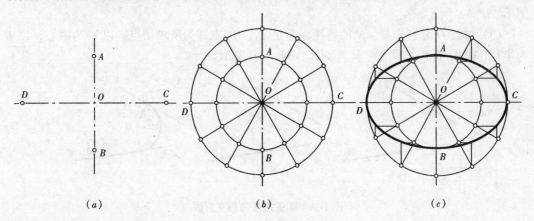

图 1-33 同心圆法画椭圆

2. 椭圆的近似画法——四心圆法（图 1-34）

（1）已知椭圆短轴 AB 和长轴 CD 延长，如图 1-34（a）所示。

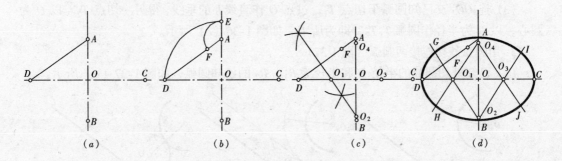

图 1-34 椭圆的近似画法（四心法）

（2）以 O 为圆心，OD 为半径画圆弧，交 OA 延长线于点 E。以 A 为圆心，AE 为半径画圆弧 EF 交 AD 于点 F，如图 1-34（b）所示。

（3）作 FD 的中垂线，与长轴、短轴（或延长线）分别交于两点 O_1、O_2，在 AB 上截 $OO_3 = OO_1$，在 AB 延长线上截 $OO_4 = OO_2$，如图 1-34（c）所示。

（4）分别以 O_1、O_2、O_3、O_4 为圆心，以 O_1D、O_2A、O_3C、O_4B 为半径，顺序作四段相连圆弧（两大两小四个切点在有关圆心连线上），即为所求，如图 1-34（d）所示。

五、圆弧连接

绘制平面图形时，经常需要用圆弧将两条直线、一圆弧一直线或两个圆弧光滑地连接起来，这种作图方法称为圆弧连接。这要求连接圆弧与已知直线或圆弧相切，且在切点处准确连接，切点就是连接点。圆弧连接的作图过程是：先找连接圆弧的圆心，再找切点，最后作出连接圆弧。

下面介绍圆弧连接的几种典型作图：

1. 用圆弧连接两相交直线（图 1-35）

（1）已知半径 R 和相交两直线 M、N，如图 1-35（a）所示。

（2）分别作出与 M、N 平行且相距为 R 的两直线，交点 O 即为所求圆弧的圆心，如图 1-35（b）所示。

（3）过点 O 分别作 M、N 的垂线，垂足 T_1、T_2 点即为所求切点。以 O 为圆心，以 R 为半径作圆弧 T_1T_2，即为所求，如图 1-35（c）所示。

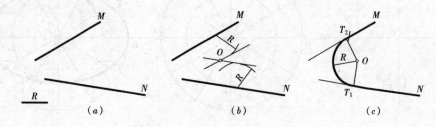

图 1-35 圆弧连接两相交直线

2. 用圆弧连接一直线与一圆弧（图 1-36）

（1）已知直线 L、半径为 R_1 的圆弧和连接圆弧的半径 R，如图 1-36（a）所示。

（2）作与 L 平行且相距为 R 的直线 N，又以 O_1 为圆心，以 $R + R_1$ 为半径作圆弧，交直线 N 于点 O，如图 1-36（b）所示。

（3）连 OO_1 交已知圆弧于切点 T_1，过点 O 作直线 L 的垂线，得另一切点 T_2。以 O 为圆心，以 R 为半径作圆弧 T_1T_2，即为所求，如图 1-36（c）所示。

3. 用圆弧外切连接两圆弧（图 1-37）

（1）已知外切圆弧的半径 R 和半径为 R_1、R_2 的已知圆弧，如图 1-37（a）所示。

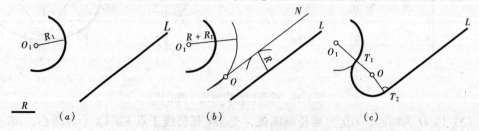

图 1-36 圆弧连接一直线与一圆弧

(2) 以 O_1 为圆心，$R + R_1$ 为半径作圆弧，以 O_2 为圆心，$R + R_2$ 为半径作圆弧，两弧交于点 O，如图1-37（b）所示。

(3) 连 OO_1 交圆弧 O_1 于切点 T_1，连 OO_2 交圆弧 O_2 于切点 T_2。以 O 为圆心，以 R 为半径作圆弧 T_1T_2，即为所求，如图1-37（c）所示。

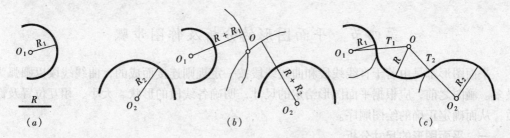

图1-37 圆弧外切连接两圆弧

4. 用圆弧内切连接两圆弧（图1-38）

(1) 已知内切圆弧的半径 R 和半径为 R_1、R_2 的已知圆弧，如图1-38（a）所示。

(2) 以 O_1 为圆心，$|R - R_1|$ 为半径作圆弧，以 O_2 为圆心，$|R - R_2|$ 为半径作圆弧，两弧交于点 O，如图1-38（b）所示。

(3) 延长 OO_1 交圆弧 O_1 于切点 T_1，延长 OO_2 交圆弧 O_2 于切点 T_2。以 O 为圆心，以 R 为半径作圆弧 T_1T_2，即为所求，如图1-38（c）所示。

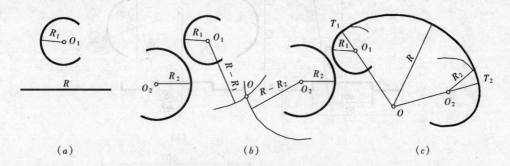

图1-38 圆弧内切连接两圆弧

5. 用圆弧内切连接一圆弧，外切连接一圆弧（图1-39）

(1) 已知内切圆弧的半径 R 和半径为 R_1、R_2 的已知圆弧，如图1-39（a）所示。

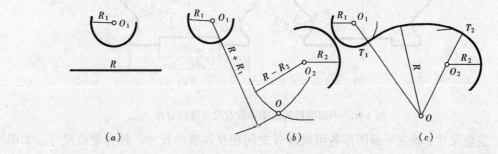

图1-39 圆弧内外连接两圆弧

（2）以 O_1 为圆心，$|R+R_1|$ 为半径作圆弧，以 O_2 为圆心，$|R-R_2|$ 为半径作圆弧，两弧交于点 O，如图 1-39（b）所示。

（3）延长 OO_1 交圆弧 O_1 于切点 T_1，连 OO_2 交圆弧 O_2 于切点 T_2。以 O 为圆心，以 R 为半径作圆弧 T_1T_2，即为所求，如图 1-39（c）所示。

第四节　平面图形的分析及作图步骤

平面图形都是由若干直线线段和曲线线段按一定规则连接而成的，曲线线段以圆弧为最多。画图之前，应根据平面图形给定的尺寸，明确各线段的形状、大小、相互位置及性质，从而确定正确的绘图顺序。

一、平面图形的尺寸分析

标注平面图形的尺寸时，要求正确、完整、清晰、齐全。要达到此要求，就需了解平面图形应标注哪些尺寸。平面图形中的尺寸，按其作用分为定形尺寸和定位尺寸两类。

1. 定形尺寸：确定平面图形各组成部分的形状和大小的尺寸，称为定形尺寸，如直线的长度、圆及圆弧的直径（半径）、角度的大小等，如图 1-40 中的尺寸 80、40、5、$R120$、$R20$、$R10$ 均为定形尺寸。

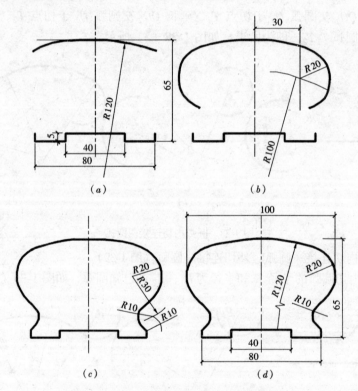

图 1-40　平面图形的画图步骤及尺寸线段分析

2. 定位尺寸：确定平面图形各组成部分之间相互位置的尺寸，称为定位尺寸。如图 1-40 中的尺寸 $R100$、100、65、30、$R30$ 就是定位尺寸。

标注定位尺寸时，必须将图形中的某些线段（一般以图形的对称线、较大圆的中心线或图形中的较长直线）作为标注尺寸的基点，称为尺寸基准。如图 1-40 中的尺寸 65 的基准是平面图形下部的水平线。通常一个平面图形需要水平和竖直两个方向的基准。

二、平面图形的线段分析

根据所标注尺寸的齐全程度，平面图形上的线段分为三种：

1. 已知线段：定形尺寸、定位尺寸齐全，可以直接画出的线段。如图 1-40 中的尺寸 80、40、5、$R120$。

2. 中间线段：有定形尺寸，而定位尺寸则不全，还需根据与相邻线段的一个连接关系才能画出的线段。如图 1-40 中的圆弧 $R20$，由于只能根据定位尺寸 100，得到其圆心在水平方向的一个定位尺寸，而竖直方向的位置需要根据已知圆弧 $R120$ 画出后相切确定。

3. 连接线段：只有定形尺寸，而无定位尺寸，需要根据两个连接关系才能画出的线段。如图 1-40 中的小圆弧 $R10$，圆心两个方向的定位尺寸都未标注，需根据其一端与 $R20$ 的中间线段相切，另一端与已知线段 5 的终点相交确定圆心。

三、平面图形的作图步骤

画平面图形的步骤，可归纳如下：

1. 分析图形及其尺寸，判断各线段和圆弧的性质；

2. 画基准线、定位线，如图 1-40（a）；

3. 画已知线段，如图 1-40（b）；

4. 画中间线段，如图 1-40（c）；

5. 画连接线段，如图 1-40（d）；

6. 擦去不必要的图线，标注尺寸，按线型描深，如图 1-40 所示。

第五节　徒　手　作　图

一、用绘图仪器画出的图

为了保证图样的质量，提高绘图速度，除遵守国家制图的有关标准和正确使用各种绘图仪器外，还应掌握绘图的一般方法和技巧。

1. 画图前的准备工作

（1）了解所要绘制的图样内容和要求。

（2）准备绘图仪器，如图板、丁字尺、圆规、分规、三角板、铅笔等。

（3）确定绘图比例，选定图幅，固定图纸。

2. 画底稿

（1）画图框和标题栏。

（2）布置图面，使图形在图纸上的位置适中。各图形间留有适当间隙和标注尺寸的位置。

（3）先画图形的基准线、对称线、中心线及主要轮廓线，再逐步画出细部。

用 H 或 2H 铅笔画底稿，要求"轻"、"准"、"洁"。"轻"指画线要能分辨即可，擦去后不留痕迹；"准"即图线位置、长度要准确；"洁"指图面应保持整洁。

3. 铅笔加深

在检查底稿确定无误后，即可加深。

加深时用 B 或 2B 铅笔。一般先加深细点划线。为了使同类线型粗细一致，可以按线宽分批加深，先粗后细，先曲后直，先水平后竖直再倾斜，以及自上而下、从左到右的顺序进行。

二、徒手作图

徒手图也叫草图，是不用仪器，仅用铅笔以徒手、目测的方法绘制的图样。

草图是工程技术人员交谈、记录、构思、创作的有利工具，工程技术人员必须熟练掌握徒手作图的技巧。

图 1-41　徒手画水平线和竖直线

草图上的线条也要粗细分明，基本平直，方向正确，长短大致符合比例，线型符合国家标准。

画草图用的铅笔要软些，例如 B、HB；铅笔要削长些，笔尖不要过尖，要圆滑些；画草图时，持笔的位置高些，手放松些，这样画起来比较灵活。

画水平线时，铅笔要放平些，初学画草图时，可先画出直线两端点，然后持笔沿直线位置悬空比划一、两次，掌握好方向，并轻轻画出底线。然后眼睛盯住笔尖，沿底线画出直线，并改正底线不平滑之处。画铅直线时方法相同。画水平线和竖直线的姿势如图 1-41 所示。

画倾斜线时，手法与画水平线相似。可先徒手画一直角，再分别近似等分此直角，从而可得与水平线成 30°、45°、60° 的斜线，如图 1-42 所示。

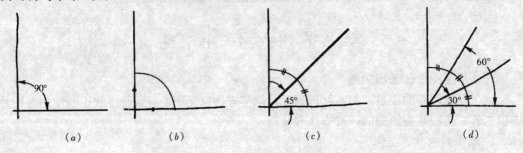

　　　　（a）　　　　　　　　（b）　　　　　　　　（c）　　　　　　　　（d）

图 1-42　徒手画倾斜线

（a）徒手画一直角；（b）在直角处作一圆弧；（c）分圆弧二等份，作 45° 线；（d）分圆弧三等份，作 30° 和 60° 线

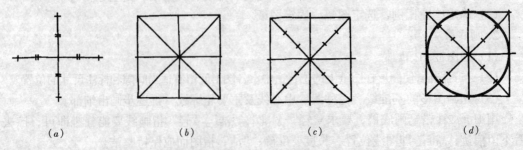

　　　（a）　　　　　　　（b）　　　　　　　（c）　　　　　　　（d）

图 1-43　徒手画圆

（a）徒手过圆心作垂直等分的两直径；（b）画外切正方形及对角线；（c）大约等分对角线的每一侧为三等份；

（d）以圆弧连接对角线上最外的等分点（稍偏外一点）和两直径的端点

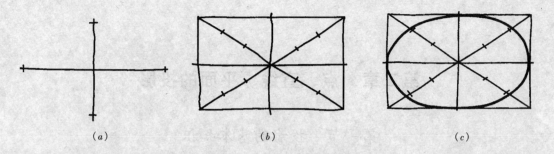

（a） （b） （c）

图 1-44　徒手画椭圆

（a）先徒手画椭圆的长轴和短轴；（b）画外切矩形及对角线，等分对角线的每一侧为三等份；

（c）以光滑曲线连对角线上最外的等分点（稍偏外一点）和长短轴端点

画圆和椭圆的方法如图 1-43、图 1-44 所示。

画草图时，不要急于画细部，先要考虑大局。既要注意图形的长与高的比例，也要注意图形的整体与细部的比例是否正确。有条件时，草图最好用 HB 或 B 铅笔画在方格纸（坐标纸）上，图形各部分之间的比例可借助方格数的比例来解决。

画图步骤与用仪器和工具的画法基本相同，如图 1-45 所示。

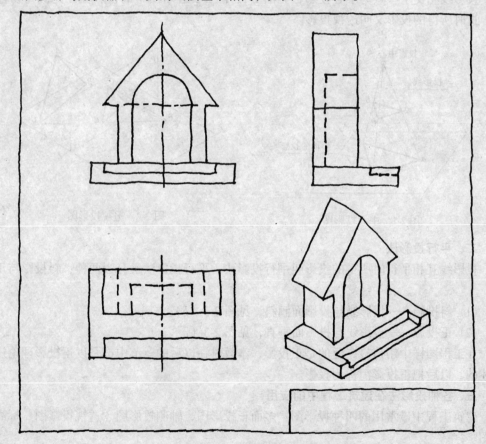

图 1-45　徒手画拱门楼

第二章 点、直线、平面的投影

第一节 投影的基本知识

在日常生活中，大家都知道影子的现象，物体在阳光或灯光的照射下，会在地面或者墙壁上呈现出影像，通过这一自然现象，我们知道要产生影子必须存在三个条件，即光线、物体、承影面。人们将这种自然现象应用到工程制图上来，用相关的制图术语来形容这三个条件，投影线、形体、投影面，如图 2-1 所示。

建筑工程图的绘制是以投影法为依据的，工程上常用的投影法是中心投影法和平行投影法两大类。

一、中心投影法

投影线相交于一点为中心投影，见图 2-1；图 2-2 表示图中的投影面在光源与物体之间，这时所得的投影又叫透视投影。

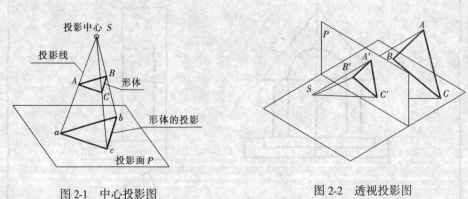

图 2-1 中心投影图　　　　　　　　图 2-2 透视投影图

二、平行投影法

投影线互相平行时所得的投影叫平行投影法，平行投影法又分为两种：斜投影与正投影。

（1）斜投影——投影线与投影面倾斜，见图 2-3（b）；

（2）正投影——投影线与投影面垂直，见图 2-3（a）。

在工程图样中用得最广泛的是正投影，本教材在以后的章节中都是以正投影理论进行讲述的，以后把正投影简称为投影。

三、各种投影法在建筑工程中的应用

建筑工程中最常用的四种投影图：多面正投影图、轴测投影图、透视投影图、标高投影图。

1. 多面正投影——用正投影法在两个或两个以上的投影面上投影所得的图形，是建筑工程中最主要的图样。这种图样能如实地反映形体各主要侧面的形状和大小，便于度

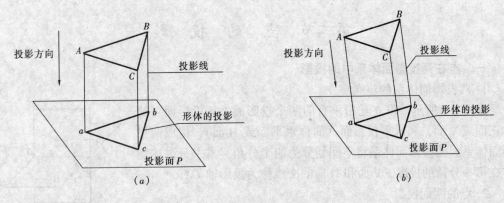

图 2-3　平行投影图

(a) 正投影；(b) 斜投影

量，但它缺乏立体感，需经过一定的训练才能看懂，如图 2-4 所示。

2. 轴测投影图——轴测图能反映出形体的长、宽、高，有一定的立体感，如图 2-5 所示。

3. 透视投影图——是形体在一个投影面上的中心投影，形象逼真，如图 2-6 所示。

4. 标高投影图——在建筑工程中常用来绘制地形图和道路、水利工程等方面的平面布置的图样，它是地面或土木建筑物在一个水平面上的正投影图，如图 2-7 所示。

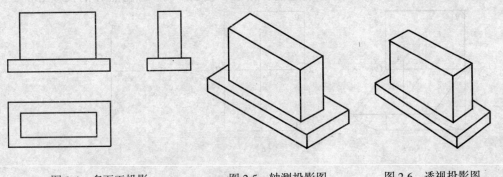

图 2-4　多面正投影　　　图 2-5　轴测投影图　　　图 2-6　透视投影图

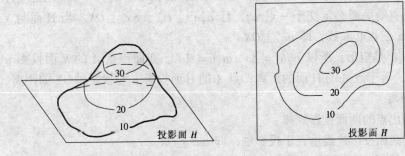

图 2-7　标高投影图

31

第二节 点 的 投 影

一、点在两投影面体系中的投影

1. 两投影面体系的建立

如图 2-8 所示，设立互相垂直的两个投影面，正投影面（简称正面或 V 面）和水平投影面（简称水平面或 H 面），构成两投影面体系。两投影面体系将空间划分为四个分角。本书只讲述物体在第一分角的投影。V 面和 H 面的交线称为投影轴 OX。

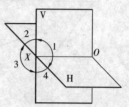

图 2-8 空间分为四个分角

2. 点的两面投影

如图 2-9（a）所示，由空间点 A 作垂直于 V 面、H 面的投射线 Aa'、Aa，分别与 V 面、H 面相交，交点即为 A 的正面投影（V 面投影）a' 和水平投影（H 面投影）a，即点 A 的两面投影。

空间点用大写字母如 A、B、C… 表示，其水平投影用相应的小写字母如 a、b、c… 表示，正面投影用相应的小写字母加一撇如 a'、b'、c'… 表示。

为使点的两面投影画在同一平面上，需将投影面展开。展开时 V 面保持不动，将 H 面绕 OX 轴向下旋转 90°，与 V 面展成一个平面，便得到点 A 的两面投影图，如图 2-9（b）所示。投影图上的细实线 aa' 称为投影连线。

在实际画图时，不必画出投影面的边框和点 a_x，图 2-9（c）即为点 A 的投影图。

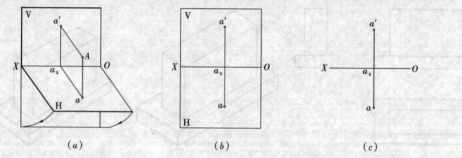

（a）   （b）   （c）

图 2-9 点的两面投影

3. 点的两面投影规律

空间三点 A、a'、a 构成一个平面，由于平面 $Aa'a_xa$ 分别与 V 面、H 面垂直，所以这三个相互垂直的平面必定交于一点 a_x，且 $a_xa' \perp OX$、$aa_x \perp OX$。当 H 面与 V 面展平后，a、a_x、a' 三点必共线，即 $aa' \perp OX$。

又因 Aaa_xa' 是矩形，所以 $a_xa' = Aa$，$a_xa = Aa'$。亦即：点 A 的 V 面投影 a' 与投影轴 OX 的距离，等于点 A 与 H 面的距离；点 A 的 H 面投影 a 与投影轴 OX 的距离，等于点 A 与 V 面的距离。

由此可得出点的两面投影规律：

（1）点的两面投影连线垂直于投影轴，即 $aa' \perp OX$。

（2）点的投影到投影轴的距离，等于该点与相邻投影面的距离，即：$a_xa' = Aa$ 、$a_xa = Aa'$。

二、点在三投影面体系中的投影

1. 三投影面体系的建立

两面投影能确定点的空间位置，却不能充分表达立体的形状，所以需采用三面投影图。如图 2-10（a）所示，再设立一个与 V、H 面都垂直的侧投影面（简称侧面或 W 面），将侧面向后旋转 90°，形成三投影面体系。它的三条投影轴 OX、OY、OZ 必定互相垂直。

2. 点的三面投影

点在三面投影体系中的投影：将一个点置于第一角中，分别向水平面、正面和侧面作投影，得到点的三面投影图，侧面投影用对应的小写字母加两撇表示，即 a''、b''、c''…如图 2-10 中的 a''。投影面展开时，W 面绕 OZ 轴向右旋转 90° 和 V 面展成一个平面，得到三面投影图。

OY 轴在 H、W 面上分别表示为 OY_H、OY_W。同样，不必画出投影面的边框，如图 2-10（c）所示。

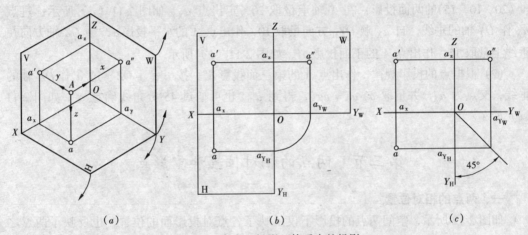

（a）　　　　　　　　　（b）　　　　　　　　　（c）

图 2-10　点在三投影面体系中的投影

3. 点的三面投影规律

在三投影面体系中，$Aa_x a' a_z a'' a_y O$ 构成一长方体，由于点在两投影面体系中的投影规律在三投影面体系中仍然适用，由此可得出如下关系：$aa'\perp OX$、$a'a''\perp OZ$、$aa_{Y_H}\perp OY_H$、$a''a_{Y_W}\perp OY_W$、$aa_X = a''a_Z$。

若把三投影面体系看做直角坐标系，则投影轴、投影面、点 O 分别是坐标轴、坐标面和原点。则可得出点 A（x，y，z）的投影与其坐标的关系：

$x = a_Z a' = aa_{YH} =$ 点 A 到 W 面的距离 Aa''；

$y = aa_X = a_Z a'' =$ 点 A 到 V 面的距离 Aa'；

$z = a_X a' = a''a_{YW} =$ 点 A 到 H 面的距离 Aa。

由此可得出点的三面投影规律：

点的投影连线垂直于相应的投影轴，即 $aa'\perp OX$、$a'a''\perp OZ$。

点的投影到投影轴的距离，等于该点的某一坐标值，也就是该点到相应投影面的距离。

【例 2-1】　已知空间点 A 到三投影面 W、V、H 的距离分别为 20、10、15，求作点 A 的三面投影。

【解】　（1）画投影轴，根据点到投影面的距离与坐标值的对应关系，先作点

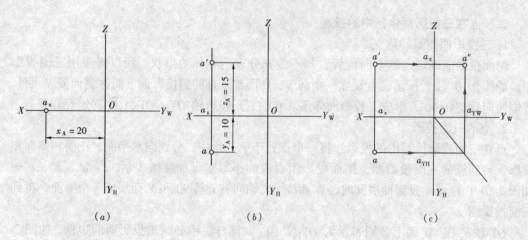

| (a) | (b) | (c) |

图 2-11　作点的三面投影

A（20，10，15）的两面投影：在 X 轴上量取 20，定出点 a_X，如图 2-11（a）所示；过点 a_X 作 OX 轴的垂线，自 a_X 顺 OY_H 方向量取 10，作出点 A 的水平投影 a，顺 OZ 轴方向在垂线上量取 15，作出点 A 的正面投影 a'，如图 2-11（b）所示。

（2）根据点的投影规律，作出点 A 的第三面投影 a''。按 $a'a'' \perp OZ$，过 a' 作 OZ 轴的垂线，交点为 a_Z，并量取 $a_Z a'' = aa_X$，得到 a''。也可通过 45°分角线确定 a''，如图 2-11（c）所示。

第三节　两点的相对位置和重影点

一、两点的相对位置

如图 2-12 所示，空间两点的投影不仅反映了各点对投影面的位置，也反映了两点之间左右、前后、上下的相对位置。由图可以看出，$x_B > x_A$，故点 B 在点 A 之左，同理，点 B 在点 A 之后（$y_A > y_B$）、之下（$z_B < z_A$）。所以，B 点在 A 点的左后下方。因此，也可用两点的坐标差来确定点的位置。

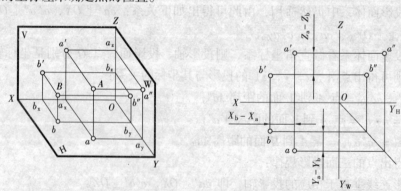

图 2-12　两点的相对位置

二、特殊位置点的投影

1. 投影面上的点——投影面上点的两个投影分别在投影轴上，另一个投影在相应的投影面上与空间点重合，如图 2-13 中的点 A 和 B。

34

2. 投影轴上的点——投影轴上的点的两个投影在投影轴上，与空间点重合，另一个投影在原点处，如图 2-13 中的点 C。

三、重影点

重影点是指两个空间点在某一投影面上的投影重合，即这两个点的空间 x、y、z 坐标中有两个相等。

如图 2-14 所示，点 A 位于点 B 的正上方，即 $x_A = x_B$，$y_A = y_B$，$z_A > z_B$，A、B 两点在同一条 H 面的投射线上，故它们的水平投影重合于一点 a（b），则称点 A、B 为对 H 面的重影点。同理，位于同一条 V 面投射线上的两点称为对 V 面的重

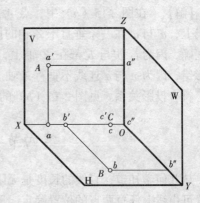

图 2-13　特殊点的投影

影点；位于同一条 W 面投射线上的两点称为对 W 面的重影点。两点重影，必有一点被"遮盖"，故有可见与不可见之分。因为点 A 在点 B 之上（$z_A > z_B$），它们在 H 面上重影时，点 A 投影 a 为可见，点 B 投影 b 为不可见，并用括号将 b 括起来，以示区别。同理，如两点在 V 面上重影，则 y 坐标值大的点其投影为可见点；在 W 面上重影，则 x 坐标值大的点其投影为可见点。

【例 2-2】　判断图 2-15 中点投影的正确性

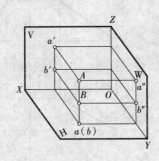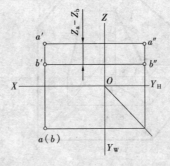

图 2-14　重影点

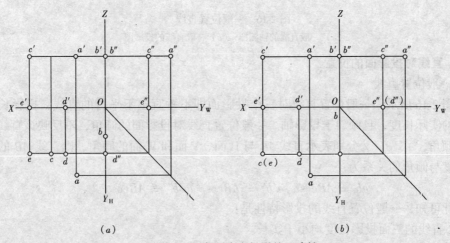

（a）　　　　　　　　　　　　　（b）

图 2-15　判断图中点投影的正确性

【解】 在图 2-15（a）中，点 A 的投影正确，因为 a 与 a′在一条垂直于 X 轴的投影连线上，a′与 a″在一条垂直于 Z 轴的投影连线上，a′与 a″具有相同的 y 坐标。点 B 投影不正确，因为若 b′与 b″都在 Z 轴上，点 B 应在 Z 轴上。水平投影 b 应在原点处。点 C 投影错，因为 c 与 c′连线不垂直 X 轴。点 D 投影错，因为 d″应在 Y_W 轴上。点 E 投影正确，符合投影关系。见图 2-15（b）的正确答案。

第四节 直线的投影

从几何学知道，直线的长度是无限长的，我们在这里所指的直线是线段，直线的空间位置可由线上任意两点的位置确定，即两点定一直线，直线还可以由线上任意一点和线的指定方向（如平行于另一条直线）来确定，即直线的投影可由线上两点在同一投影面上的投影（同面投影）相连而得，所以要作出直线 AB 的三面投影，可先作出其两端点 A 和 B 的三面投影 a、a′、a″ 和 b、b′、b″，然后将其同面投影相连，即得 AB 直线的三面投影 ab、a′b′、a″b″，如图 2-16 所示。

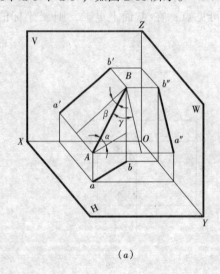
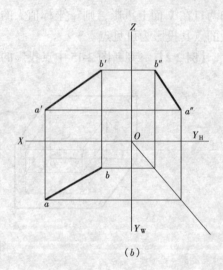

（a）　　　　　　　　　　　　　　　（b）

图 2-16　一般位置直线
（a）一般直线的轴测图；（b）一般直线的投影图

一、直线对投影面的位置

1. 一般位置直线

如图 2-16 所示，一般位置直线对三个投影面即不垂直也不平行的直线，投影长度小于直线的实际长度，且倾斜于投影轴。一般位置直线对投影面的倾角，不反映该直线与投影面的倾角，α、β、γ 分别表示直线 AB 与 H 面、V 面和 W 面的倾角，则直线 AB 的三面投影长度与倾角的关系为：

$$ab = AB\cos\alpha, \quad a'b' = AB\cos\beta, \quad a''b'' = AB\cos\gamma 。$$

由此可知，一般位置直线的投影特性是：

（1）直线的三面投影长度均小于实长。

（2）三投影都倾斜于投影轴，但不反映空间直线与投影面的真实倾角。

2. 投影面平行线

平行于某个投影面，同时倾斜于另外两个投影面的直线，统称为投影面的平行线。按所平行的投影面不同它又可分为下列三种（表 2-1）：

水平线——平行于 H 面，并与 V、W 面倾斜的直线。

正平线——平行于 V 面，并与 H、W 面倾斜的直线。

侧平线——平行于 W 面，并与 H、V 面倾斜的直线。

投影面平行线的投影特性如下：

(1) 直线在所平行的投影面上的投影反映实长；并且它与两投影轴的夹角就是直线与相应投影面的倾角。

(2) 直线在另外两个投影面的投影都小于空间线段的实长，并且平行于相应的投影轴。

投影面平行线的投影特性 表 2-1

名 称	立体示意图	投 影 图	投 影 特 征
正平线 // V 面			1. $a'b'$ 反映实长和 α 角、γ 角。 2. ab // OX，$a''b''$ // OZ，且不反映实长
水平线 // H 面			1. cd 反映实长和 β 角、γ 角。 2. $c'd'$ // OX，$c''d''$ // OY_W，且不反映实长
侧平线 // W 面			1. $e''f''$ 反映实长和 α 角和 β 角。 2. ef // OY_H，$e'f'$ // OZ，且不反映实长

3. 投影面垂直线

垂直于某个投影面的直线，并且与其他两个投影面平行，称为投影面垂直线。按所垂直的投影面不同它又可分为下列三种（表2-2）：

　　铅垂线——垂直于 H 面，并与 V、W 面平行的直线。

　　正垂线——垂直于 V 面，并与 H、W 面平行的直线。

　　侧垂线——垂直于 W 面，并与 H、V 面平行的直线。

　　投影面垂直线的投影特性如下：

　　（1）直线在所垂直的投影面上的投影，积聚为一个点。

　　（2）直线平行于另外两个投影面上的投影，垂直于相应的投影轴，且反映实长。

投影面垂直线的投影特性　　　　　　　　　　　　　　　　表2-2

名　称	轴　测　图	投　影　图	投　影　特　征
正垂线			1. $a'b'$ 积聚为一点。 2. $ab /\!/ OY_H$，$a''b'' /\!/ OY_W$，且反映实长
铅垂线			1. cd 积聚为一点。 2. $c'd' /\!/ OZ$，$c''d'' /\!/ OZ_W$，且反映实长
侧垂线			1. $e''f''$ 积聚为一点。 2. $e'f' /\!/ OX$，$ef /\!/ OX$，且反映实长

第五节　线　段　的　实　长

　　由于一般位置直线的投影在投影图上不反映线段实长和对投影面的倾角，但在工程上往往要求在投影图上用作图方法解决这类度量问题。根据直线的投影求其实长及倾角的真实大小，在实际应用中，可采用直角三角形法求得。

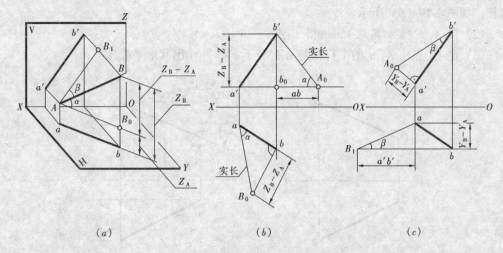

| (a) | (b) | (c) |

图 2-17　直角三角形法求实长及倾角

一、几何分析

图 2-17（a）所示直线 AB 为一般位置直线，过 A 作 $AB_0 /\!/ ab$，即得一直角三角形 ABB_0，它的斜边 AB 即为其实长，$AB_0 = ab$，BB_0 即为 A、B 的 Z 坐标差（$Z_B - Z_A$），AB 与 AB_0 的夹角即为 AB 对 H 面的倾角 α。这种求实长和倾角的方法称为直角三角形法。

同理，另一直角三角形 ABB_1 的斜边 AB 为实长，$AB_1 = a'b'$，BB_1 为 Y 坐标差（$Y_B - Y_A$），AB 与 AB_1 的夹角即为 AB 对 V 面的倾角 β。

二、作图方法

求直线 AB 的实长和对 H 面的倾角 α 可用下列两种方式作图：

1. 如图 2-17（b），过 b 作 ab 的垂线 bB_0，在此垂线上量取 $bB_0 = （Z_B - Z_A）$，则 aB_0 即为所求直线 AB 的实长，$\angle B_0ab$ 即为 α 角。

2. 过 a' 作 X 轴的平行线，与 $b'b$ 相交于 b_0（$b'b_0 = Z_B - Z_A$），量取 $b_0A_0 = ab$，则 $b'A_0$ 也是所求直线的实长，$\angle b'A_0b_0$ 即为 α 角。

同理，用类似作法可作直线 AB 对 V 面的倾角 β，如图 2-17（c）所示。

求实长应该注意的几个问题：

（1）注意线段对投影面的倾角是线段的实长与其投影之间所夹的那个锐角。直角三角形中四个参数之间的对应关系见图 2-18。

（2）组成直角三角形的四个参数中，已知任意两个参数就可以作出此三角形，并可求得其他两个参数。

（3）利用线段 AB 的任何一个投影和相应的坐标差，均能求得线段的实长，但求得的倾角不同，分别为 α、β、γ。

【例 2-3】　如图 2-19（a）所示，已知直线 AB 的 V、H 面投影，求出直线 AB 上距 A 点 15mm 的点 C 的两面投影。

【解】

（1）以 V 面投影 $a'b'$ 为一直角边，过 a' 作 $a'A_1 \perp a'b'$ 取 $a'A_1 = Y_B - Y_A$，连线 A_1b'，A_1b' 即为直线 AB 的

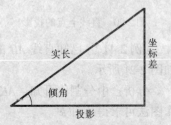

图 2-18　直角三角形法中
参数之间的关系

实长，如图 2-19（b）所示。

（2）在 A_1b' 自 A_1 量取 15mm 得 C_1 点。

（3）过 C_1 点作 A_1a' 的平行线与 $a'b'$ 交于 c'，并作出其水平投影 c。

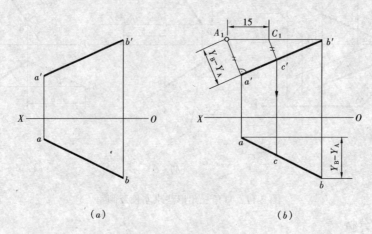

（a）　　　　　　　　　　　（b）

图 2-19　直角三角形法求定点

第六节　直线上的点

直线与点的相对关系有两种情况：点在直线上和点不在直线上。

点在直线上的几何条件：

1. 直线上的点，其投影必在该直线的同面投影上，且符合点的投影规律。如图 2-20 所示，点 C 在直线 AB 上，则点 C 的三面投影 c、c'、c'' 必分别在 AB 的三面投影 ab、$a'b'$、$a''b''$ 上，且 c、c'、c'' 符合点的投影规律。

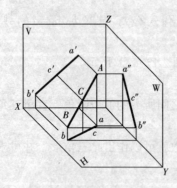

图 2-20　直线上点的投影

2. 直线上的点分割直线之比，在投影后保持不变，如图 2-20 所示。

由于投射线 $Aa' \parallel Cc' \parallel Bb'$，$Aa \parallel Cc \parallel Bb$，$Aa'' \parallel Cc'' \parallel Bb''$

即：$AC : CB = ac : cb = a'c' : c'b' = a''c'' : c''b''$

由此可见，如果点在直线上，则点的各个投影必在直线的同面投影上，且点分线段之比等于点的投影分线段的投影之比。称 为"定比关系"式。反之，如果点的各投影均在直线的同面投影上，且分直线各投影长度成相同之比，则该点必在此直线上。

【例 2-4】　已知直线 AB 的两面投影，点 K 分 AB 为 $AK : KB = 1 : 2$，求分点 K 的投影，如图 2-21 所示。

分析：由分割比可知，$AK : KB = ak : kb = a'k' : k'b' = a''k'' : k''b'' = 1 : 2$，用比例作图法可求得 k 和 k'。

【例 2-5】　已知侧平线 AB 的两面投影 ab、$a'b'$ 和直线上 S 点的 V 面投影 s'，求 S 点在 H 面上的投影 s，如图 2-22 所示。

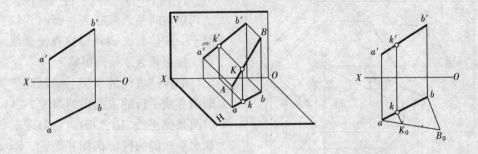

图 2-21　作分线段 AB 为 $1:2$ 的分点 C

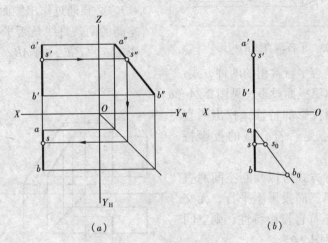

(a)　　　　　　　　(b)

图 2-22　求侧平线上点的投影

【解】

方法一：由于 AB 是侧平线，因此不能由 s' 直接求出 s，但根据点在直线上的投影性质，s'' 必定在 $a''b''$ 上，如图 2-22（a）所示。画出第三面投影求 s''，然后根据点的投影特性求出 s。

方法二：因为 S 点在 AB 直线上，所以必定符合 $a's:s'b' = as:sb$ 的定比关系，如图 2-22（b）所示。首先在水平投影图上通过 a 点任作一条直线，截取 $ab_0 = a'b'$，连接 $b\,b_0$，然后再量取 $b_0s_0 = b's'$，求出 s_0 后，通过 s_0 作与 bb_0 平行的直线即可求出 s 点。

第七节　两直线的相对位置

空间两直线的相对位置有：平行、相交和交叉三种情况，其中，平行、相交两直线为同面投影，而交叉两直线为异面两直线。

一、平行两直线

1. 投影特性——平行两直线的三个投影都相互平行，如图 2-23 所示。

因为两条平行的直线，向同一投影面投影时，构成两个相互平行的投影平面，所以与投影面的交线也必互相平行，即 $AB \parallel CD$，则 $ab \parallel cd$、$a'b' \parallel c'd'$、$a''b'' \parallel c''d''$，反之，如果两直线的三组同面投影互相平行，则此两直线在空间一定互相平行。

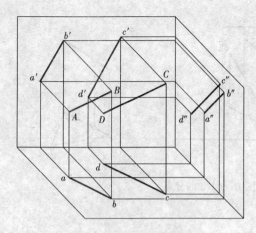

图 2-23　平行两直线的投影

判断两直线是否平行常用的两种方式：

（1）直接画出第三面投影，见图 2-24（a）。

（2）利用同面投影的特性，找出两直线的交点，看交点是否符合点的投影特性，见图 2-24（b）。

通过以上两种方式可以判断空间两直线 AB ∥ CD。若第三面投影不平行，无交点或产生的交点不符合投影特性，则空间两直线不平行，见图 2-25。

互相平行的两直线，如果垂直于同一投影面，则它们的两组投影互相平行于相应的投影轴，而在两直线与之垂直的投影面上的投影积聚为两点，两点之间的距离反映两直线在空间的真实距离。

二、相交两直线

1. 投影特性——两直线的同面投影必相交，且交点符合点的投影特性。交点将两直线分别分成具有不同定比的线段，在各自的投影上也分成相应的同一比例，反之，如果两直线的各同面投影都相交，且各投影的交点符合点的投影规律，则此两直线在空间必相交，如图 2-26 所示。

2. 判别两直线的平行——在投影图上判别空间两直线是否平行时，如直线处于一般位置，则只要检查任意两组的直线投影是否平行即可确定。

如特殊直线的投影不能以此作为判断两直线平行的依据，例如图 2-24（a）的两条侧平线 AB、CD，它们在正面图和水平面图的投影都相互平行，即 a'b' ∥ c'd'、ab ∥ cd，但不能由此断定 AB ∥ CD，必须通过作出侧面图的投影来确定空间的两条直线是否平行，如果侧面投影 a'b' ∥ c'd'，则 AB ∥ CD。

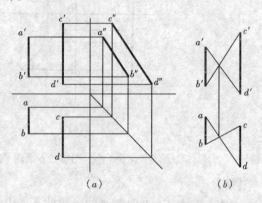

（a）　　　　　　　（b）

图 2-24　两条侧平线的投影

2. 判别两直线的相交——判别两直线在空间是否相交，一般情况下，根据两组投影就可以直接判断。如图2-26(c)所示，但如果两直线中有一条直线平行于某一投影面时，如图2-27(a)所示，CD 线

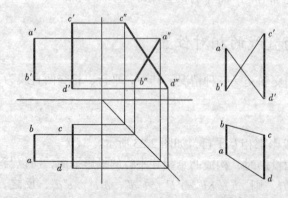

图 2-25　判断直线 AB 是否平行于直线 CD

42

为一般位置直线，*AB* 线为侧平线，两直线的正面投影和水平投影均相交，但还不能确定空间的两直线是否相交，此时可用以下两种方式加以判断：

（1）画出第三面投影如图 2-27（*b*）所示，求出 *AB*、*CD* 两直线的侧面投影的交点 *k″*，可以看出三面投影的交点不符合点的投影特性，所以空间两直线 *AB*、*CD* 不相交。

（2）利用定比关系法如图 2-27（*c*）所示，以 *k′* 分割 *a′b′* 的同样比例分割 *ab* 求出 *kI*，由于 *kI* 和 *k* 不重合，同样可以断定 *AB*、*CD* 两直线不相交。

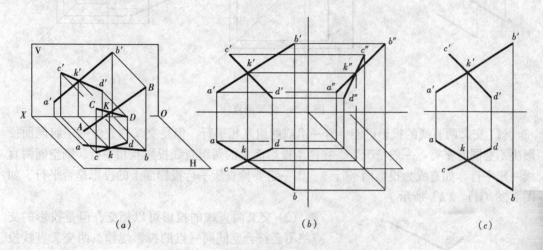

（*a*）　　　　　　　　　　（*b*）　　　　　　　　　　（*c*）

图 2-26　相交两直线
（*a*）直观图；（*b*）相交两直线的三面投影；（*c*）相交两直线的两面投影

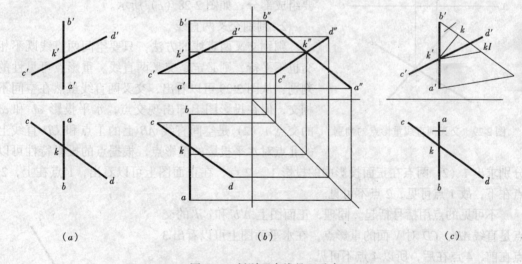

（*a*）　　　　　　　　　　（*b*）　　　　　　　　　　（*c*）

图 2-27　判别两直线是否垂直
（*a*）题目；（*b*）求出第三投影判别；（*c*）利用等比关系判别

三、交叉两直线

在空间即不平行也不相交的两直线成为交叉两直线，即为异面两直线，如图 2-28 所示。

1. 投影特性

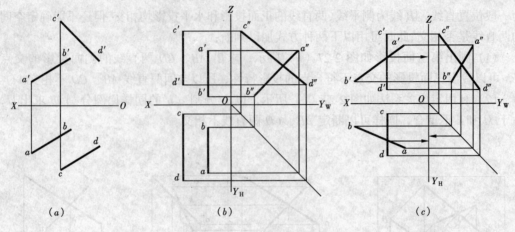

图 2-28 交叉两直线

(1) 交叉两直线的投影可能会有一组或两组互相平行，但是交叉两直线的三组同面投影决不会同时平行。一般情况下，在两个投影面上的两组直线投影互相平行，则空间两直线一定平行，如直线为投影面平行线，则一定要检查所平行投影面上的投影是否平行，如图 2-28 (a)、(b) 所示。

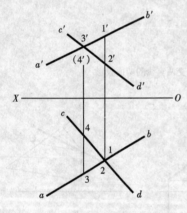

图 2-29 交叉两直线重影点的判别

(2) 交叉两直线的投影可以相交，但是投影的交点绝不会符合空间同一点的投影规律，两交叉直线投影的交点实际上是两直线对投影面的重影点，所以判别重影点可见性的问题也是判别交叉两直线的一个重要组成部分，如图 2-28 (c) 所示。

2. 判别交叉两直线

判别交叉两直线的方法，只要空间两直线既不相交也不平行，则必定是交叉两直线。重影点可见性的判别：从图 2-29 可以看出，交叉两直线虽然在空间不相交，但在投影图上却出现交点，水平投影 ab 和 cd 的交点 1 (2) 是空间直线 AB 上的 Ⅰ 点和 CD 直线上的 Ⅱ 点对水平投影的重影点，根据点的投影特性可以分别求出 1 (2) 两点在正面投影中的投影 1′、2 点，在正面图上可以看出，1′点在上，2′点在下，故 1 点可见，2 点不可见。

不可见的点用括号括起。同理，正面图上 a′b′ 和 c′d′ 的交点是直线 AB、CD 对 V 面的重影点，在水平面图上可以看出 3 点在前，4 点在后，所以 4 点不可见。

四、垂直两直线

投影特性——若两直线垂直相交（交叉）线中有一条直线平行于某一投影面时，则此两直线在该投影面上的投影互相垂直。反之，若相交（交叉）两直线在某一投影面上的投影互相垂直，且有一条直线平行于该投影面时，则此两直线在空间也一定互相垂直。如图 2-30，MN 为水平线，EF 为一

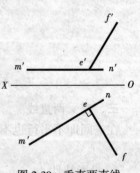

图 2-30 垂直两直线

般位置直线，$ef \perp mn$，则 $EF \perp MN$。

【例 2-6】 判断图 2-31 中的直线是否垂直。

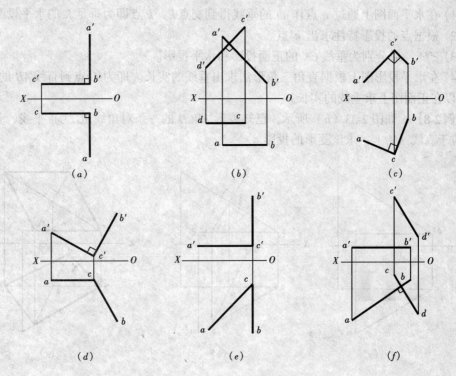

(a)　　　　　　　　(b)　　　　　　　　(c)

(d)　　　　　　　　(e)　　　　　　　　(f)

图 2-31　判断两直线是否垂直

通过分析，可以判断出图 2-31（ a ）、（ b ）、（ d ）、（ f ）两直线在空间相互垂直，图 2-31（ c ）、（ e ）两直线在空间不垂直。

【例 2-7】 如图 2-32 所示，已知直线 AB 和直线外一点 C 的两面投影，求 C 点到直线 AB 的距离。

分析：过点作直线的垂线，垂线的实长即为点到直线的距离，因为 AB 为水平线，根

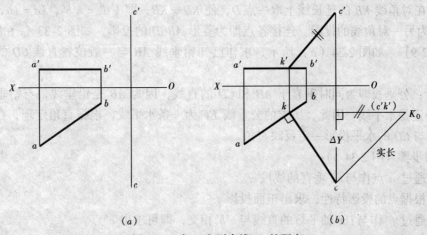

(a)　　　　　　　　　　　　　　(b)

图 2-32　求 C 点到直线 AB 的距离

据直角投影定理，在水平投影中过 C 点作直线 AB 的垂线，其水平投影反映直角。

作图步骤（见图 2-32b）：

（1）在水平面图上通过 c 点作 ab 的垂线得到交点 k，k 点即为垂足 K 的水平投影。

（2）根据点的投影特性求出 k' 点。

（3）$c'k'$、ck 分别为垂线 CK 的正面投影和水平投影。

（4）在水平投影图上根据直角三角形法求出垂线的实长。即为 C 点到直线 AB 的距离。（也可以在正面图上求垂线的实长）

【例 2-8】 如图 2-33（a）所示，已知菱形 $ABCD$ 的一条对角线 AC 为正平线，菱形的一边位于直线 AM 上，求该菱形的投影。

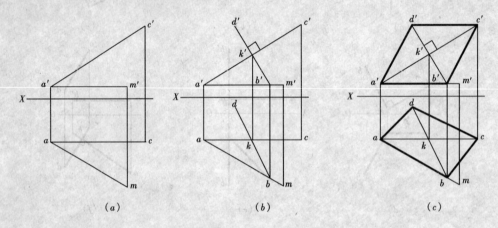

图 2-33 求菱形 $ABCD$ 的投影

分析：菱形对角线互相垂直，且互相平行，故可根据此特点作图。

作图步骤：

（1）在对角线 AC 上取中点 K，即，使 $a'k' = k'c'$，$ak = kc$。K 点也必为另一对角线的中点，如图 2-33（b）所示。

（2）AC 是正平线，故另一对角线的正面投影必定垂直 AC 的正面投影 $a'c'$。因此过 k' 作 $k'b' \perp a'c'$，并与 $a'm'$ 交于 b'，由 $k'b'$ 求出 kb，如图 2-33（b）所示。

（3）在对角线 KB 的延长线上取一点 D，使 $KD = KB$，即 $k'd' = k'b'$，$kd = kb$，则 $b'd'$ 和 bd 即为另一对角线的投影。连接各点即为菱形 $ABCD$ 的投影，如图 2-33（c）所示。

【例 2-9】 如图 2-34（a）所示，求作已知铅垂线 AB 与一般位置直线 CD 的公垂线 EF。

分析：公垂线即为同时垂直于 AB 和 CD 的直线，因为 AB 是铅垂线，与铅垂线垂直的线段一定是水平线。因此，所求的公垂线 EF 为一条水平线，根据直角定理，在水平投影上 EF 与 CD 的水平投影一定反映直角。

作图步骤（图 2-34 b）：

（1）通过 a 点作与 cd 垂直的线段 ef。

（2）根据点的投影特性，求出正面投影 f'。

（3）通过 f' 作与 OX 轴平行的直线与 $a'b'$ 相交，即可求出 e' 点。

（4）分别连接 $e'f'$、ef，即为所求的公垂线。

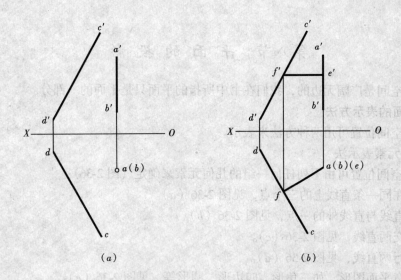

（a） （b）

图 2-34 求作已知铅垂线 *AB* 与一般位置直线 *CD* 的公垂线 *EF*

【例 2-10】 如图 2-35（a）所示，已知等腰三角形 *ABC* 的一腰为 *AB*，等腰三角形的底边 *BC* 在正平线 *BD* 上，求此等腰三角形的投影。

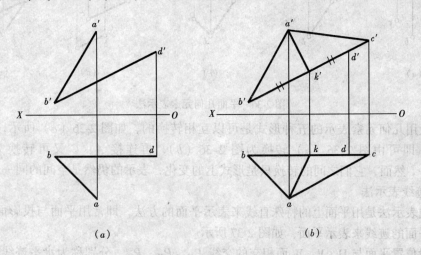

（a） （b）

图 2-35 求等腰三角形的投影

分析：根据等腰三角形的高垂直平分底边，并且已知底边在正平线 *BD* 上，根据直角投影定理，可在正面图上直接作出等腰三角形的高。即由 *A* 点作 *BD* 线上的垂线 *AK*，再在 *BD* 线上求出 *C* 点即可求出等腰三角形 *ABC* 。

作图步骤（图 2-35*b*）：

（1）在正面图上过 *a'* 点作 *a'k'⊥b'd'*，并求出 *ak*，则 *a'k'*、*ak* 即为三角形高 *AK* 的投影。

（2）由于底边 *BD* 为正平线，所以正面投影反映实长。可量取 *b'k' = k'c'*。并求出水平投影 *c* 点，即为等腰三角形的另一个顶点。

（3）连接 *a'c'* 和 *ac*，即得所求等腰三角形的水平投影和正面投影。

47

第八节 平 面 的 投 影

平面在空间是广阔无边的，我们在书中所指的平面只是平面的一部分。

一、平面的表示方法

平面的空间位置可用两种方法来表示。

1. 几何元素表示法

平面的空间位置可由下列任何一组的几何元素来确定（图2-36）：

(1) 不在同一条直线上的三个点，见图2-36（*a*）。

(2) 一直线与直线外的一点，见图2-36（*b*）。

(3) 相交两直线，见图2-36（*c*）。

(4) 平行两直线，见图2-36（*d*）。

(5) 任意平面图形，如三角形、四边形、圆形等，见图2-36（*e*）。

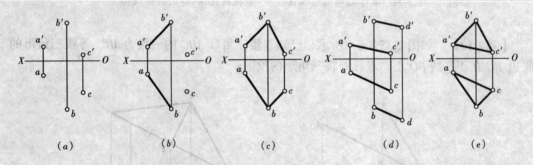

(a) (b) (c) (d) (e)

图2-36 平面几何元素表示法

以上用几何元素表示的五种形式是可以互相转换的，如图2-36（*a*）所示，连接 A、B 两点，即可由图2-36（*a*）转换为图2-36（*b*），再连接 A、C 又可转换为图2-36（*c*）……，然而，它们之间的转换只是形式上的变化，表示的仍然是空间的同一个平面。

2. 迹线表示法

迹线表示法是用平面上的特殊直线来表示平面的方法，即常用平面与投影面的交线，也称为平面的迹线来表示平面，如图2-37所示。

一般位置平面与 H、V、W 面相交的交线 P_H、P_V、P_W，分别称为水平迹线、正面迹线、侧面迹线。P_H、P_V、P_W 又两两相交于 x、y、z 轴上的一点，称为迹线集合点，分别以 P_x、P_y、P_z 表示。

迹线具有双重性：既是投影面内的一直线，也是某个平面上的一直线。如图2-37（*a*）中的 P_H 即是 H 面上又是 P 平面上的一条直线，由于迹线在投影面内，便有一个投影和它本身重合，另外两个投影与相应的投影轴重合。如图2-37（*a*）中 P_H，其水平投影与 P_H 重合，正面投影和侧面投影分别与 x 轴和 y 轴重合，一般不再标记。在投影图上，通常只将迹线与自身重合的那个投影画出，并用符号标记。这种用迹线表示的平面称为迹线平面。

用几何元素组表示的平面和用迹线表示的平面之间是可以互相转换的，如图2-38所示。

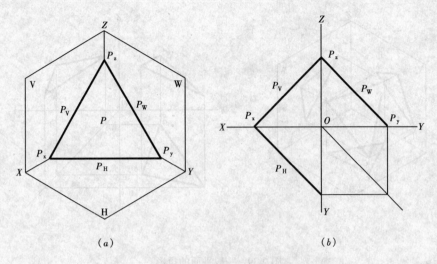

(a)　　　　　　　　　　(b)

图 2-37　平面的迹线表示法

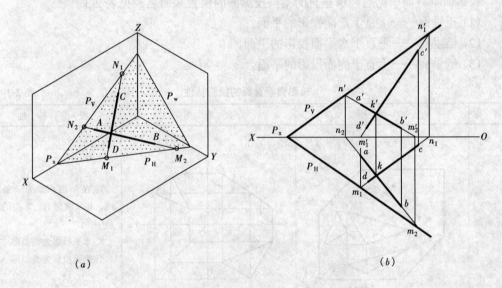

(a)　　　　　　　　　　(b)

图 2-38　几何元素表示的平面与迹线平面的转换

　　从图 2-38 可以看出，平面 P 由两相交直线 *AB* 和 *CD* 所确定，要把该平面转换成迹线平面。由于迹线是平面与投影面的交线，因此在 P 平面上求出任意两个在同一投影面上的点，通常是平面上两直线的同面迹点，则两迹点的连线即为此平面在该投影面上的迹线。

二、平面对投影面的相对位置

1. 一般位置平面

对三个投影面既不垂直也不平行的平面称为一般位置平面，投影图见图 2-39。

投影特性：

在三个投影面上的投影反映类似形，但不反映实形，并且不反映平面对投影面的倾角。

2. 投影面垂直面

垂直于某一个投影面而倾斜于另外两个投影面的平面称为投影面垂直面。

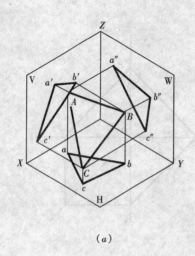

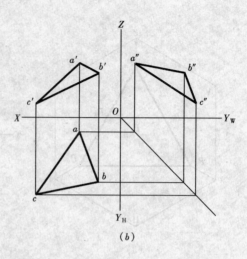

(a) (b)

图 2-39　一般平面的投影

投影面垂直面根据它们所垂直的某一投影面的位置来命名，见表 2-3。

（1）正垂面——垂直于正面投影的平面。

（2）铅垂面——垂直于水平面投影的平面。

（3）侧垂面——垂直于侧面投影的平面。

投影面垂直面的投影特性　　　　　　　　　　　　表 2-3

名　称	轴　测　图	投　影　图	投　影　特　性
正垂面			1. 在 V 面积聚为一条直线，并反映与 H、W 面的倾角 α、γ 2. 水平投影为类似形 3. 侧面投影为类似形
铅垂面			1. 在 H 面积聚为一条直线，并反映与 V、W 面的倾角 β、γ 2. 正面投影为类似形 3. 侧面投影为类似形

名 称	轴 测 图	投 影 图	投 影 特 性
侧垂面			1.在 W 面积聚为一条直线，并反映与 V、H 面的倾角 β、α 2.正面投影为类似形 3.水平面投影为类似形

投影特性：

（1）在所垂直的投影面上的投影积聚为一条直线，且与该投影面的两个投影轴都倾斜。

（2）在另外两个投影面上的投影反映类似形。

（3）在所垂直的投影面上的投影直线与该投影面上两个投影轴的夹角，分别反映该平面对相应投影面的夹角。

3．投影面平行面

平行于某一个投影面而垂直于其他两个投影面的平面称为投影面平行面。

投影面平行面根据它们所平行的某一投影面的位置来命名，见表2-4。

（1）正平面——平行于正面投影的平面。

（2）水平面——平行于水平面投影的平面。

（3）侧平面——平行于侧面投影的平面。

投影面平行面的投影特性   表 2-4

名 称	轴 测 图	投 影 图	投 影 特 性
正平面			1.V 面反映实形 2.H 面投影、W 面投影积聚为直线，并且分别平行于投影轴 OX、OZ
水平面			1.H 面反映实形 2.V 面投影、W 面投影积聚为直线，并且分别平行于投影轴 OX、OY_W

名 称	轴 测 图	投 影 图	投 影 特 性
侧平面			1. W 面反映实形 2. V 面投影、H 面投影积聚为直线，并且分别平行于投影轴 OX、OY_H

投影特性：

(1) 在所平行的投影面上反映实形。

(2) 在另外两个投影面上分别积聚为一条直线，并且平行于相应的投影轴。

第九节　平面上的点和直线

一、平面上的点

几何条件：点在平面内的任一直线上，则点在平面上。

【例 2-11】　如图 2-40（a）所示，判断空间点 Ⅰ、Ⅱ 是否属于平面 ABC。

分析：根据平面内点的几何条件，可以分别通过 1、2 点作属于平面的直线，然后判断点是否在直线上，如果点在直线上，直线又属于平面，则点一定在平面上。

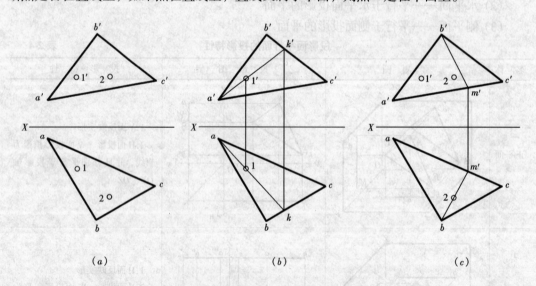

图 2-40　判断空间点 Ⅰ、Ⅱ 是否属于平面 ABC

作图步骤：

(1) 在正面图上通过 1′ 点作直线 $a'k'$，然后根据投影特性作出水平投影的直线 ak，判断 1 点是否在直线 ak 上，并且将 11′ 两点的投影连接起来，看是否符合点的投影特性，如

图 2-40 （b）所示。

（2）通过作图可以看出空间点Ⅰ属于平面 ABC。

（3）同理，可以判断出空间点Ⅱ不属于平面 ABC，见图 2-40（c）所示。

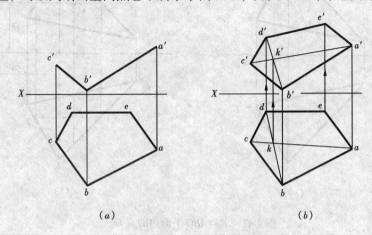

(a)　　　　　　　　　　　(b)

图 2-41　求五边形 ABCDE 的正面投影

【例 2-12】　已知五边形平面 ABCDE 的水平投影 abcde 和正面投影 a'b'c'，又知其边 BC∥AE，如图 2-41（a）所示。试完成此五边形的正面投影。

分析：可在水平投影中任意作两条直线，求出这两条直线的交点，然后根据点的投影特性求出交点在正面图的投影，可使问题得到解决。

作图步骤：

（1）首先在水平投影中作 ac、bd 两条直线，得交点 k，如图 2-41（b）所示。

（2）在正面投影中连接 a'c'，由 k 求出 k'。

（3）通过 b'k' 作直线的延长线，同时根据点的投影特性 dd'⊥OX 轴，d、d' 两点的连线与 b'k' 直线的延长线相交的点即为 d' 点。

（4）在正面投影中通过 a' 点作平行于 b'c' 的直线，同时根据点的投影特性 ee'⊥OX 轴，e、e' 两点的连线与通过 a' 点平行于 b'c' 的直线相交的点即为 e' 点。

（5）最后连接 c'd'、d'e'，即完成五边形 ABCDE 的正面投影 a'b'c'd'e'。

【例 2-13】　如图 2-42（a）所示，已知△ABC 平面的两个投影，求在△ABC 平面内取一点 K，使 K 点的坐标为：X＝50mm，Z＝30mm。

分析：要求出点 K 的投影，可根据已知条件来确定，K 点的 X 坐标表示到 W 面的距离（即到 OZ 轴的距离），K 点的 Z 坐标表示到 H 面的距离（即到 OX 轴的距离）。

作图步骤（见图 2-42b）：

（1）在正面图中作一条与 OX 轴平行的直线 f'，相距为 30mm。并得到与△ABC 平面的两个交点 1'、2'。

（2）作交点 1'、2' 的水平投影。

（3）作一条与 OZ 轴平行的直线 g'，且距离等于 50mm。

（4）直线 G 与ⅠⅡ直线产生的交点即为所求的 K 点。

二、平面上的直线

直线在平面上的几何条件：

53

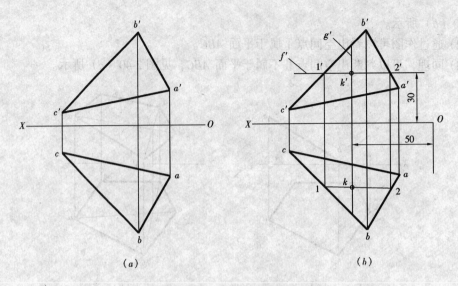

图 2-42　求 △ABC 平面内的点 K

1. 直线上的两点在平面上，则直线一定在平面上，见图 2-43。

2. 直线上有一点在平面上，并且平行于平面内的某一条直线，则直线在平面上，见图 2-44。

【例 2-14】　判断直线是 MN 否属于平面 ABC，见图 2-43（a）。

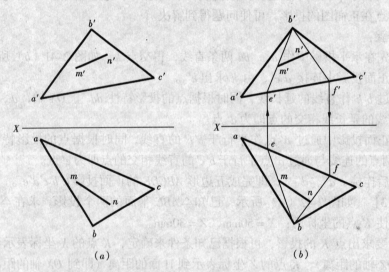

图 2-43　判断直线 MN 是否属于平面 ABC

作图步骤（见图 2-43b）：

（1）首先在正面图上分别从 b' 点通过 m'、n' 作两条平面上的直线 b'e'、b'f'。

（2）在水平面图上求出 e、f 点，然后分别连接 be、bf。

（3）可以看出水平面上 m、n 两点分别在 be、bf 两条直线上，而 BE、BF 两条直线是属于平面 ABC 上的直线。所以 MN 直线属于平面 ABC。

【例 2-15】　判断直线 EF 是否属于平面 ABC，见图 2-44（a）。

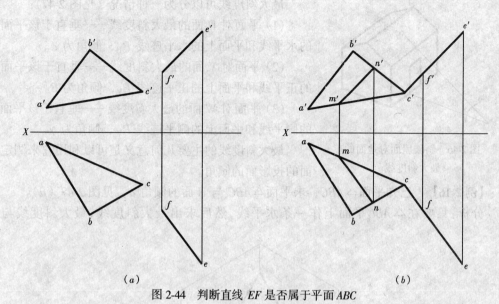

(a)   (b)

图 2-44　判断直线 EF 是否属于平面 ABC

作图步骤（见图 2-44b）：

（1）分别将 e'f'、ef 延长后交于平面 ABC 上的 c'、c 点。

（2）在正面图上任意作一条与直线 e'f' 平行的直线 m'n'。其中 m'、n' 是平面 ABC 上的两个点。

（3）作出 M、N 点的水平投影 m、n。连接 mn，可以看出，mn // ef。所以直线 EF 属于平面 ABC。

三、平面上的投影面平行线和最大斜度线

1. 平面上的投影面平行线

对于任何一个平面，可以在其上作投影面的平行线，根据其所平行的投影面 H、V 或 W 面，可分为三种情况：

（1）平面上的水平线，见图 2-45（a）。

（2）平面上的正平线，见图 2-45（b）。

（3）平面上的侧平线。

2. 平面上的最大斜度线

众所周知，当下雨的时候，雨点落在斜坡屋面上的时候，一定是沿着斜坡屋面对地面的最大斜度线的方向流淌下来，见图 2-46。这就是我们所说的平面上的最大斜度线。最大斜度线与地面的夹角 α 即为屋面与地面的倾角。

平面最大斜度线——平面上与投影面倾角为最大（即具有最大斜度）的直线称为最大斜度线。

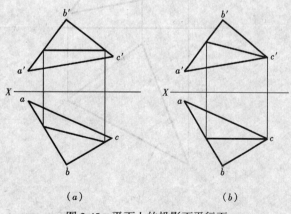

(a)   (b)

图 2-45　平面上的投影面平行面

55

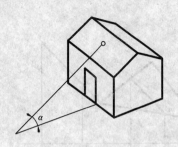

图 2-46 斜坡屋面对地面的
最大斜度线

最大斜度线可以分为三种情况（见图 2-47）：

（1）平面对 H 面的最大斜度线——垂直于该平面上的水平线和平面上的水平迹线 P_H，倾角为 α。

（2）平面对 V 面的最大斜度线——垂直于该平面上的正平线和平面上的正平迹线 P_V，倾角为 β。

（3）平面对 W 面的最大斜度线——垂直于该平面上的侧平线和平面上的侧平迹线 P_W，倾角为 γ。

最大斜度线的主要几何意义是可以利用它来测定平面的投影面的倾角。

【例 2-16】　已知平面 $\triangle ABC$，求平面 $\triangle ABC$ 与 H 面的倾角 α，见图 2-48（a）。

分析：只要在 $\triangle ABC$ 平面上作一条水平线，然后求出最大斜度线，最大斜度线与水

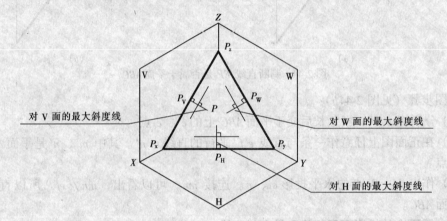

图 2-47　平面上的最大斜度线

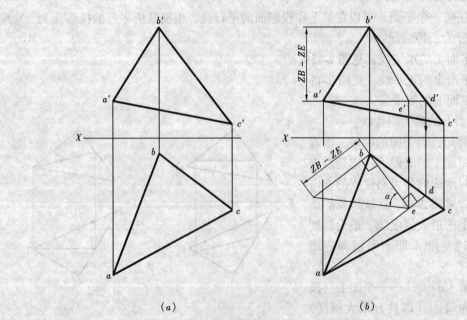

（a）　　　　　　　　　　　（b）

图 2-48　求平面 $\triangle ABC$ 与 H 面的倾角 α

56

平面的倾角即为平面△ABC 与 H 面的倾角 α。

作图步骤（见图 2-48b）：

（1）首先在正面图上通过 a′点作与 OX 轴平行的直线 a′d′。

（2）求出 D 点的水平投影 d，连接 ad。直线 AD 即为平面△ABC 上的一条水平线。

（3）在水平投影上通过 b 点作 ad 线的垂直线得到 e 点。be 即为平面对 H 面的最大斜度线的水平投影。

（4）求出平面对 H 面的最大斜度线的正面投影 b′e′。

（5）根据直角三角形法，求出直线 BE 对 H 面的倾角 α，即为平面△ABC 与 H 面的倾角 α。

第十节　平面与直线、平面与平面的相对位置

直线与平面、平面与平面的相对位置只有两种可能：平行与相交，在相交中还包含着一种特殊情况——垂直。本书分平行、相交、垂直三种情况来进行讨论。

一、平行

1. 直线与平面平行

几何条件：如直线与平面上的任一直线平行，则此直线平行于该平面。

【例 2-17】　通过 K 点，作一水平线 KG 平行于△ABC 平面，见图 2-49（a）。

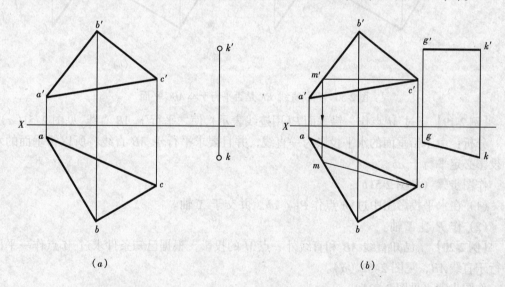

（a）　　　　　　　　　　　　　　（b）

图 2-49　过 K 点作一水平线 KG 平行于△ABC 平面

作图步骤（见图 2-49b）：

（1）先在平面△ABC 正面投影图中通过 c′点作 c′m′∥OX 轴（也可以在△ABC 平面上任意作一条平行于 OX 轴的直线）。

（2）出水平投影 m 点，连接 cm。CM 即为△ABC 平面上的一条水平线。

（3）分别通过 k′、k 点作 k′g′∥c′m′、kg∥cm，KG 的长度任意。

（4）根据直线与平面平行的几何条件，所作的直线 KG 平行于△ABC 平面。

【例 2-18】 试判断直线 EF 是否平行于△ABC 平面，见图 2-50（a）。

分析：要判断直线 EF 是否平行于△ABC 平面，可以看看能否在△ABC 平面上作一条与直线 EF 平行的直线。如果作的出来，即说明直线 EF 平行于△ABC 平面，反之，直线 EF 不平行于△ABC 平面。

作图步骤（见图 2-50b）：

（1）在△ABC 平面上作一直线 CM，使 $c'm'$ // $e'f'$。

（2）求出直线 CM 的水平投影 cm。

（3）可以看出直线 CM 的水平投影 cm 不平行于 ef，所以可以判断出直线 EF 不平行于△ABC 平面。

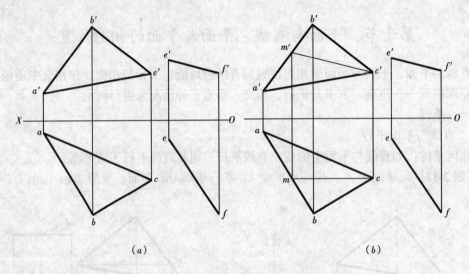

（a）   （b）

图 2-50 判断直线 EF 是否平行于△ABC 平面

【例 2-19】 过 M 点作一铅垂面 P(用迹线表示)，使之平行于 AB 直线，见图 2-51（a）。

分析：由于铅垂面的水平投影为一直线，并且要求平行于 AB 直线，所以铅垂面的水平投影必定平行于 ab。

作图步骤（见图 2-51b）：

（1）在水平投影图中过 m 点作 P_H // ab，并交于 X 轴。

（2）作 $P_V \perp X$ 轴。

【例 2-20】 已知直线 AB 和直线外一点 M 的投影，根据已知条件求过 M 点作一平面平行于直线 AB，见图 2-52（a）。

作图步骤（见图 2-52b）：

（1）过 M 点的投影点分别作 $m'f'$ // $a'b'$，mf // ab，则 MF // AB。

（2）再过 M 点任意作一条直线 MN，由于直线 MN 可以作无数条，所以此题有多解。

（3）平面 MNF 即为所求。

2. 平面与平面平行

几何条件：如果一个平面上的相交两直线平行于另外一个平面上的相交两直线，则此两平面互相平行。

【例 2-21】 判断△ABC 平面和△GMN 平面是否平行，见图 2-53（a）。

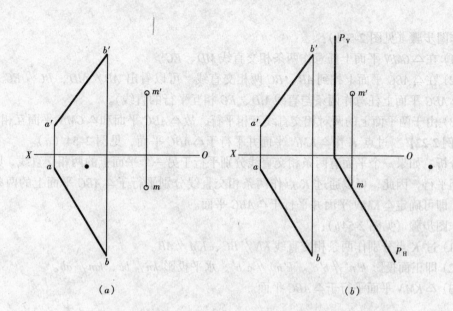

（a）　　　　　　　　　　　　（b）

图 2-51　过 M 点作一铅垂面 P 平行于 AB 直线

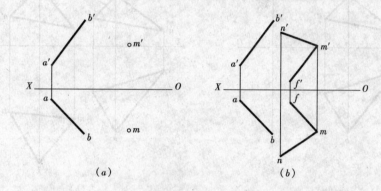

（a）　　　　　　　　　　　　（b）

图 2-52　过 M 点作一平面平行于直线 AB

分析：可以在任意平面上作两相交直线，然后再另外一个平面上看看能否找到与这两条相交直线相互平行的两相交直线。如果能找到，则两平面相互平行。

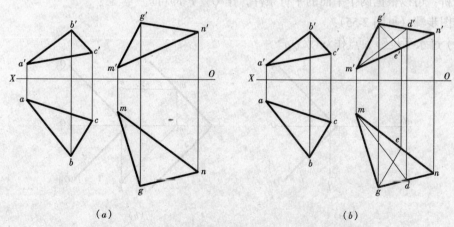

（a）　　　　　　　　　　　　（b）

图 2-53　判断△ABC 平面和△GMN 平面是否平行

作图步骤（见图 2-53b）：

(1) 在△GMN 平面上任意作两条相交直线 MD、EG。

(2) 在△ABC 平面上找到 AB、BC 两相交直线。可以看出 AB∥MD、BC∥EG（也可以在△ABC 平面上任意作两条与直线 MD、EG 相互平行的直线）。

(3) 由于两平面上的两对相交直线互相平行，故△ABC 平面和△GMN 平面互相平行。

【例 2-22】 过点 K 作△KMN 平面并平行于△ABC 平面，见图 2-54（a）。

分析：如果一个平面有两条相交直线分别平行于另一个平面上的两相交直线，则两平面互相平行，因此，可以通过 K 点作两条相交直线分别平行于△ABC 平面上的两条相交直线，即可确定△KMN 平面并平行于△ABC 平面。

作图步骤（见图 2-54b）：

(1) 过 K 点分别作两条相交直线 KN∥BC、KM∥AB。

(2) 即正面投影 k'n'∥b'c'、k'm'∥a'b'、水平投影 kn∥bc、km∥ab。

(3) △KMN 平面平行于△ABC 平面。

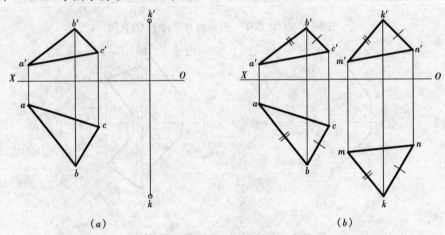

图 2-54　过点 K 作△KMN 平面并平行于△ABC 平面

【例 2-23】 过 K 点作 P 平面（用迹线表示）平行于 Q 平面，见图 2-55（a）。

分析：可以根据两个平面的平行条件，作 Q∥P 即可。

作图步骤（见图 2-55）：

(1) 过水平投影 k 点作 km∥Q_H。

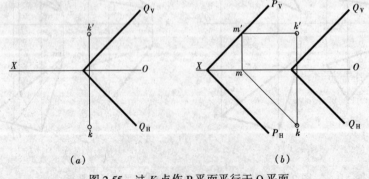

图 2-55　过 K 点作 P 平面平行于 Q 平面

（2）求出 m' 点。

（3）过 m' 点作 $P_V /\!/ O_V$，延长至 X 轴。再作 $P_H /\!/ O_H$。则 P 平面即为所求。

二、相交

1. 直线与平面相交

直线与平面相交只有一个交点，交点既在直线上，又在平面上，是直线与平面的共有点。求直线与平面相交，关键是要求出交点，当直线与平面相交时，可能会出现有一部分直线被平面挡住看不见，因此，交点也是直线与平面可见与不可见的分界点。判别可见性的方法是：要判别哪个投影面上直线与平面的可见性，就在哪个投影面上交点的任一侧找一个重影点，然后找到重影点在另外一个投影面的位置，判别重影点的前、后、左、右或上、下的位置，从而确定直线与平面的可见性。

【例 2-24】　求作铅垂线 MN 与一般位置△ABC 平面的交点 k，见图 2-56（a）。

分析：这属于特殊位置直线与一般位置平面相交的例子，由于交点是共有点，而直线在水平面上的投影具有积聚性，所以可以很容易就确定出交点在水平面上的投影。再根据平面上求点的方法作出交点的正面投影，最后判别可见性。

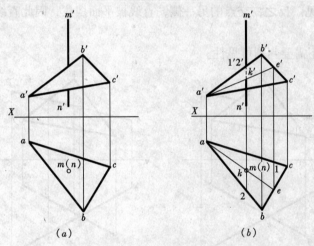

图 2-56　求作铅垂线 MN 与一般位置△ABC 平面的交点 k

作图步骤（见图 2-56b）：

第一步：求交点 K

（1）由于直线在水平面上的投影具有积聚性，所以可以确定 k 点的投影与 m（n）在水平面上重合。

（2）在水平面上通过 k 点作 ae 直线，然后求出 e'，连接 $a'e'$，k' 必定在 $a'e'$ 上。

（3）交点 K 即可求出。

第二步：判别可见性

（1）在正面图上在交点 k' 的上方找一重影点 $1'2'$，Ⅰ点是直线 MN 上的一点，Ⅱ点是△ABC 平面的一点。

（2）求出水平投影点 1、2。可以看出：2 点在前，1 点在后。

（3）由于Ⅰ点在直线上，所以，在正面投影图上，交点 k' 到 $1'2'$ 重影点这段直线在平面的后面，被平面挡住，因此直线不可见，用虚线表示。反之，交点的另一侧，直线可见。

(4) 在水平投影上直线投影为一重影点，故不需要判别可见性。

【例 2-25】　求直线 EF 与铅垂面 ABC 的交点 K，见图 2-57（a）。

分析：这是一般位置直线与特殊位置平面相交的例子，铅垂面在水平投影上具有积聚性，故平面与直线在水平投影上交点可以直接求出，如图 2-57（a）中的 k 即为交点 K 的水平投影。

作图步骤（见图 2-57b）：

第一步：求交点 K

根据水平投影点 k 求出 k′，由于 K 为直线与平面的共有点，所以 k′ 必定在直线上。

第二步：判别可见性

(1) 在正面图上，任找一个重影点，例如 1′2′。II 点在直线 EF 上，1 点在 △ABC 平面上。

(2) 求出水平投影点 1、2。可以看出：2 点在前，1 点在后。

(3) 由于 II 点在直线上，所以在正面投影图上，交点 k′ 到 1′2′ 重影点这段，直线在平面的前面，直线可见。反之，交点的另一侧，直线被平面挡住，因此直线不可见，用虚线表示。

(4) 水平投影不需要判别可见性。

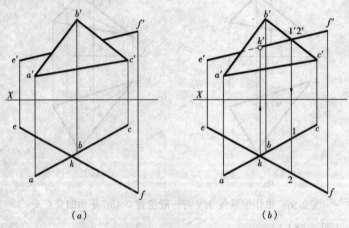

图 2-57　求直线 EF 与铅垂面 ABC 的交点 K

【例 2-26】　求一般位置直线 AB 与一般位置平面 △CDE 的交点，并判别可见性，见图 2-58（a）。

分析：这是一般位置直线与一般位置平面相交，它们与投影面都不垂直，故它们的投影没有积聚性，不能直接求交点，这样就要通过直线作一辅助平面，所作的辅助平面 P_V 与平面 EGF 会产生一条交线，所产生的交线与直线 AB 就有一个交点，这个交点即为直线 AB 与平面 EGF 的交点。

作图步骤：

第一步：求交点 K，见图 2-58（b）。

(1) 首先在正面图上通过 a′b′ 作一辅助平面 P_V，辅助平面 P_V 与平面 EGF 产生一条交

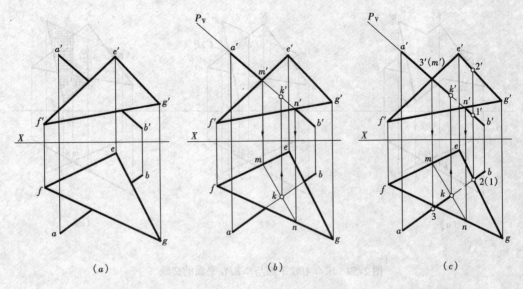

(a) (b) (c)

图 2-58　求一般位置直线 AB 与一般位置平面 $\triangle CDE$ 的交点，并判别可见性

线 MN。

（2）求出交线 MN 的水平投影 mn，即可求出交线 MN 与直线 AB 的交点 K，见图 2-58（b）中的水平投影 k。

第二步：判别可见性，见图 2-58（c）。

（1）先判别水平投影的可见性：在水平投影中找一重影点 1（2），Ⅰ点在直线 AB 上，Ⅱ点在平面 EGF 上。

（2）求出 $1'$、$2'$ 的投影，可以看出 $2'$ 点在上，$1'$ 点在下，故平面 EGF 在上，直线 AB 在下。所以在水平投影中 k 点到重影点 2（1）段直线不可见，用虚线画出。反之，交点的另一侧，直线可见，用实线画出。

（3）同理，可判别出正面投影直线的可见性。这里不再叙述，请读者自己分析。

2. 平面与平面相交

两平面相交，必有一条交线，它是两平面的公有线，在平面相交时，可能会有某个平面的部分被另一个平面所挡住，这样，交线也是两平面可见与不可见的分界线。

【例 2-27】　求 $\triangle ABC$ 平面与 $\triangle EFG$ 平面的交线，见图 2-59（a）

分析：这是两个铅垂面相交，故两个平面的水平投影积聚为两条直线，两个铅垂面的交线必定是铅垂线，在水平投影中积聚为一点（即为两个平面的水平投影相交的点）。

作图步骤（见图 2-59b）：

第一步：求交线 MN

根据以上分析，可以求出交线 MN 的正面投影 m'、n'。

第二步：判别可见性

（1）水平投影面上具有积聚性不需要判别。

（2）正面投影图上在交线的右侧找一个重影点 Ⅰ、Ⅱ（可以任意找），求出它们的水平投影 $1'$、$2'$。可以看出，Ⅰ点在 $\triangle EFG$ 平面上并且在前，Ⅱ点在 $\triangle ABC$ 平面上并且在后，所以在交线 MN 右边的部分，两平面相交的范围内，$\triangle EFG$ 平面可见，可见部分用

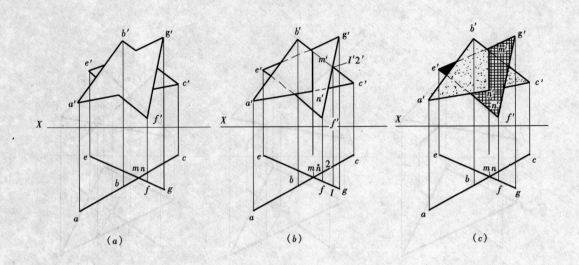

图 2-59　求△ABC 平面与△EFG 平面的交线

实线画出。△ABC 平面不可见。不可见部分用虚线画出，见图 2-59（b）。

（3）为了增加立体感，不同的平面采用不同的填充符号来显示，见图 2-59（c）。

【例 2-28】　求铅垂面 DEFG 与一般位置平面 ABC 的交线，见图 2-60（a）。

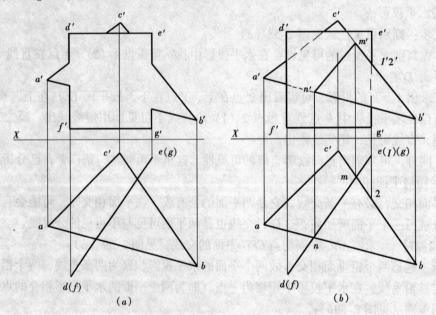

图 2-60　求铅垂面 DEFG 与一般位置平面 ABC 的交线

　　分析：这是一个垂直平面和一般位置平面相交，铅垂面在水平投影中积聚为一条直线，故可以直接在水平面图上确定出两平面的交线 MN，见图 2-60（b）。

作图步骤（见图 2-60b）：

第一步：求交线 MN

（1）根据铅垂面的特性，在水平投影中可直接找到两平面的交线 MN。

64

(2) 求出交线 *MN* 的正面投影 *m′n′*。

第二步：判别可见性

(1) 在正面图中找一重影点 1′2′，Ⅰ点在铅垂面 *DEFG* 上，Ⅱ点在一般位置平面 *ABC* 上。

(2) 在水平投影图中可以看出，Ⅱ点在前，Ⅰ点在后。所以在交线的右边，一般位置平面 *ABC* 在前。

(3) 因此，在正面图上，交线 *MN* 到重影点 Ⅰ、Ⅱ这一段，一般位置平面 *ABC* 可见。反之，铅垂面 *DEFG* 不可见。反之，交线 *MN* 的另一侧，一般位置平面 *ABC* 不可见，铅垂面 *DEFG* 可见。

【例2-29】 求△*ABC* 平面与△*DEF* 平面的交线，见图2-61（*a*）。

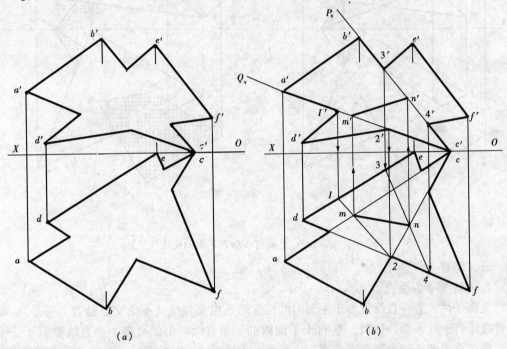

图 2-61 求△*ABC* 平面与△*DEF* 平面的交线（一）

分析：这是两个一般位置的平面相交，交线没有特殊性，因此，应利用辅助平面先分别求出交点，然后将交点相连，即为所求的交线。

作图步骤：

第一步：求交线，见图2-61（*b*）。

(1) 在正面图中分别通过 *a′c′*、*b′c′* 作两个辅助平面 *Q*ᵥ、*P*ᵥ，两辅助平面分别与△*DEF* 平面产生两条交线ⅠⅡ、ⅢⅣ。见图2-61（*b*）正面图上的 1′2′、3′4′。

(2) 求出 1′、2′、3′、4′ 点在水平面上的投影 1、2、3、4。交线ⅠⅡ、ⅢⅣ分别与△*ABC* 平面产生两个交点 *M*、*N*。

(3) 分别连接 *m′n′*、*mn*，即为所求的△*ABC* 平面与△*DEF* 平面的交线。

第二步：判别可见性，见图2-62（*a*）。

(1) 水平面图上，在交点的一侧找一重影点 5、6，Ⅴ点在△*DEF* 平面上，Ⅵ点在

△ABC 平面上。

(2) 通过正面图可以看出 5′点在上，6′点在下，故△DEF 平面在上，可见，画实线。△ABC 平面在下，不可见，画虚线。

(3) 同理，可以判别两平面在正面投影中的可见性，这里不再叙述。

(4) 为了增加立体感，图 2-62（b）将△ABC 平面填充上其他不同的断面符号。

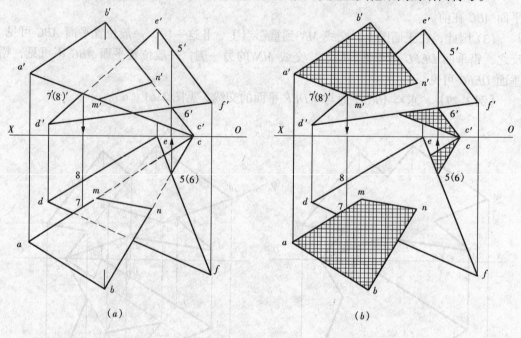

（a）　　　　　　　　　　　　　（b）

图 2-62　求△ABC 平面与△DEF 平面的交线（二）

三、垂直

1. 直线与平面垂直

几何条件：若一直线垂直于平面内的任意两条相交直线（不论交点是否为垂足），则该直线垂直于此平面，同时，垂直于平面内的一切直线。由此可知，一直线垂直于一平面，则该直线的正面投影必定垂直于该平面上正平线的正面投影；直线的水平投影必定垂直于平面上水平线的水平投影。反之，直线的正面投影和水平投影分别垂直于平面上正平线的正面投影和水平线的水平投影，则直线一定垂直该平面。

【例 2-30】　已知正垂面 ABCD 和平面外一点 K 的正面投影和水平投影，求 K 点到正垂面 ABCD 的距离，见图 2-63（a）。

分析：若一直线与平面垂直，而该平面又垂直于某一投影面时，则直线必平行于该投影。图中 ABCD 为一正垂面，故过 K 点作它的垂线必为正平线，它的正面投影与正垂面 ABCD 的正面投影成直角。

作图步骤（见图 2-63b）：

(1) 正面图中通过 k′点作平面 ABCD 的垂直线，求得垂足 m′点。

(2) 求出水平面图中 m 点。

(3) k′m′反映 MK 的实长，即为 K 点到正垂面 ABCD 的距离。

【例 2-31】　已知△ABC 平面和平面外一点 K 的两个投影，求 K 点到△ABC 平面的

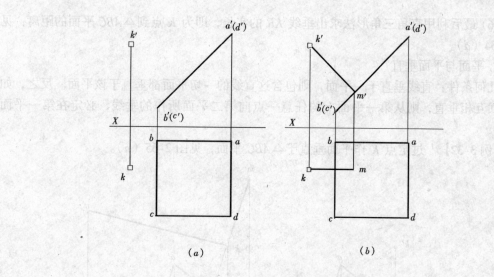

图 2-63　求 K 点到平面 ABCD 的距离

距离，见图 2-64（a）。

分析：由于 △ABC 为一般位置平面，则由 K 点作 △ABC 平面的垂线也是一般位置线，求出垂线与平面的垂足 R 后，利用直角三角形法求出 KR 的实长，即为所求。

作图步骤（见图 2-64b）：

（1）分别作出 △ABC 平面上的正平线 CM 和水平线 CN，即 c'm'、cm、c'n'、cn。

（2）分别通过 k' 点作 c'm' 的垂线，通过 k 点作 cn 的垂线，见图 2-64（b）。

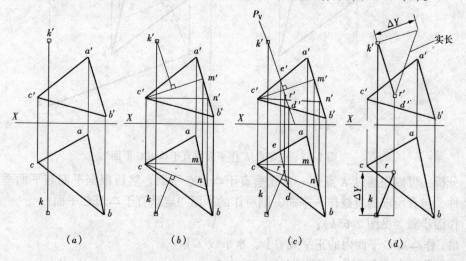

图 2-64　求 K 点到 △ABC 平面的距离

（3）所作的正平线 CM 和水平线 CN 是用来确定垂线 KR 的方位的，根据直线与平面垂直的几何条件，可知，垂线一定分别垂直于正平线 CM 和水平线 CN。

（4）在正面图上包含着通过 k' 点所作的垂线，作一辅助平面 P_V。

（5）利用求直线与一般平面的交点的方法，即可求出垂线与平面的垂足 R，见图 2-64（c）。

（6）最后利用直角三角形法求出垂线 KR 的实长，即为 K 点到△ABC 平面的距离，见图 2-64（d）。

2. 平面与平面垂直

几何条件：直线垂直于一平面，则包含这直线的一切平面都垂直于该平面。反之，如两平面互相垂直，则从第一平面上的任意一点向第二平面所作的垂线，必定在第一平面上。

【例 3-32】 过定点 K 作平面垂直于△ABC 平面，见图 2-65（a）。

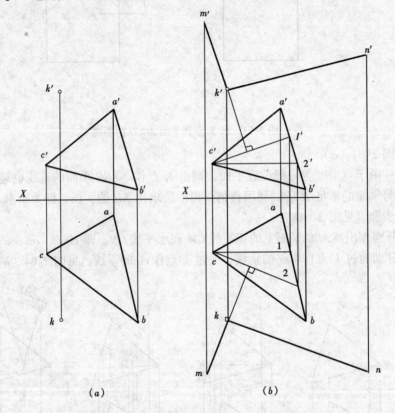

图 2-65 过定点 K 作平面垂直于△ABC 平面

分析：可以先通过 K 点作一直线垂直于△ABC 平面，然后根据平面与平面垂直的几何条件，包含所求的直线作一平面，则所作的平面一定垂直于△ABC 平面。

作图步骤（见图 2-65b）：

（1）作△ABC 平面内的正平线 CⅠ、水平线 CⅡ。

（2）通过 K 点分别作 $m'k'⊥c'1'$、$mk⊥c2$。

（3）最后通过 K 点任意作一条直线 KN。

（4）即平面 MKN 垂直于△ABC 平面（由于直线 KN 可以任意作出，故此题为多解）。

【例 3-33】 判断△ABC 平面是否垂直于△DEF 平面，见图 2-66（a）。

分析：这是两个正垂面，它们在正面上的投影积聚为两条直线，只要它们的积聚投影互相垂直，则两平面互相垂直。

作图步骤（见图 2-66b）：

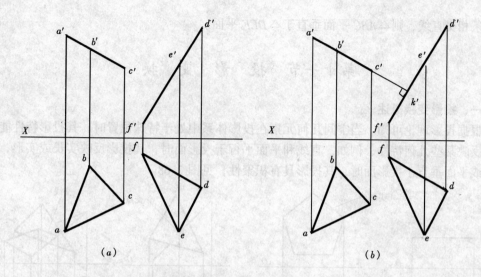

图 2-66 判断△ABC 平面是否垂直于△DEF 平面

（1）在正面图上作 a'b'c' 的延长线，可以看出两个积聚投影的直线互相垂直。

（2）由此可判断△ABC 平面垂直于△DEF 平面。

【例 3-34】 判断△ABC 平面是否垂直于△DEF 平面，见图 2-67（a）。

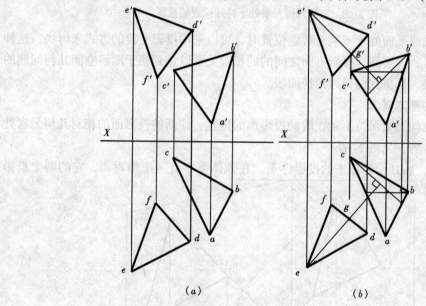

图 2-67 判断△ABC 平面是否垂直于△DEF 平面

分析：这是两个一般位置平面的投影，判断△ABC 平面是否垂直于△DEF 平面，只需判断△DEF 平面上是否包含一条△ABC 平面的垂线。

作图步骤（见图 2-67b）：

（1）在△ABC 平面上作一条正平线和一条水平线。

（2）在△DEF 平面上过 E 点作一条直线分别垂直于△ABC 平面上的正平线和水平线。

（3）因为 E 点在△DEF 平面上，所以△DEF 平面上的直线 EG 垂直于△ABC 平面上的两条相交直线，则△ABC 平面垂直于△DEF 平面。

第十一节 投 影 变 换

一、投影变换概述

根据投影理论可知，当空间几何元素在投影体系中处于特殊位置时，其投影特性能真实地反映某些几何特性，例如，直线和平面平行于投影面时，其投影反映实长或实形，当直线或平面垂直于投影面时，其投影具有积聚性，见图 2-68。

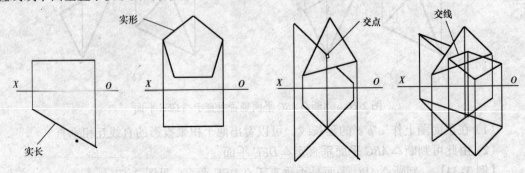

图 2-68　空间几何元素处于特殊位置的投影

因此，当直线或平面处于不利于解题位置时，可以采用投影变换的方式来解决，这种改变空间几何元素、投影面、投影方向之间的的相对关系以达到便于图解空间几何问题的方法称为投影变换。这里我们只讨论换面法。

二、换面法的基本概念

换面法——几何元素保持不动，改动投影面的位置，使新的投影面的相对几何元素处于有利于解题的位置，见图 2-69。

在图 2-69 中，V/H 面是原来的投影体系，在该体系中有一个铅垂面，它的两个投影

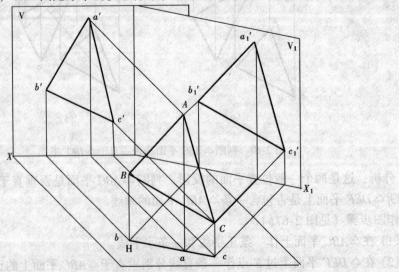

图 2-69　换面法

都不反映实形，为了在投影图中反映其实形，根据投影特性，投影面应平行于该铅垂面，故可以作一个与铅垂面平行的新投影面 V_1 来替代原来的 V 面，形成一个新的投影体系 V_1/H，它们的交线 X_1 轴称为新投影轴。

在用换面法解题时，新投影面的选择必须符合以下两个条件：

（1）新投影面必须与空间几何元素处于有利于解题的位置。

（2）新投影面必须垂直于原来投影面体系中的一个投影面，组成一个新的两面投影体系，前一个条件是解题需要，后一个条件是应用两投影面体系中的投影规律所必需的。

三、换面法的基本规律

1. 点的一次变换

点是构成空间形体的最基本的几何元素，必须首先掌握点在换面法中的投影变换规律。

在图 2-70（a）所示的投影面 V/H 体系中，以 V_1 面代替 V 面，组成一个新的两投影面体系 V_1/H，然后将 A 点向 V_1 面作正投影，便得到 A 点在 V_1 面上的投影 a'_1，a'_1 与 a 是 A 点在新投影体系 V_1/H 中的两个投影。可以看出在 V/H、V_1/H 两个体系中 A 点到 H 面的距离（即 Z 坐标）是相同的，即 $a'a_x = Aa = a'_1 a_{x1}$。a 与 a'_1 的投影连线垂直于新投影轴 X_1，见图 2-70（b）。

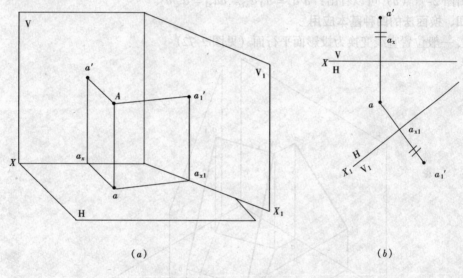

（a）   （b）

图 2-70 点的一次变换

根据以上的分析可以总结出换面法中的投影变换规律如下：

（1）点的新投影 a'_1 和不变投影 a 的连线垂直于新投影轴 X_1，即 $a a'_1 \perp X_1$。

（2）点的新投影 a'_1 到新投影轴 X_1 的距离，等于被替代的就投影 a' 到旧投影轴 X 的距离，即 $a'a_x = a'_1 a_{x1}$。

2. 点的二次变换

运用换面法解决实际问题时，有时通过一次变换不能解决问题，需要变换两次或多次才能得到解答。两次或多次换面的作图方法与一次换面完全相同，但投影面必须交替进行，例第一次变换 V 面为 V_1 面，第二次就必须变换 H 面为 H_2 面……依次交替进行，见

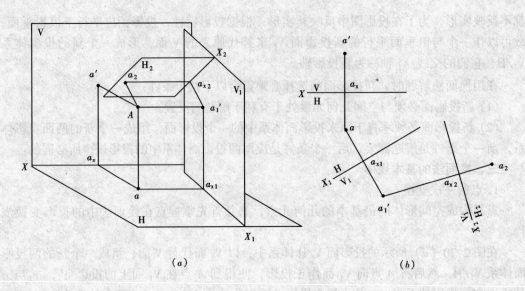

(a) (b)

图 2-71   点的二次变换

图 2-71（a）。

由图 2-71（b）可以看出：$a'a_x = a'_1 a_{x1}$。$aa_{x1} = a_{x2} a_2$。

四、换面法的四种基本应用

1. 一般位置直线变换为投影面平行面（见图 2-72）

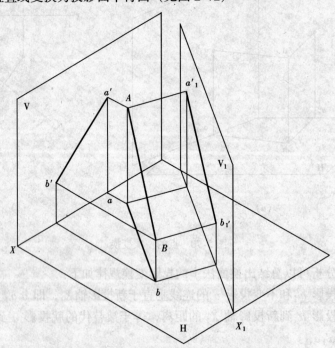

图 2-72   一般位置直线变换为投影面平行面

2. 投影面平行线变换为投影面垂直线（见图 2-73）

3. 一般位置平面变换为投影面垂直面（见图 2-74）

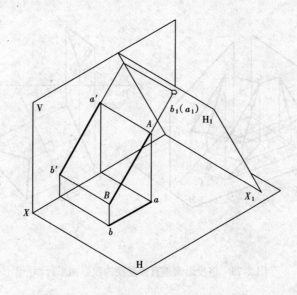

图 2-73 投影面平行线变换为投影面垂直线

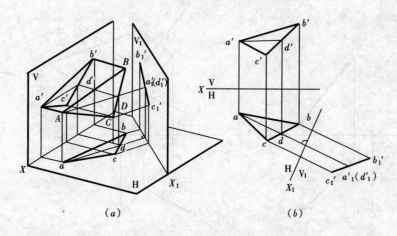

（a）　　　　　　　　　（b）

图 2-74 将一般位置平面变换为投影面垂直面

4. 投影面垂直面变换为投影面平行面（见图 2-75）

五、换面法的实际应用

应用换面法解题时，首先要进行题意分析，弄清楚给出的空间几何元素在原投影体系中的空间位置，以及在新投影面体系中处于怎样的相对位置时，才最有利于解题，然后确定具体的作图步骤。

【例 2-35】 求 K 点到 AB 直线的距离，见图 2-76 （a）。

分析：求 K 点到 AB 直线的距离就是点到直线的垂线的实长，可以将 AB 直线先变换成平行线，然后再将平行线变换成垂直线，利用直角定理，可以确定出垂足 E 的投影，这样就可以求出点到直线的距离了。此题第一步先变换 H 面，将 AB 变换成水平线，第二步在变换 V 面，将 AB 在变换成垂直线。当然，第一步也可以先变换 V 面，请读者自己分析。

作图步骤（见图 2-76b）：

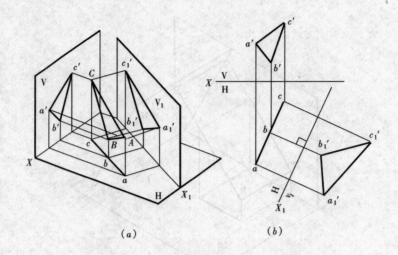

(a)   (b)

图 2-75　将投影面垂直面变换为投影面平行面

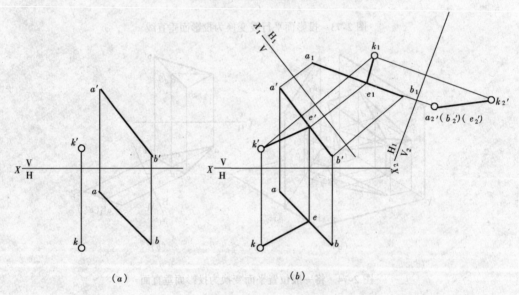

(a)   (b)

图 2-76　求 K 点 AB 直线的距离

(1) 作 X_1 轴平行于 $a'b'$，在 H_1 投影面中将 AB 直线变换成水平线 a_1、b_1。

(2) 作 X_2 轴垂直于 a_1、b_1，在 V_2 投影面中将直线变换成正垂线 a'_2、b'_2。

(3) 在 H_1 投影面上根据直角定理从 K 点作 AB 直线的垂直线交于 E 点，即 $k_1e_1 \perp a_1b_1$。

(4) E 点在 V/H 投影体系中的投影可以返回作出。

【例 2-36】　求 △ABE 平面的实形，见图 2-77（a）。

分析：根据投影特性，要求出平面的实形必须使平面与某个投影面平行，在本题中 △ABE 平面是一般位置平面，可以先将 △ABE 平面转换为垂直面，然后再转换为平行面。需进行两次投影变换。

作图步骤（见图 2-77b）：

(1) 在 △ABE 平面上作一水平线 AK。

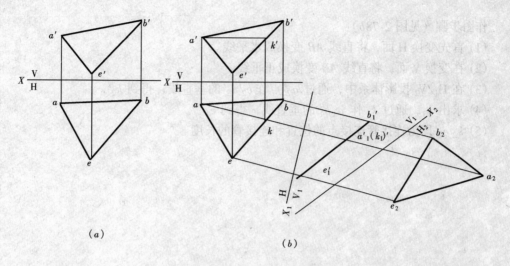

图 2-77 求△ABE平面的实形

(2) 作新的投影体系 V_1/H，X_1 轴垂直于 ak，将△ABE平面变换为正垂面。

(3) 作另一个新的投影体系 V_1/H_2，X_2 轴平行于 $e'_1b'_1$。此时，△ABE平面平行于 H_2 投影面，反映实形。

【例 2-37】 已知交叉两输油管道 AB 和 CD，现要在两管道之间用一根最短的管子将它们连接起来，求连接点的位置和连接管的长度，见图 2-78 (a)。

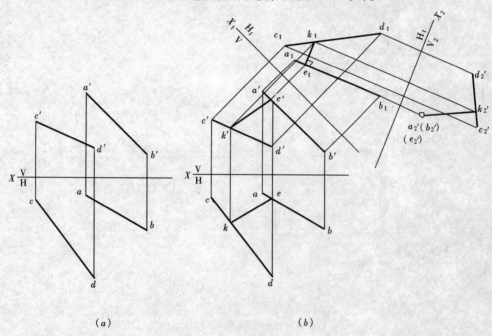

图 2-78 求交叉两管道连接点的位置和连接管的长度

分析：交叉两输油管道 AB 和 CD 都是一般位置的直线，求它们之间最短的距离，实际上就是求两直线公垂线的问题。可以先将其中的一根管道变换为垂直线，然后根据直角定理，即可求出两直线间的距离。

作图步骤（见图 2-78b）：

(1) 首先变换 H 面，将直线 AB 变换成水平线。

(2) 在变换 V 面，将直线 AB 变换成正垂线。

(3) 在 H_1/V_2 投影体系中，通过 a_2' 点作 $c_2'd_2'$ 的垂直线，得到 k_2'。

(4) 求出 k_1，通过 k_1 作 a_1b_1 的垂直线，得到 e_1。

(5) $k_2'e_2'$ 即为连接管连接点的位置和连接管的长度。

第三章 曲线与曲面

第一节 曲线概述

一、曲线的形成与分类

曲线可视为一个不断改变运动方向的点的轨迹。

按照点运动有无规则，曲线可分为规则曲线和不规则曲线，前者如圆周、螺旋线等；后者如等高线等。按照曲线上的点是否共面，曲线分为平面曲线和空间曲线。凡曲线上所有的点都在同一平面上的，称为平面曲线，如图 3-1 （b）、（c）所示为平面曲线；凡曲线上的点不全在同一平面上，称为空间曲线，如图 3-1 （a）所示为空间曲线。

二、曲线的投影

1. 曲线的投影和曲线上点的投影

曲线的投影为曲线上一系列点投影的集合。曲线上任意点的投影，必在曲线的同名投影上。如图 3-1 （a）所示，曲线 L 在投影面 H 上的投影 l 为 L 上各点 A、B 等的 H 面投影 a、b 等的集合。因此，绘制曲线的投影时，只要求出曲线上一系列点的投影，特别是首先要求出控制曲线形状和范围的特殊点的投影，然后再把这些点依次光滑连接，即得曲线的投影。

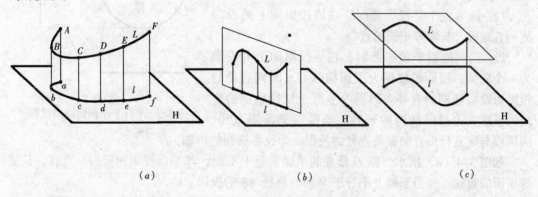

（a）　　　　　　　　　　（b）　　　　　　　　　　（c）

图 3-1　曲线及其投影

2. 曲线的投影特性

（1）一般情况下，曲线的投影仍为曲线。如图 3-1 （a），过曲线上各点的投射线组成一个曲面，称为投射曲面，它与投影面 H 相交于一条曲线，即为曲线的投影。

（2）平面曲线具有下列特性：当平面曲线所在平面垂直于某投影面时，则曲线在该投影面上的投影枳聚为一直线，如图 3-1 （b），因为，投射曲面已成为投射平面，必与投影面交成一条直线；当平面曲线所在平面平行于某投影面时，则曲线在该投影面上的投影反映实形，如图 3-1 （c）。

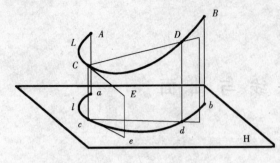

图 3-2 曲线的切线

（3）空间曲线的各面投影都是曲线，不能积聚成为直线或者反映实形。

3. 曲线的切线

曲线的切线的投影，切于该曲线的同名投影；切点的投影，为曲线与切线的同名投影的切点。

如图 3-2 所示，曲线 L 上有一条割线 CD，交 L 于两点 C、D。当 D 沿着 L 向 C 点无限接近时，直线 CD 的极限位置 CE，称为曲线 L 于 C 点的切线。

当割线 CD 上 D 点无限接近 C 点时，在投影中，投影 d 亦在 l 上无限接近 c，所以 cd 的极限位置 ce 是 l 于 c 点的切线，也就是切线 CE 的投影。投影中的切点 c 为切点 C 的投影。

第二节 圆 的 投 影

圆是平面曲线中常见的曲线。根据圆与投影面的相对位置，圆具有下列投影性质：

（1）当圆平行于某投影面时，在该投影面上的投影反映实形。图 3-3 是一个平行于 V 面的圆，则在 V 面投影反映实形，在 H 面、W 面的投影积聚成垂直于 Y 轴的直线。

（2）圆垂直于某投影面时，在该投影面上的投影成一直线段，长度等于圆的直径。

（3）当圆倾斜于投影面时，在该投影面上的投影为一个椭圆，圆心的投影为投影椭圆心。圆周直径的投影为投影椭圆的直径。圆周内平行于该投影面的直径的投影，为投影椭圆的长轴，长度等于圆周直径。

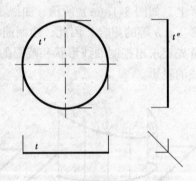

图 3-3 平行于 V 面的圆的投影

圆周内与该直径垂直的那条直径的投影，为投影椭圆的短轴。

如图 3-4（a）所示，圆 O 所在的平面垂直于 V 面，其 V 面投影积聚为一直线，长度等于圆的直径，相当于圆上平行于 V 面的直径 AB 的投影 $a'b'$。

圆所在的平面倾斜于 H 面和 W 面，在该两面的投影均为一条曲线，称为椭圆（3-4a 中只画 H 面和 V 面投影）。

圆周上各条直径虽然长度相等，但是由于它们对 H、W 面的倾角不同，投影的长度就不同，一般都缩短。只有平行于投影面的直径的投影的长度不变，为投影椭圆的长轴，如 3-4（a）中 CD 平行于 H 面，在 H 面投影 cd 反映实长，为投影椭圆的长轴，而垂直于 CD 的那条直径 AB，因位于对 H 面的最大斜度线上，故 ab 缩的最短，成为投影椭圆的短轴。

圆 O 的投影图如图 3-4（b）所示，V 面投影 $a'b'$ 是一段直线；H 面投影是一椭圆，长轴 cd 等于圆的直径，短轴是 ab，椭圆心 o 是圆心 O 的投影；W 面投影也是一椭圆，长

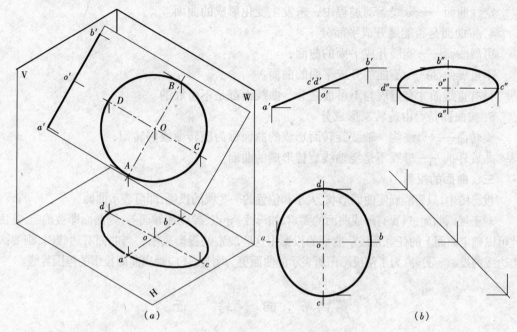

图 3-4　垂直于 V 面的圆的投影

(a) 空间状况；(b) 投影图

轴 $c''d''$ 等于圆的直径，短轴是 $a''b''$。

当圆为一般位置时，它的三个投影均为椭圆。

第三节　曲　面　概　述

一、曲面的形成

曲面视为一条线运动的轨迹。形成曲面的动线称为母线，母线的任意位置称为素线。用来控制母线运动规律的点、线、面分别称为导点、导线和导面。母线和导线可以是直线或者曲线；导面可以是平面或者曲面。如图 3-5 所示的曲面，是由母线 AA_1 沿着曲导线 L 并始终平行于直导线 S 运动而形成。AA_1 的任意位置 CC_1 称为素线。

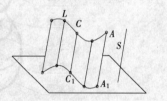

图 3-5　曲面的形成

二、曲面的分类

1. 按曲面形成是否有规律分

规则曲面——母线作规则运动形成的曲面；

不规则曲面——母线任意运动形成的曲面。

2. 按母线形状的不同分

直线面——母线为直线的曲面称为直线面或直纹面，如圆柱面、圆锥面等；

曲线面——母线为曲线的曲面称为曲线面，如球面、环面等。

3. 按母线运动是否变形分

变线曲面——母线运动过程中，形状或长度等发生变化形成的曲面；

定线曲面——母线运动过程中，未发生变化形成的曲面。

4. 按曲面是否能展开成平面分

可展曲面——能展开成平面的曲面；

不可展曲面——不能展开成平面的曲面。

只有直线面才有可展与不可展之分，曲线面都是不可展的。

5. 按曲面是否由旋转来形成分

旋转面——母线绕一轴线旋转而形成的曲面称为旋转面或回转面；

非旋转面——母线不是绕轴线旋转形成的曲面。

三、曲面的投影

投影图中，只要能确定曲面形状、大小和位置的一些线的投影，即可表示曲面。

对于规则曲面，只要有形成曲面的要素，如母线、导点、导线和导面等，则曲面即被确定，并由此可以确定曲面上的任意素线。曲面的投影由这些要素的投影表示。当曲面有边线时，则要画出边线的投影。另外，为了使投影图所表示的曲面更为明显，还应画出曲面投影的范围界线。

第四节　回　转　面

一、回转面的形成和基本性质

1. 回转面的形成

以一平面曲线或直线为母线，绕同一平面内的一条定直线旋转而形成的曲面称为回转面（或旋转面），该定直线称为旋转面的轴线。以直线为母线形成的旋转面又称为直线回转面；以曲线为母线的旋转面称为曲线回转面。

如图 3-6（a）所示，是以平面曲线 L 为母线，绕定直线 O 旋转形成旋转面。

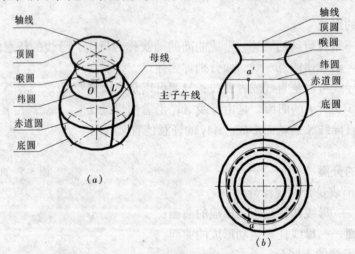

图 3-6　旋转面
（a）空间状况；（b）投影图

母线的任意位置称素线。母线绕轴线旋转时，母线上任意点如 A 的运动轨迹都是一个垂直于轴线的圆，称为纬圆。曲面上比相邻两侧都大的纬圆，称为曲面的赤道圆；都小时则称为喉圆。母线的上、下端点所形成的纬圆，分别称作顶圆和底圆。

通过轴线的平面，即素线所在的平面，称为子午面；旋转面与子午面的交线称为子午线。如轴线平行于某投影面时，则平行于该投影面的子午面，称为主子午面；相应的子午线称为主子午线。

2. 回转面的投影

当回转面的轴线垂直于某一个投影面，例如 H 面时，则所有纬圆的 H 面投影反映实形，它们的 H 面和 V 面投影则为垂直于轴线的水平线段。如图 3-6（b）所示，旋转面的 H 面投影，只画赤道圆、喉圆、顶圆及底圆等特殊纬圆的投影；旋转面的 V 面和 W 面投影只画主子午线以及顶圆和底圆的投影。

回转面只画两个投影即可，但其中之一为轴线所垂直的投影面上投影，即表示纬圆实形的投影。投影图中，要用细点划线表示轴线的投影；圆形的投影中应用细点划线画出圆的中心线。对于有限的回转面，还应画出其边界线的投影，如顶圆、底圆的投影。

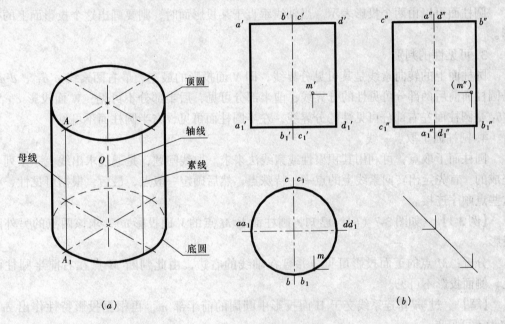

图 3-7　圆柱面

（a）立体图；（b）投影图

3. 回转面上的点和线

回转面上的点，可以由回转面上的纬圆来确定。如图 3-6（b）所示，已知回转面上一点 A 的 V 面投影 a'，则可利用过 A 点纬圆求出其在 H 面的投影 a，反之亦可。

回转面上的线，可取线上的一系列点来作出。

4. 回转体

回转面为封闭时，例如球面，本身形成一个回转体，其表面即为一个回转面；若不封闭时，则加上顶面、底面来包围形成一个回转体。

二、回转面

下面介绍几种常见的回转面：

（一）圆柱面

1. 圆柱面的形成

圆柱面是由直母线 AB 绕与母线平行的轴线 O 旋转一周而成。当顶圆、底圆平面与轴线垂直时，称为正圆柱面，如图 3-7（a）所示。

2. 圆柱面的投影

当正圆柱面的轴线垂直于 H 面时，其 H 投影是一个圆周，为顶圆和底圆的重影，该圆周也是圆柱面上所有点和直线的积聚投影。圆柱面的 V 面和 W 面投影都是矩形，矩形的上下两条边为顶圆和底圆的积聚投影。V 面投影中，矩形左右边线 $a'a_1'$、$d'd_1'$ 是圆柱面上最左、最右两素线 AA_1、DD_1 的投影，而与它们对应的 W 面投影 $a''a_1''$、$d''d_1''$ 则与轴线的 W 面投影重影，不予表示，仍以中心线表示。W 面投影中，矩形前后两侧的边线 $c''c_1''$、$b''b_1''$ 分别是圆柱面的最前和最后两素线 CC_1、BB_1 的投影，而与它们对应的 V 面投影 $c'c_1'$、$b'b_1'$ 则与轴线的 V 面投影重影，不予表示，仍以中心线表示。

圆柱面可以由两个投影表示。当轴线垂直于某投影面时，则要画出这个投影面上的投影。

3. 可见性的判别

圆柱面上的转向素线是其可见分界线，即 V 面投影的最左、最右两素线 $a'a_1'$、$d'd_1'$ 是圆柱面前后两部分可见性的分界线，前半部分可见，后半部分不可见；W 面投影 $c''c_1''$、$b''b_1''$ 是圆柱面左右部分可见性的分界线，左半圆柱面可见，右半圆柱面不可见。

4. 圆柱面上取点、线

圆柱面上取点，可利用其积聚性或素线法来求。取线问题，是通过求出线上一系列点完成的。首先定出转向素线上的点——特殊点，然后确定一般点，最后，根据可见性，将这些点顺序连接。

【例 3-1】　如图 3-7（b），已知，圆柱面上 M 点的 V 面投影 m'，求该两点的另外两投影。

分析：M 点的正面投影可见，并且在轴线的右边，由此判断 M 点在右前半圆柱面上，侧面投影不可见。

【解】　过 m' 作连系线交于 H 面投影中圆周的前半部 m，再根据投影特性作出 m''，m'' 为不可见点。

【例 3-2】　已知一个圆柱的三视图，如图 3-8（a）所示，现在已知圆柱表面的点 A、B、C、D 四点的一面投影，求作这四点的其他两面投影。

分析：圆柱面的投影具有积聚性，其投影积聚为一个圆，可以利用这个特性求点的投影。

A 点在主视图投影是可见的，可以判断 A 点在前面和左面的圆柱表面上，这个圆柱面为铅垂面，水平投影具有积聚性，成为一个圆，A 点的水平投影就在这个圆上，利用"长对正"的特性，作垂直线，与水平面圆的前半部分交点就是 A 点的水平面投影；圆柱面在左视图投影是一个矩形，需要根据投影规律，利用"宽相等，高平齐"，找出 Y 坐标差，也就是宽度值，就可以求出侧面投影了。然后判断点的可见性，由于点在圆柱的右面，其在侧面投影就不可见了，因此需要用括号表示不可见。

B 点在主视图的投影是不可见的，可以判断点 B 在后面和左面的圆柱面的线框里面，圆柱面与水平面垂直，水平投影具有积聚性，成为一个圆，B 点的水平投影就在这个圆

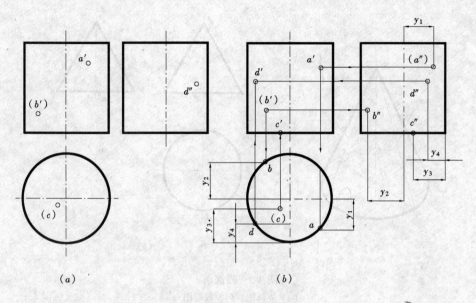

图 3-8　圆柱的表面求点

（a）原图；（b）作图过程

上，利用"长对正"的特性，作垂直线，与水平面圆的后半部分交点就是 B 点的水平面投影；圆柱面在左视图投影是一个矩形，需要根据投影规律，利用"宽相等，高平齐"，找出 Y 坐标差，也就是宽度值，就可以求出侧面投影了。然后判断点的可见性，由于点在圆柱的左面，其在侧面投影就可见了，因此不用括号表示。

C 点在俯视图上是不可见的，可以判断点 C 是在圆柱的下底面里面，这个底面是一个水平面，在俯视图投影显示原形，是一个圆；在主视图和左视图投影具有积聚性，成为一条直线，同样可以利用投影规律来求出，注意"宽相等"的问题。在这里不需要判断投影的可见性。

D 点在左视图投影是可见的，可以判断 D 点处于左面和前面的圆柱面上，这个圆柱面的水平投影具有积聚性，成为一个圆，D 点的水平投影就在这个圆上，需要根据投影规律，利用"宽相等"，找出 Y 坐标差，也就是宽度值，在水平投影作一条水平线，与圆的左前面的交点，就是点 D 的水平面投影了，然后利用"长对正，高平齐"的投影规律，就可以求出 D 点的正面投影。

作图过程，读者可以参考图 3-8（b）。

（二）圆锥面

1. 圆锥面的形成

圆锥面是由直母线 SA 绕与它相交于 S 点的轴线 SO 旋转一周而形成的曲面。所有素线均通过锥顶；母线 SA 上任意点运动的轨迹均为圆周，当圆周所在平面与轴线 SO 垂直时，称为正圆锥，如图 3-9（a）所示。

2. 圆锥面的投影

如图 3-9（b）所示，当正圆锥面的轴线垂直于 H 面时，在 H 面的投影是一个圆，是锥面的水平投影与底圆的水平投影的重合；圆锥的 V 面和 W 面投影都是等腰三角形，底边是圆锥底面圆的积聚投影，两腰是圆锥轮廓素线的投影，V 面投影是最左素线 SA 和最

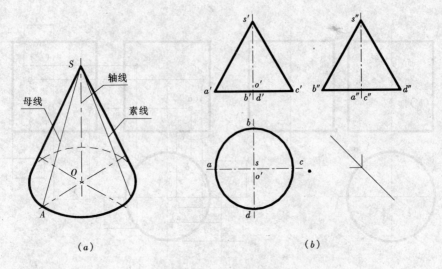

图 3-9　圆锥面

（a）立体图；（b）投影图

右素线 SC 的投影，W 面投影是最前素线 SD 和最后素线 SB 的投影。

圆锥面可以由两个投影表示，但是，其中之一必须是显示底圆形状的投影。

3. 可见性判别

从图 3-9 中看出，向 H 面投影时，整个圆锥面都是可见的，底面圆不可见；SA 和 SC 把锥面分成前、后两部分，向 V 面投影时，左、右素线投影 s′a′、s′c′ 为锥面前后可见与不可见的分界线，前半个锥面可见，后半个锥面不可见；SD 和 SB 把锥面分成左、右两部分，向 W 面投影时，前后素线投影 s″d″、s″c″ 为锥面左右可见与不可见的分界限线，左半个锥面可见，右半个锥面不可见。

4. 圆锥表面取点、线

圆锥面的三个投影都没有积聚性，所以不能象圆柱那样利用积聚性求得。但圆锥表面上的点，一定在通过该点的素线或纬圆上，因此，可利用素线法或纬圆法求圆锥表面上的点和线。

（1）素线法：过已知点作圆锥的素线，先求素线的投影，然后利用线上定点的方法求点的投影。这种利用素线作为辅助线来确定点的投影的方法，称为素线法。

（2）纬圆法：过点作锥面上垂直于轴线的纬圆，求出纬圆的各个投影。由于点在纬圆上，则点的投影一定在纬圆的同面投影上。这种利用纬圆作为辅助线的方法称为纬圆法。

【例 3-3】　如图 3-10，已知点 M 的 V 投影 m′，求 m、m″。

分析：由于锥面的 H、W 面投影没有积聚性，不能根据 m′ 直接确定其余两投影，可以作通过点的素线或纬圆来求解；另外，根据点 M 的正面投影可知，M 点在圆锥面的左前方，所以 H 面和 W 面投影均可见。

【解】

纬圆法：如图 3-10（a）所示，过点 M 作纬圆，则 V、W 投影积聚成一直线，H 投影反映圆的实形。因为点 M 在纬圆上，所以 M 点的投影在纬圆的同面投影上。由此由 m′ 可作出 m、m″。

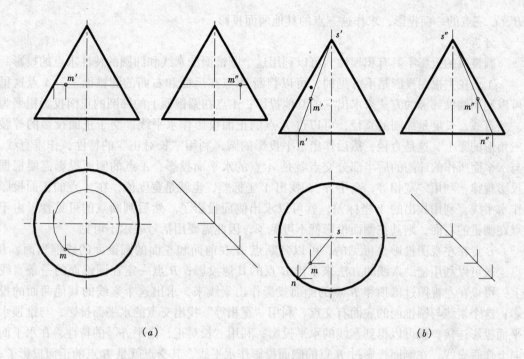

图 3-10　圆锥面上求点

（a）纬圆法；（b）索线法

素线法：如图 3-10（b）所示，作过点 M 的素线 SN 的 V 面投影和 H 面、W 面投影：sn、s'n'、s"n"，由于点 M 在素线 SN 上，则点 M 的投影在素线 SN 同面投影上，由此，在 sn、s"n"上定出 m、m"。或者只作素线 SN 的 H 面和 W 面投影，由 m'求出 m，然后根据投影特性求出 m"。

【例 3-4】　已知一个圆锥的三视图，如图 3-11（a）所示，现在已知圆锥表面的点 A、

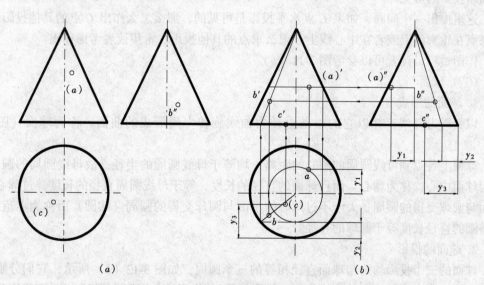

图 3-11　圆锥的表面求点

（a）原图；（b）作图过程

B、C 三点的一面投影，求作这三点的其他两面投影。

分析：

圆锥面的投影不具有积聚性，可以利用这个圆锥面的素线和纬圆的特性求点的投影。

A 点在主视图投影是不可见的，可以判断 A 点在后面和右面的圆锥面上，A 点这里可以利用辅助纬圆的方法来求出它的其他投影；A 点在圆锥面上的纬圆的正面投影积聚为一条直线，长度是纬圆的直径，可以过 A 点的正面投影作水平线，交于正面投影的等腰三角形的腰上，这是直径，然后作出水平投影的圆，利用"长对正"的特性，作垂直线，与水平面所作的纬圆的后半部分交点就是 A 点的水平面投影；A 点的侧面投影需要根据投影规律，利用"宽相等，高平齐"，找出 Y 坐标差，也就是宽度值，在 A 点的正面投影作水平线，利用找出的 Y 坐标差，就可以求出侧面投影了。然后判断点的可见性，由于点在圆锥的右面，则其在侧面投影就不可见了，因此需要用括号表示不可见。

B 点在左视图投影是可见的，可以判断点 B 在前面和左面的圆锥面的线框里面，B 点这里可以利用辅助素线的方法来求出 B 点的其他投影；B 点一定在圆锥面的一条素线上，可以在左视图过锥顶和 B 点的侧面投影作出素线来，求出这个素线的其他两面的投影；这个素线与圆锥面的底面有交点，利用"宽相等"找出交点的水平面投影，与锥顶水平面投影连接，就可以得到素线的水平投影；利用"长对正，高平齐"的特性，在水平面向上作垂直线，在侧面投影过 B 点的侧面投影作水平线，其交点就是 B 点的正面投影了；由正面投影 b' 点向下做垂线与素线水平面投影交点，就是 B 点的水平投影 b。然后判断点的可见性，由于点在圆锥的前面和左面，在正面投影就可见了，水平面投影也是可见的，因此不用括号表示。

C 点在俯视图上是不可见的，可以判断点 C 是在圆锥的底面里面，这个底面是一个水平面，在俯视图投影显示原形，是一个不可见的圆；在主视图和左视图投影具有积聚性，成为一条直线，同样可以利用投影规律来求出，注意"宽相等"的问题。在这里不需要判断投影的可见性。

这里提出一个问题，如果 C 点水平投影是可见的，那么怎么作出 C 点的其他投影来，如果点在轮廓线上或者在中心线上，怎么求点的其他投影，希望读者考虑作出。

作图过程，读者可以参考图 3-11 (b)。

（三）球面

1. 球面的形成

以圆周为母线，并以它的一条直径为轴线旋转一周形成的曲面，称为球面（图 3-12a）。

球面上各点到母线圆周的圆心的距离，均等于母线圆周的半径，故母线圆周的圆心，成为球面中心，称为球心。而且球面的直径的长度，等于母线圆周直径的长度。过球心的平面与圆球交得的圆周，大于不过球心的平面与圆球交得的圆周（纬圆）而称为赤道圆。赤道圆的直径长度等于圆球的直径。

2. 球面的投影

球面的三个投影均为与球面直径相等的三个圆周，如图 3-12 (b) 所示，它们分别是球面在三投影面上的投影轮廓线。H 面投影是平行于 H 面的赤道圆的投影；V 面投影是平行于 V 面的赤道圆的投影；W 面投影是平行于 W 面的赤道圆的投影。

3. 可见性判别

球面的投影，为球面上可见的和不可见的两个半球面的投影。如 H 面投影是可见的上半个球面和不可见的下半个球面的投影；V 面投影是可见的前半个球面和不可见的后半个球面的投影；W 面投影是可见的左半个球面和不可见的右半个球面的投影。

4. 球面上取点、线

球面上不存在直线，并且投影也无积聚性，故在球面上取点、线，宜用纬圆法，即球面上任一点，一定在过该点的纬圆上。所以只要过已知点作平行于某一投影面的纬圆，则该圆在另外两投影面的投影具有积聚性。利用其投影特性即可求出点的投影。

【例 3-5】 如图 3-12 (b) 所示，已知球面上点 N 的 V 面投影 n'，求 N 点其余两面投影。

分析：在球面上求点用纬圆法。由 V 面投影可知，n' 可见，N 点在前半球的左上部。因此，其 H、W 投影都是可见的。

【解】

(1) 过 n' 作平行于 H 面的纬圆的投影。

(2) 作出该纬圆的 H、W 面投影。

(3) 根据点的投影规律，由 n' 求出 n、n''。

(4) 判别可见性。从 V 面投影可知点 N 位于球面的前、左、上半球，所以 n、n'' 均为可见。

本例也可以过 N 点作平行于 W 面的纬圆。读者可以试一试。

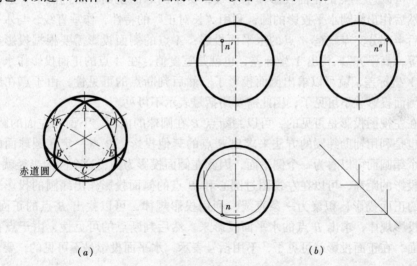

图 3-12　球面
(a) 立体图；(b) 投影图

【例 3-6】 已知一个圆球的三视图，如图 3-13 (a) 所示，现在已知圆球表面的点 A、B、C 三点的一面投影，求作这三点的其他两面投影。

分析：

圆球面的投影也不具有积聚性，因其素线都是圆，可以利用这个圆球纬圆的特性来求出点的其他两面的投影。

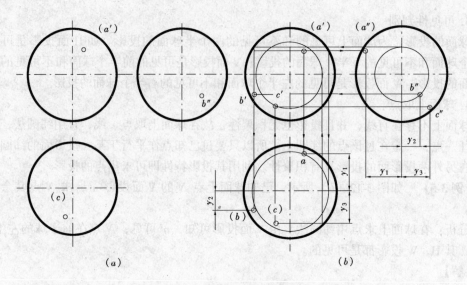

图 3-13　圆球的表面求点
(*a*) 原图；(*b*) 作图过程

　　A 点在主视图投影是不可见的，可以判断 *A* 点在后面、右面的上面的圆球面上，*A* 点这里可以利用辅助纬圆的方法来求出它的其他投影；圆球可以看为一条半圆，绕与水平面垂直的轴线旋转而成的，*A* 点在圆球面上的纬圆的正面投影积聚为一条直线，长度是纬圆的直径，可以过 *A* 点的正面投影作水平线，交于圆球的正面投影的圆上，这就是纬圆的直径，然后作出纬圆水平投影的圆，利用"长对正"的特性，作垂直线，与水平面所作的纬圆的后半部分交点就是 *A* 点的水平面投影；*A* 点的侧面投影需要根据投影规律，利用"宽相等，高平齐"，找出 *Y* 坐标差，也就是宽度值，在 *A* 点的正面投影作水平线，利用找出的 *Y* 坐标差，就可以求出侧面投影了。然后判断点的可见性，由于点在圆球的右面，则在侧面投影就不可见了，因此需要用括号表示不可见。

　　B 点在左视图投影是可见的，可以判断点 *B* 在圆球的前面、下面和左面的圆球面上，*B* 点这里也是利用辅助纬圆的方法来求出 *B* 点的其他投影；*B* 点一定在圆球面的一个纬圆上，这个纬圆面可以看为一个侧平面，因此在侧面投影为圆，这个圆的半径就是圆心到 *B* 点侧面投影的距离，可以在左视图过圆心和 *B* 点的侧面投影作出纬圆的投影来，求出这个纬圆的正面投影，积聚为一条直线，利用投影规律，可以找出 *B* 点的正面投影来，然后根据投影规律，求出 *B* 点的水平面投影来。然后判断点的可见性，由于点在圆球的前面和下面，在正面投影就可见了，不用括号表示，水平面投影是不可见的，要用括号表示。

　　C 点在俯视图上是不可见的，可以判断点 *C* 是在圆球的下面、左面和前面的，同样可以判断也有一个纬圆在 *C* 点上，可以看为这个纬圆是一个正平面，在正面投影是圆，水平面投影是一条直线，这条直线就是纬圆的直径，其作图方法和 *A* 点是一样的，这里就不讲述了。其可见性的判断也是一样的。

　　作图过程，读者可以看图 3-13 (*b*) 所示。

　　这里提出一个问题，如果点的一面投影在圆上或者在点划线上，可以作出吗？

　　(四) 圆环面

1. 环面的形成

以圆周为母线，绕与它共面但不相交的直线为轴线旋转形成的曲面，称为圆环面。其中，外半圆旋转形成外圆环面，内半圆旋转形成内圆环面，母线上任意点的运动轨迹均为圆周，圆周所在的平面与轴线垂直，最大和最小的圆分别称为赤道圆和喉圆（图 3-14a）。

2. 圆环面的投影

当环面的轴线垂直于 H 面时，如图 3-14 (b) 所示，H 投影是两个同心圆，分别是环面的赤道圆和喉圆，也是母线上离轴最远点和最近点旋转一周的轨迹的 H 面投影，圆心则为轴线的积聚投影。其中，点划线圆为母线圆心运动轨迹的 H 面投影。

环面的 V 面和 W 面投影，都是由两个圆和与它们上下相切的两段水平轮廓线组成。V 面投影的两个圆分别是环面最左素线和最右素线圆的 V 面投影；W 面投影的两个圆分别是环面最前素线和最后素线圆的 W 面投影；两个圆的上下两水平公切线是母线上最高点和最低点运动轨迹的投影。

3. 可见性判别

H 投影是可见的上半部分和不可见的下半部分的投影；V 面投影：左右两素线圆是区分前后圆的分界线，外环面的前半部分可见；W 面投影：前后两素线圆是区分左右环面的分界线，外环面的左半部分可见，而内环面的 V、W 面投影均不可见。

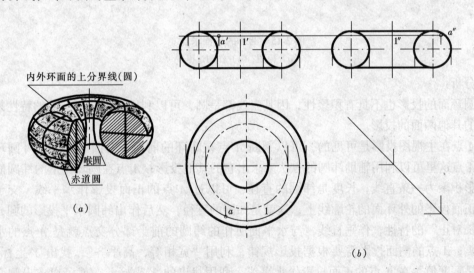

图 3-14　环面

(a) 立体图；(b) 投影图

4. 圆环面上取点

环面上取点可用纬圆法，即垂直于环轴线作截平面，截平面与环面的交线为两个纬圆：一个是与外环面交得的圆，另一个是与内环面交得的圆。通过判断点的位置确定点在纬圆上的投影。

【例 3-7】　如图 3-14 (b) 所示，已知环面上点 A 的 V 面投影 a'，求其他两投影。

分析：由 V 面投影可知 a' 可见，则 A 点在前外环面的上半部，利用纬圆法求出。

【解】

(1) 过 a' 作平行于 H 面的纬圆的 V 面投影—直线 l'。

(2) 作出该纬圆的 H 投影—圆 l。

(3) 根据点的投影规律，由 a' 求出 a、a''。

(4) 可见性判别，因为 A 点在左上半环面，所以 a、a'' 可见。

【例 3-8】 已知一个圆环的三视图，如图 3-15 (a) 所示，现在已知圆环表面的点 A、B 两点的一面投影，求作这两点的其他两面投影。

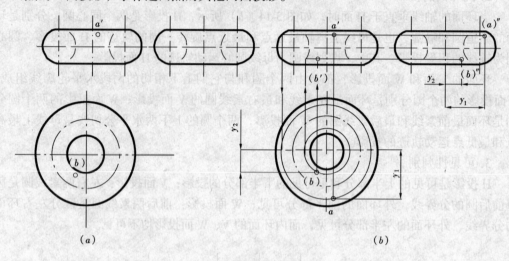

图 3-15 圆环的表面求点
(a) 原图；(b) 作图过程

分析：

圆环面的投影也不具有积聚性，因其素线都是圆，可以利用这个圆环纬圆的特性来求出点的其他两面的投影。

A 点在主视图投影是可见的，可以判断 A 点在圆环的前面、右面的上面的外圆环面上，A 点这里可以利用辅助纬圆的方法来求出它的其他投影；A 点在圆环面上的纬圆的正面投影积聚为一条直线，长度是纬圆的直径，可以过 A 点的正面投影作水平线，交于圆环的正面投影的外环面的轮廓线上，这就是纬圆的直径，然后作出纬圆水平投影的圆，利用"长对正"的特性，作垂直线，与水平面所作的纬圆的前半部分交点就是 A 点的水平面投影；A 点的侧面投影需要根据投影规律，利用"宽相等，高平齐"，找出 Y 坐标差，也就是宽度值，在 A 点的正面投影作水平线，利用找出的 Y 坐标差，就可以求出侧面投影了。然后判断点的可见性，由于点在圆环的右面，则在侧面投影就不可见了，因此需要用括号表示不可见。

B 点在俯视图投影是不可见的，可以判断点 B 在圆环的前面、下面和右面的内圆环面上，B 点这里也是利用辅助纬圆的方法来求出 B 点的其他投影；B 点一定在内环面的一个纬圆上，这个纬圆面是一个水平面，因此在水平面投影为圆，这个圆的半径就是圆心到 B 点水平面投影的距离，可以在俯视图过圆心和 B 点的水平面投影作出纬圆的投影来，求出这个纬圆的正面投影，积聚为一条直线，利用投影规律，可以找出 B 点的正面投影来，然后根据投影规律，求出 B 点的侧面投影来。然后判断点的可见性，由于点在圆环的前面和下面，在正面和侧面投影就不可见了，要用括号表示。

作图过程，读者可以看图 3-15（b）所示。

综合上面所述，对于回转体表面上求点一般习惯用辅助纬圆法求点的，只有圆锥的表面求点可以过锥顶作连线，利用辅助素线法求点的投影。

第五节　螺旋线与螺旋面

一、圆柱螺旋线

圆柱螺旋线是工程上应用最广泛的空间曲线。

1. 圆柱螺旋线的形成

一点沿着圆柱的面的母线作匀速直线运动，同时，该母线又绕圆柱面的轴线作匀速旋转运动，该点的运动轨迹是位于圆柱面上的空间曲线，称为圆柱螺旋线，简称螺旋线。如图 3-16 所示，该圆柱面称为螺旋线的导圆柱；导圆柱的半径称为螺旋线半径；母线旋转一周时，该点沿母线移动的距离 S，称为导程。

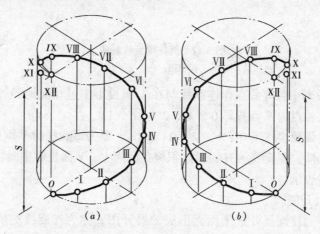

图 3-16　圆柱螺旋线的形成
（a）右螺旋线；（b）左螺旋线

2. 圆柱螺旋线的分类

螺旋线按动点移动方向的不同分为右螺旋线和左螺旋线。

以拇指表示动点沿母线移动的方向，其他四指表示母线的旋转方向，若符合右手情况时，称为右螺旋线（图 3-16a）；若符合左手情况时，称为左螺旋线（图 3-16b）。

3. 圆柱螺旋线的投影

螺旋线的半径、导程 S、旋转方向（左旋或右旋）是确定圆柱螺旋线的三个基本要素，若已知三个基本要素，即可确定该圆柱螺旋线的形状。

如图 3-17（a）所示，设导圆柱的轴线垂直于 H 面，螺旋线的半径为 r、导程 S、右旋且始点为 O（o，o'），求作旋转一周的圆柱螺旋线的 H、V 投影。作图步骤如下：

（1）以螺旋线的半径 r 作导圆柱的 H 面投影—圆周，再以导程 S 作导圆柱的 V 面投影—矩形。

（2）将 H 面投影圆周分为若干等分（本图是 12 等分），按旋转方向编号，再在 V 面投影中将导程 S 作同样数目的等分。

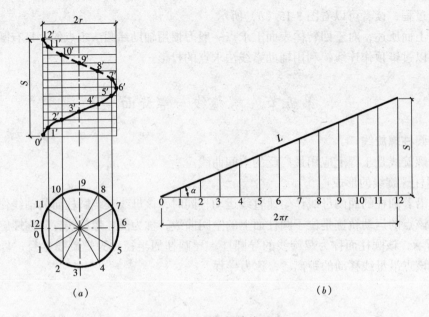

图 3-17　圆柱螺旋线画法

(a) 投影图；(b) 展开图

(3) 从 H 面投影中各等分点作连系线与在 V 面投影中过相应地各等分点作的水平线相交，得螺旋线上各点的 V 面投影 0′、1′、2′⋯11′、12′。

(4) 用光滑曲线顺次连接 0′、1′、2′⋯11′、12′，即为螺旋线的 V 面投影。

(5) 判别可见性。螺旋线的 H 面投影积聚在圆周上；V 面投影中圆柱后面部分的螺旋线不可见，用虚线表示。

4. 螺旋线的展开图

螺旋线随着导圆柱面展开成平面而形成的展开图，称为螺旋线的展开图，如图 3-17 (b) 中的 L 线。

根据螺旋线的形成规律知，螺旋线的展开图为一直角三角形的斜边 L，导程 S 是一直角边，另一直角边为圆柱底圆的周长 $2\pi r$，α 为螺旋线的升角，它表示了螺旋线运动中上升时方向的倾角。

二、螺旋面

1. 螺旋面的形成和分类

一条直母线沿着圆柱螺旋线和圆柱轴线移动，并始终与圆柱轴线相交成定角，形成的曲面称为螺旋面。

根据直母线与圆柱轴线之间的关系，螺旋面分为平螺旋面和斜螺旋面。

图 3-18 (a)、(b) 是平螺旋面的投影。平螺旋面的母线垂直于轴线，因此母线运动时始终平行于轴线所垂直的平面；本图中，轴线垂直于 H 面，故母线运动时，平行 H 面，相当于以 H 面为导平面，故平螺旋面也是一种锥状面。图 3-18 (b) 是空心平螺旋面的投影图。

斜螺旋面的母线倾斜于轴线而成定角，因此母线在运动时始终平行于一个圆锥面，此圆锥面成为导平面。图 3-18 (c) 是斜螺旋面的投影图，本图中，因轴线垂直于 H 面，所

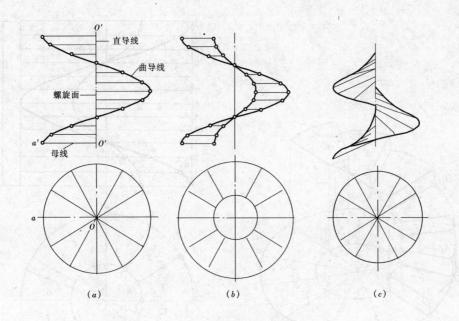

图 3-18　螺旋面的投影

(a)、(b) 平螺旋面；(c) 斜螺旋面

以各素线的 H 投影，通过轴线成一点积聚投影而呈放射形。各素线的 V 面投影与轴线交点之间的相互距离，等于导程的各等分点距离。其中平行于 V 面的素线的 V 面投影与轴线的投影间夹角反映了素线与轴线间夹角的实大。则由该素线与轴线的交点，可定出其余素线与轴线的交点位置。把轴线与螺旋线上对应点相连，即得所有素线的 V 面投影。

2. 螺旋面的画法

螺旋楼梯是平螺旋面在建筑工程中的应用实例，下面举例说明螺旋楼梯投影图的画法。

【例 3-9】　已知螺旋楼梯所在内、外两个导圆柱的直径分别为 d 和 D，沿螺旋上行一圈有 12 个踏步，导程为 h。作出该螺旋楼梯（左旋）的两面投影。

分析：在螺旋楼梯的每个踏步中，踏面为扇形，踢面为矩形，两端面是圆柱面，底面是平螺旋面；将螺旋楼梯看成是一个踏步沿着两条圆柱螺旋线上升而形成，底板的厚度可认为是由底部螺旋面下降一定的高度形成，如图 3-19（a）所示。

螺旋楼梯的画法如下：

（1）如图 3-19（b），根据导圆柱直径 d 和 D 及高度 H，作出同轴两导圆柱的两面投影。

（2）将内、外导圆柱在 H 面的投影（两个圆）12 等份，得 12 个扇形踏面的水平投影。

（3）作外螺旋线的正面投影 o'、d_1'、d_2'、d_3' … 及内螺旋线的正面投影 o'、c_1'、c_2'、c_3' …。

（4）如图 3-19（c）所示，过 OO_1 作正平面，过 D_1C_1 作水平面，交得第一踏步，其踢面的正面投影为 $o'a_1'b_1'o_1'$ 反映实形，踏面的正面投影积聚成水平线段 $a_1'c_1'$，弧形内侧面的正面投影为 $o_1'b_1'c_1'$。

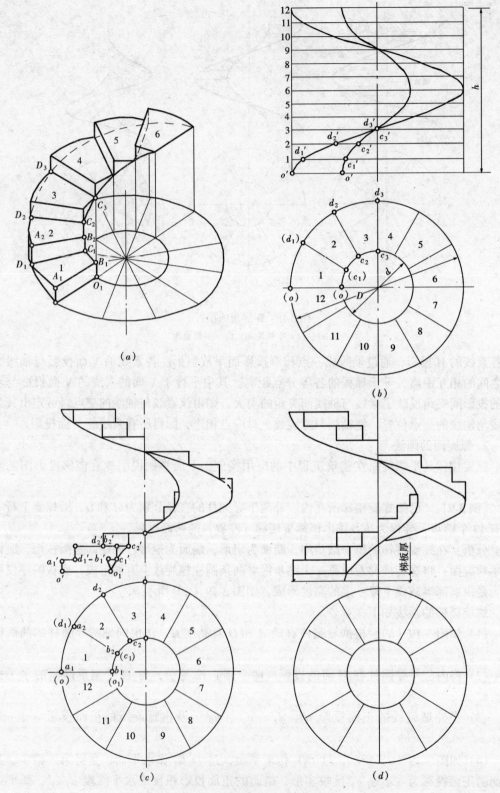

图 3-19　螺旋楼梯的投影图

（5）过点 D_1、C_1 作铅垂面，过 D_2、C_2 作水平面，交得第二踏步，其踢面的正面投影为 $d_1'a_2'b_2'c_1'$，踏面的正面投影积聚成水平线段 $a_2'c_2'$，同法作出其他踏步。

从第 4~9 级踏步，由于本身的遮挡，踏步的 V 面投影大部分不可见，而可见的是底面的螺旋面。

（6）将可见螺旋线段铅垂下移一个梯板厚度。

（7）描深踏步及楼梯，完成作图，如图 3-19（d）所示。

第四章 基本形体及截交线、相贯线

第一节 三视图的形成

在前面内容中，介绍了点、线、面的投影，而实际的物体都是立体的，立体是由一些线面组合而成的，尽管立体的形状是千变万化的，但是按照立体表面的几何形状的不同可以分为两类：一类是平面体，也就是表面全部为平面的立体；另一类曲面体，就是表面为平面和曲面或者全部为曲面的立体，说明一点，当曲面为回转面时候的曲面体又叫回转体。

立体是具有三维坐标的实体，任何复杂的实体都可以看成由一些简单的基本形体组成的。因此在研究立体的投影的时候，就要先研究这些基本形体的投影。常见的基本形体中平面体有棱柱、棱锥等，而曲面体有圆柱、圆锥、圆球、圆环等，如图 4-1 基本形体所示。在这里就介绍基本形体的三视图的形成。

图 4-1 基本形体

立体是由一些线面组合而成的，对于立体的投影图，只要按照投影规律画出各个表面的投影，就可以完成立体的投影图。作图时候，可见的线条的投影画粗实线，不可见的线条的投影画虚线，当可见的线条和不可见的线条重合的时候，按照可见的线条绘制。图 4-2 所示就是一个平面体的投影图。

这个平面体共有 8 个平面，2 个正平面，3 个水平面，3 个侧平面，可以根据投影规律，作出这 8 个面的三面的投影，这里就不分析投影特性了，读者可以自己分析。

在分析这个立体的三面投影图的过程中，可以发现，三面投影的形状及大小与立体在

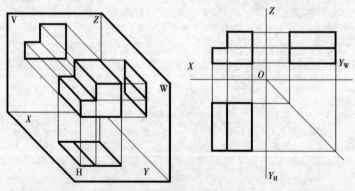

图 4-2 平面体的投影图

空间坐标系的上、下、左、右、前、后的位置没有关系，但是与立体的平面与投影面的平行或者垂直有关，与到投影面的距离没有关系，这样在画图的时候，投影轴可以省略不画，就得到一组图形，这个图形就叫立体的三视图。其中的每一面投影都叫做视图，三面投影分别叫做正立面图、平面图和侧立面图，得到图形如图4-3所示。读者需要注意，虽然省略坐标轴，但是作图的时候，以正立面图为基准，平面图配置在正立面图的正下方，侧立面图配置在正立面图的正右方。

视图：国家标准规定，用正投影法绘制的物体的图形叫做视图。

正立面图：由前向后投影所得的图形，也就是正面投影得到的图形。

平面图：由上向下投影所得的图形，也就是水平面投影得到的图形。

左侧立面图：由左向右投影所得的图形，也就是侧面投影得到的图形。

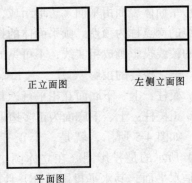

图 4-3　平面体的三视图

一、三视图的投影规律

物体都有长、宽、高三个方向的尺寸，将 X 轴方向的尺寸作为长度，Y 轴方向的尺寸作为宽度，Z 轴方向的尺寸作为高度。这样物体的三个视图就互相不孤立了，在尺寸上是彼此关联的，正立面图反映了物体的高度和长度；平面图反映了物体的长度和宽度；侧立面图反映了物体的高度和宽度。也就是说：物体的长度是由正立面图和平面图同时反映出来的，物体的高度是由正立面图和侧立面图同时反映出来的，物体的宽度是由平面图和侧立面图同时反映出来的，因此三视图之间尺寸的对应关系是：

正立面图和平面图长度相等且对正；正立面图和侧立面图高度相等且平齐；侧立面图和平面图宽度相等且对应；简称"长对齐、高平齐、宽相等"。

不仅整个物体的三视图符合上述投影规律，而且物体上的每一组成部分的三个投影也符合上述投影规律。

二、方位对应关系

物体在空间有六个方位，在物体的投射位置确定后，三视图中每一个视图都反映物体的两个空间方位，读者也可以在图4-4看出的。

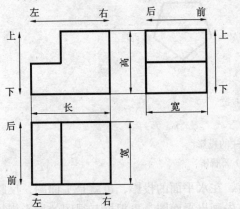

图 4-4　平面体的三视图的方位

正立面图：反映物体的上、下和左、右方位；

平面图：反映物体的前、后和左、右方位；

侧立面图：反映物体的上、下和前、后方位。

特别需要注意的是：平面图、侧立面图除了反映宽度以外，还具有相同的前后对应关系，以正立面图为准，平面图、侧立面图中靠近正立面图的一侧都表示物体的后面；远离正立面图的一侧，都表示物体的前面。

读者需要灵活掌握三视图的投影规律，搞清楚三个视图之间的六个方位关系，对以后的绘图、读图、判断物体之间的相对位置十分重要。

第二节　平面体的投影

平面体表面由平面多边形组成，这个表面称为棱面；棱面两两相交的交线称为棱线；棱线的交点称为顶点。画平面体的投影，就是画出棱面、棱线、顶点的三面的投影，将可见的棱线投影画成粗实线，不可见的棱线画成虚线，就可以画出立体的三视图。

一、棱柱的投影

棱柱：上、下底面互相平行，其余每相邻侧面交线互相平行的平面体叫棱柱。

正棱柱：上、下底面为正多边形，相邻侧面交线都与底面垂直的平面体叫正棱柱。

如图 4-5 所示，就是一个正五棱柱的投影，图 4-5（a）所示的是立体图，图 4-5（b）所示的是投影图。在立体图中，正五棱柱的顶面和底面是两个相等的正五边形，都是水平面，其水平投影重合并且反映实形；正面和侧面的投影重影为一条直线，棱柱的五个侧棱面，后棱面为正平面，其正面投影反映实形，水平和侧面投影为一条直线；棱柱的其余四个侧棱面为铅垂面，其水平投影分别重影为一条直线，正面和侧面的投影都是类似形。

五棱柱的侧棱线 AA_0 为铅垂线，水平投影积聚为一点 a（a_0），正面和侧面的投影都反映实长，即：$a'a'_0 = a''a''_0 = AA_0$，顶面和底面的边及其他的棱线读者可以进行类似的分析。

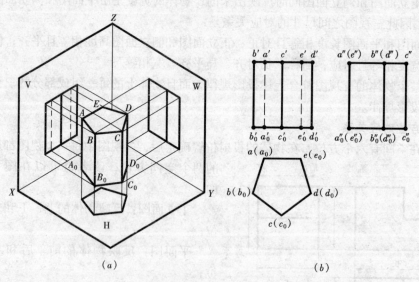

图 4-5　正五棱柱的投影
(a) 立体图；(b) 三视图

在作图的时候，根据分析的结果，可以知道，在水平面的投影，也就是平面图，反映了正五棱柱的特征，是一个正五边形，所以应该先画出平面图，再根据三视图的投影规律作出其他的两个投影，即正立面图和侧立面图。作图的过程见图4-6（a）所示，在这里加了一个45°斜线，按照点的投影规律作的，读者也可以按照三视图的投影规律作，根据方位关系找出"长对正，高平齐，宽相等"的对应关系来作的，如图4-6（b）所示。

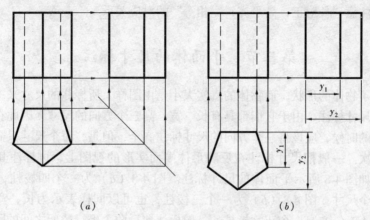

图 4-6 正五棱柱投影的作图过程
（a）点的规律；（b）三视图的规律

其他棱柱的投影读者可以自行分析，作图的方法是一样的，需要根据立体的形状进行分析的，这里就不介绍了。

二、棱锥的投影

棱锥与棱柱的区别是侧棱线交于一点——锥顶。

棱锥：底面是多边形，各个棱面都有一个公共顶点的三角形的平面体叫棱锥。

正棱锥：底面是正多边形，顶点在底面的投影在多边形的中心的棱锥叫正棱锥。

如图4-7（a）所示为一正三棱锥立体图，锥顶为 S，其底面 ABC 为正三角形是水平面，水平投影反映实形；棱面 SAB、SBC 为一般位置平面，其各个投影都为类似形，棱面 SAC 为侧垂面，其侧面投影积聚为一条直线，其他投影面的投影类似形；三棱锥的底边 AB、BC 为水平线，AC 为侧垂线，棱线 SA、SC 为一般位置直线，棱线 SB 为侧平线，其投影特性可以根据不同位置的直线的投影特性来分析作图。也可以根据三视图的投影规律

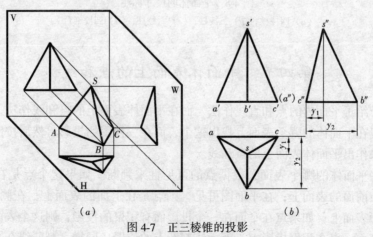

图 4-7 正三棱锥的投影
（a）立体图；（b）三视图

来作出这个三棱锥的三视图来。

在作图的时候，可以根据分析的结果和正三棱锥的特性，首先作出水平的投影，也就是平面图，作出正三角形，分别作三角形的高，找到中心点，然后根据投影规律作出其他两个视图，要注意"长对正，高平齐，宽相等"的对应关系。

第三节 平面体的尺寸标注

视图表达了物体的形状，而物体的真实大小是由图样上所标注的尺寸来决定的。

平面体的尺寸标注，由于它们都具有长、宽、高三个方向的尺寸，因此在视图上标注基本几何尺寸的时候，应该将三个方向的尺寸标注齐全，但是，每个尺寸只需要在某一个视图上标注一次。一般把尺寸标注在反映形体端面实形的视图上，再标注其高度（或长度）的尺寸，如图 4-8 所示平面体的尺寸标注。图 4-8（a）为一个四棱柱，可以表示为长、宽、高三个尺寸；图 4-8（b）为一个三棱柱，也可以同样表示为长、宽、高三个方向的尺寸；图 4-8（c）是一个正六棱柱，一般标注前后两个平行棱面之间的距离 s 及棱柱的高度尺寸 z，而将其外接圆的直径（e）加上括号，表示参考尺寸；图 4-8（d）表示正四棱锥台，一般标注上、下底面的长 x_1、x_2 和宽 y_1、y_2 及锥台的高度 z 尺寸；如果是正棱锥则就标注底面的尺寸和棱锥的高度了。

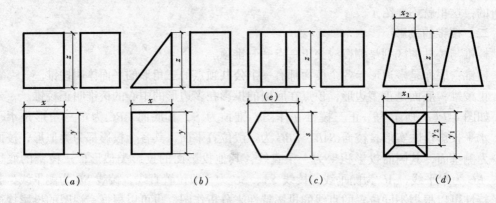

图 4-8　平面体的尺寸标注

（a）四棱柱；（b）三棱柱；（c）六棱柱；（d）四棱锥台

第四节 平面体表面上的点和线

在前面介绍了平面内的点和直线作法，而在平面体表面上的点和线作法，关键在于如何判断点和线在平面体的哪个表面，找出这个表面在三视图的投影，然后按照平面内的点和直线作法来作出平面体表面上的点和线。

判断点在平面体的哪个表面，根据点的可见性来判断。如果这个点是在正立面图可见，说明点在前面的表面上；在平面图可见，则点是在上面的表面上；在侧立面图可见，则点是在左面表面上；如果点在平面在一个投影面有积聚的投影，则这个表面必定是这个投影面的垂直面，点在积聚投影上，就无法判断点的位置。同样，判断线在平面体的表面是一样的。

【例 4-1】　已知一个正五棱柱的三视图，如图 4-9（a）所示，现在已知棱柱表面的点 A、B、C、D 四点的一面投影，求作这四点的其他两面投影。

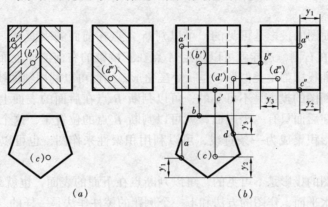

图 4-9　正五棱柱的表面求点
(a) 原图；(b) 作图过程

分析：

A 点在正立面图投影是可见的，可以判断点 A 在左面的虚线和实线组成的线框里面，就是在正立面图的阴影的线框里面（向左下方斜线的阴影），因此，点在棱柱的左前侧面里，这个棱面为铅垂面，水平投影具有积聚性，成为一条直线，A 点的水平投影就在这条直线上，侧面在侧立面图投影是一个类似形，需要根据投影规律，利用"宽相等，高平齐"，找出 Y 坐标差，也就是宽度值，就可以求出侧面投影了。

B 点在正立面图是投影不可见的，可以判断点 B 在后面两条虚线和实线组成的线框里面，就是正立面图的阴影的线框里面（向右下方斜线的阴影），因此，点在棱柱的最后的侧面里，这个棱面为正平面，水平投影和侧面投影具有积聚性，成为一条直线，B 点的水平投影就在平面图的这条直线上，侧面的投影也是在侧立面图的积聚的直线上。

C 点在平面图上是不可见的，可以判断点 C 是在下底面里面，这个底面是一个水平面，在平面图投影显示原形，在正立面图和侧立面图投影具有积聚性，成为一条直线，同样可以利用投影规律来求出，注意"宽相等"的问题。

D 点在侧立面图投影不可见的，可以判断 D 点处于右后侧面的，就是在侧立面图那个阴影的线框里面的，这个面是不可见的，这个棱面为铅垂面，水平投影具有积聚性，成为一条直线，D 点的水平投影就在这条直线上，需要根据投影规律，利用"宽相等"，找出 Y 坐标差，也就是宽度值，就可以求出水平面投影了，正面投影是一个类似形的，然后求出正面投影的。

作图过程读者可以参见图 4-9（b）。

这里留下一个问题，如果点的投影在主、侧立面图的侧棱上面，应该怎么作；如果把原题所有的可见点变为不可见点，所有的不可见点变为可见点，读者可以自己分析作一下。

这里需要说明的是，这些表面都具有积聚性，表面上的点会积聚在一条直线上面，可以利用其积聚性来作图的，如果表面是一般位置平面，则需要作辅助线，具体作法见例

4-2所示。

【例4-2】 已知一个正三棱锥的三视图，如图 4-10（a）所示，现在已知棱锥表面的点 A、B、C 三点的一面投影，求作这三点的其他两面投影。

分析：

A 点在正立面图的投影是可见的，可以判断 A 点在前面的表面上，不是在棱线的上面，且 A 点投影在右侧，这样就可以确定 A 点在三棱锥的右前侧面上面，这个侧面是一般位置平面，三面投影都是类似形，是一个三角形，因此可以利用辅助线法作图。

B 点在正立面图的投影是不可见的，可以判断 B 点在后面的表面上，不是在棱线的上面，而三棱锥在后面只有一个表面，就可以判断 B 点的位置了，这个表面是一个侧垂面，在侧面的投影积聚成为一条直线，可以利用积聚性来作图，也可以利用辅助线来作图。

C 点在平面图的投影是不可见的，可以判断点在下面的表面，也就是三棱锥的底面，这个底面是一个水平面，作图的方法和上一个例题的棱柱作法是一样的。

作图过程：

A 点作法，找出 A 点所在的表面的三面投影，在这个三角形的表面上，过锥顶和 A 点的正面投影作一条辅助直线，并且延伸交于对边一点，求出这条直线的另外两面的投影，利用性质"在平面上的点，必定位于在平面上且通过该点的一条直线上"和"直线上的点的投影必定位于该直线的同面投影上"，以及点的投影规律，就可以找到点的其他投影，这种作法叫辅助线法，见图 4-10（b）。

B 点作法，由于 B 点的表面具有积聚性，可以参考正五棱柱的 A 点的作法来做，图 4-10（b）中 B 点作法，就是辅助线法和积聚性的综合利用。

C 点的作法，和上一个例题的棱柱作法是一样的，如图 4-10（b）。

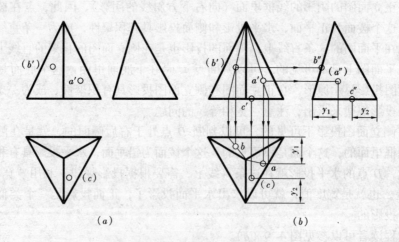

图 4-10 正三棱锥的表面求点
（a）原图；（b）作图过程

对于平面体表面的线，可以找出其点的投影，连接起来即可，也可以利用前面讲述的两条直线之间的性质来作，这里就不讲述了。

第五节　平面与平面体表面的交线

平面与立体相交，可以看作是平面截切立体，该平面通常称为截平面，它与立体表面的交线称为截交线。截交线所围成的平面图形称为截断面（如图4-11所示）。研究平面与立体相交，其主要内容就是求截交线的投影和截断面的实形。立体的形状、大小及截平面与立体相对位置不同，所产生的截交线的形状也不同。

截交线的几何性质：

（1）截交线既在截平面上，又在立体表面上，因此截交线是截平面和立体表面的共有线，截交线上的点是截平面和立体表面的共有点。

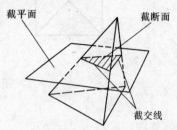

（2）立体表面是封闭的，因此截交线一般是封闭的图线，截断面是封闭的平面图形。

（3）截交线的形状取决于立体表面的形状和截平面与立体的相对位置。

图4-11　截交线的投影

在这里只是介绍平面体的截交线，曲面体的截交线在后面介绍。

由于平面体的表面是平面，因此其交线就是直线段，可以求出截断面与棱线或者与表面的交点，连接起来就可以了；平面体的截交线是一个多边形，其顶点是平面体的棱线或者底面与截平面的交点，多边形的边是平面体的表面与截平面的交线，只要找出顶点投影，按照顺序连接起来就可以了。

【例4-3】　已知一个四棱锥的与正垂面相交，如图4-12所示，在图4-13中作出截交线的投影。

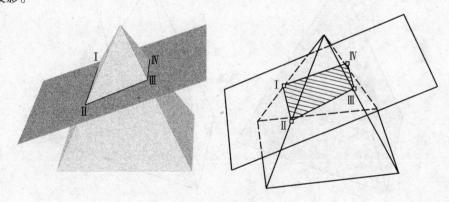

图4-12　四棱锥的截交线

分析：

由于截交线是一个正垂面，其正面投影具有积聚性，而截交线在正面的投影与截平面的正面投影重影，截平面的正面投影与四个侧棱的正面投影的交点为$2'$（$1'$）、$3'$（$4'$），这就是截平面与四个侧棱的交点Ⅰ、Ⅱ、Ⅲ、Ⅳ的正面投影。然后利用直线上的点的方法，求出交点Ⅰ、Ⅱ、Ⅲ、Ⅳ的水平投影1、2、3、4和侧面投影$1''$、$2''$、$3''$、$4''$，并且判别其可见性。

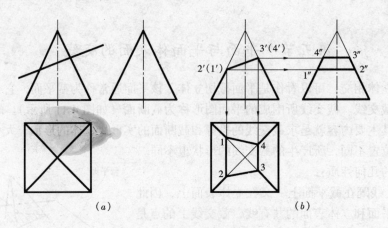

图 4-13　四棱锥的截交线作图过程

(a) 原图；(b) 作图过程

作图：

①确定四棱锥的棱线与截平面的交点的正面投影 2′（1′）、3′（4′）。

②由各点的正面投影分别向各个棱线的水平投影和侧面投影作垂线，得到交点Ⅰ、Ⅱ、Ⅲ、Ⅳ点的各面投影。

③判别各条直线的可见性，这里都是可见的，因此可以按照顺序连接各个点的同面投影，用粗实线进行连接，即可完成这个图形。

【例 4-4】　已知一个正三棱锥的与长方体相交穿孔，如图 4-14 所示，在图 4-15 中作出这个形体的三面投影。

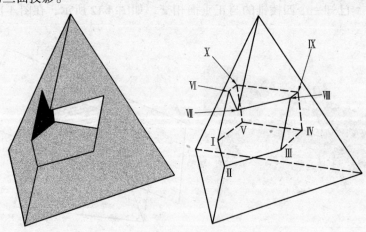

图 4-14　三棱锥的截交线

分析：

由于截平面是由四个平面组合的长方体，比三棱锥尺寸小，截交线的点将会处于三棱锥的侧面上，因此除了侧棱的交点外，还要求作侧面的交点。截平面由两个正平面和两个水平面组成，在正面的投影都积聚成直线，水平面和侧面的投影都是两个真实形状和两条直线；这里可以根据截交线的 10 个点的正面投影，利用积聚性和表面求点的方法，作出点的水平和侧面的投影，按照顺序连接起来就可以完成截交线的投影了。但是需要注意的是，对于不可见的投影需要用虚线表示。图中的点 Ⅱ、Ⅳ、Ⅴ、Ⅶ、Ⅸ、Ⅹ 六个点利用积聚性来找出，而对于点 Ⅰ、Ⅲ、Ⅵ、Ⅷ 四个点利用辅助线法找出表面上的点。

作图：

①根据正面和侧面投影，利用投影的积聚性分别求出点 Ⅱ、Ⅳ、Ⅴ、Ⅶ、Ⅸ、Ⅹ 六个点的水平投影。

②根据正面投影，利用辅助线法（表面求点）求出点 Ⅰ、Ⅲ、Ⅵ、Ⅷ 四个点的水平和侧面投影，注意"宽相等"。

③按照立体图的顺序连接各点的同面投影，注意判别其投影的可见性，不可见的投影用虚线表示，可见的投影用粗实线表示。

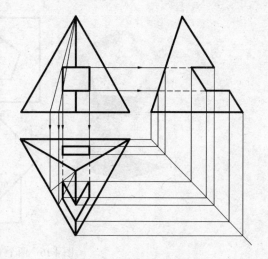

图 4-15　三棱锥的截交线

第六节　两平面体表面的交线

两个平面立体相交，实际就是两个基本体的叠加，可以看成一个平面立体是由几个平面组成的，作出这几个平面和另一个平面体的交线，就可以得到其平面体之间的交线了；两个立体表面之间的交线叫做相贯线。平面体的交线在一般情况下是封闭的空间折线，由于平面体的相对位置不同，相贯线有这样两种情况：

（1）一个平面体全部棱线都穿过另一个平面体的时候，相贯线是两条空间折线，这种情况叫全贯。这里也包括如果一个平面体只是与另一个平面体相交，但是没有穿通，只有一条折线的情况（如图 4-16）。

（2）两个平面体都有一部分穿过另一个平面体，所得的相贯线是一条空间折线，这种情况称为互贯。

如图 4-16 就是两个平面体的交线的投影图，侧立面图没有作出交线。

【例 4-5】　已知一个正五棱柱和一个正六棱柱相交，如图 4-16 所示，求作这两个棱柱的交线的投影。

分析：

其实这平面体的交线与上一节介绍的穿孔是一样的（正立面图的虚线是后面的侧棱的投影，是不可见的，只有中间的部分没有和前面的侧棱重合，这里就显示虚线了），只是这里是叠加的，求作交线的方法是一样的，可以看出五棱柱的侧面交于四棱柱的两个侧面，这五个侧面是正垂面，其正面投影积聚成为直线，而四棱柱的四个侧面是铅垂面，同样在水平面的投影也积聚成为直线，两个棱柱之间共有六个交点，这六个交点在正面和水平面都有投影，可以利用"高平齐、宽相等"的投影规律，找出这六个交点的侧面投影，按照顺序连接起来，就可以得到侧面的投影，由于这里的投影重合，就都是可见的，但是对于其他的平面体，就需要判断交线的可见性，不可见的线段需要用虚线画出。

作图：

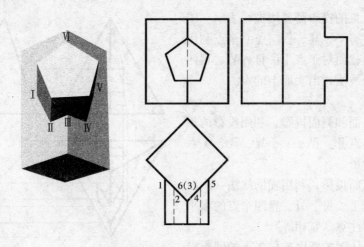

图 4-16　两个平面体的交线

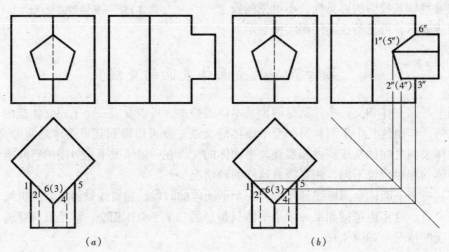

图 4-17　两个平面体的交线

(a) 原图；(b) 作图过程

①根据正面和水平面投影，利用投影的积聚性分别求出点Ⅰ、Ⅱ、Ⅲ、Ⅳ、Ⅴ、Ⅵ六个点的水平投影，注意"宽相等"。

②按照立体图的顺序连接各点的同面投影，注意其投影的可见性和重合的投影，粗实线和虚线的重合的投影用粗实线表示。

第七节　曲面体的投影

曲面体是由曲面或者曲面和平面组成的，工程中常见的曲面体是回转体，如圆柱、圆锥、圆球、圆环以及由它们组合而成的复合回转体。绘制回转体的投影就是绘制围成回转体表面的回转面和平面的投影。在回转面上取点、线与在平面上取点、线的作图原理相同。在回转面上取点，一般过此点在该曲面上作简易的辅助圆或者直线。在回转面上取线，通常在该曲面上作出确定此曲线的多个点的投影，然后将其光滑相连，并判别其可见性，可见的线段画粗实线，不可见的线段画虚线。

回转面：直线或曲线绕某一轴线旋转而成的光滑曲面。

母线：形成回转面的直线或曲线。

素线：回转面上的任一位置的母线。

纬圆：母线上任意点绕轴旋转形成曲面上垂直轴线的圆。

一、圆柱的投影

（1）圆柱的形成

圆柱体由圆柱面和两个底面组成。如图 4-18（a）所示，圆柱面可看成由一条直线 AA_0 绕与它平行的轴线 OO_0 旋转而成。运动的直线 AA_0 称为母线。圆柱面上与轴线平行的直线称为圆柱面的素线。母线 AA_0 上任意一点的轨迹就是圆柱面的纬圆。

（2）圆柱体的三视图

分析：

如图 4-18（b）所示，当圆柱体的轴线为铅垂线时，圆柱面所有的素线都是铅垂线，在平面图上积聚为一个圆，圆柱面上所有的点和直线的水平投影，都在平面图的圆上；其正立面图和侧立面图上的轮廓线为圆柱面上最左、最右、最前、最后轮廓素线的投影。圆柱体的上、下底面为水平面，水平投影为圆（反映实形），另两个投影积聚为直线。

作图（如图 4-18c）：

①画平面图的中心线及正立面图和侧立面图的轴线的投影（细点划线）

②画投影为圆的平面图。

③按圆柱体的高根据"长对正，高平齐，宽相等"关系画出另两个视图（矩形）。

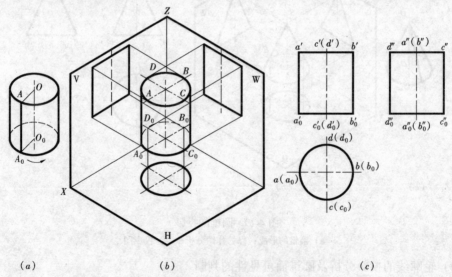

（a）　　　　　　　　　　　　　（b）　　　　　　　　　　　（c）

图 4-18　圆柱的投影
（a）圆柱的形成；（b）作图分析；（c）投影图

（3）轮廓线的投影分析及圆柱面可见性的判断

由图 4-18 分析，图 4-18（c）中的正立面图的矩形的边线，是圆柱的最左和最右的素线和上下底面的积聚投影的直线段；圆柱的最左和最右的素线也是这个圆柱的正立面图的可见和不可见部分的分界线，就是圆柱的轮廓线用粗实线画出。同样，侧立面图是一样的，只是其素线是最前和最后的素线。其可见性是正立面图前面是可见的，后面是不可见的，侧立面图的左面是可见的，右面是不可见的。

二、圆锥的投影

（1）圆锥的形成

圆锥体由圆锥面和一个底面组成。如图 4-19（a）所示，圆锥面可看成由一条直线 SA 绕与它相交的轴线 OO_0 旋转而成。母线、素线和纬圆的意义都是一样的。

（2）圆锥体的三视图

分析：

如图 4-19（b）所示，当圆锥体的轴线为铅垂线时，其正立面图和侧立面图上的轮廓线为圆锥面上最左、最右、最前、最后轮廓素线的投影。圆锥体的底面为水平面，水平投影为圆（反映实形），另两个投影积聚为直线。

作图（如图 4-19c）：

①画平面图的中心线及正立面图和侧立面图的轴线的投影（细点画线）。

②画投影为圆的平面图。

③按圆锥体的高确定顶点 S 的位置，根据"长对正，高平齐，宽相等"关系画出另两个视图（等腰三角形）。

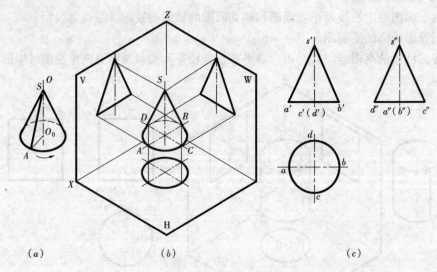

图 4-19　圆锥的投影

（a）圆锥的形成；（b）作图分析；（c）投影图

（3）轮廓线的投影分析及圆锥面可见性的判断

由图 4-19 分析，图 4-19（c）中的正立面图的等腰三角形的边线，是圆锥的最左和最右的素线和下底面的积聚投影的直线段；圆锥的最左和最右的素线也是这个圆锥的正立面图的可见和不可见部分的分界线，就是圆锥的轮廓线用粗实线画出。同样，侧立面图是一样的，只是其素线是最前和最后的素线。其可见性是正立面图前面是可见的，后面是不可见的，侧立面图的左面是可见的，右面是不可见的。

说明：圆锥台的形成可以看成是圆锥切去上半部分得到的，也可以看成母线绕与它倾斜的但不相交的轴线旋转而成的，其投影及分析作图介于圆柱和圆锥之间，这里就不做分析了，读者可以自己分析作图。

三、圆球的投影

（1）圆球的形成

圆球体由一个圆球面组成。如图 4-20（a）所示，圆球面可看成由一条半圆曲线绕与它的直径作为轴线 OO_0 旋转而成。母线、素线和纬圆的意义都是一样的。

（2）圆球体的三视图

分析：

如图 4-20（b）所示，圆球体的三面投影都是大小相等的圆，其直径等于球体的直径，它们分别是这个球面的三个投影方向的轮廓线。水平面投影方向的轮廓线 A，是平行于水平面最大的水平圆，其平面图为圆；正面投影方向的轮廓线 B，是平行于正面最大的正平圆，其正立面图为圆；侧面投影方向的轮廓线 C，是平行于侧面最大的侧平圆，其侧立面图为圆。

作图（如图 4-20c）：

①画三个视图的中心线的投影（细点画线）。

②画出各个投影面的投影圆。

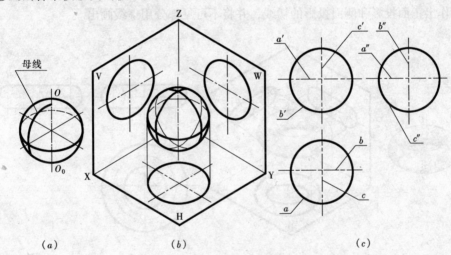

（a）　　　　　　（b）　　　　　　　（c）

图 4-20　圆球的投影

（a）圆球的形成；（b）作图分析；（c）投影图

（3）轮廓线的投影分析及圆锥面可见性的判断

由图 4-20 分析，图中的三个视图的圆的轮廓线，是圆球的三个投影方向最大轮廓线，也是圆球的可见和不可见部分的分界线，用粗实线画出；而其轮廓线的其他两面投影，均是圆的中心线。其可见性为：正立面图中圆球的前面是可见的，后面是不可见的；平面图中圆球的上面是可见，下面是不可见的；侧立面图中圆球的左面是可见的，右面是不可见的。

四、圆环的投影

（1）圆环的形成

109

圆环由一个圆环面组成。如图 4-21（a）所示，圆环面可看成由一条圆曲线绕与圆所在平面上且在圆外的直线作为轴线 OO_0 旋转而成，圆上的任意点的运动轨迹为垂直于轴线的纬圆；靠近轴线的半个素线圆形成的环面称为内环面，远离轴线的半个素线圆形成的环面称为外环面。

（2）圆环的三视图

分析：

如图 4-21（b）所示，圆环的正面投影是最左、最右两个素线圆和与该圆相切的直线，其素线圆是圆环面正面投影的轮廓线，即可见和不可见部分的分界线，其直径等于母线圆的直径；直线是母线圆最上和最下的点的纬圆的积聚投影，其投影长度等于此点纬圆的直径，也就是母线圆的直径。侧面投影和正面投影分析相同，这里就不叙述了。水平面的投影为三个圆，其直径分别为圆环上下两部分的分界线的纬圆，也就是回转体的最大直径纬圆和最小直径纬圆，用粗实线画出，另一个圆为点划线画出，是母线圆圆心的轨迹。

作图（如图 4-21c）：

①画三个视图的中心线的投影（细点画线）。

②画出各个投影面的投影圆。

③作出正面投影和侧面投影的切线，并将不可见部分用虚线画出。

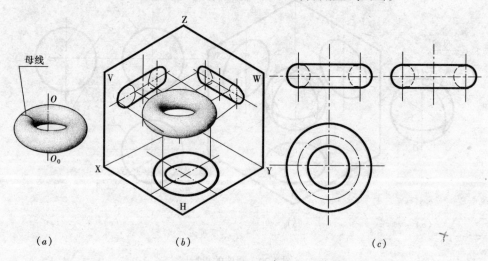

（a）　　　　　　　（b）　　　　　　　（c）

图 4-21　圆环的投影

（a）圆环的形成；（b）作图分析；（c）投影图

第八节　曲面体的尺寸标注

曲面体的尺寸标注，由于它们基本都是回转体，标注尺寸的时候，先标注反映回转体端面图形圆的直径，然后再标注其长度。标注直径尺寸的时候，需要在前面加上符号 ϕ，如图 4-22 所示曲面体的尺寸标注。图 4-22（a）为一个圆柱，可以表示为直径和高度二个尺寸；图 4-22（b）为一个圆锥，也可以同样表示为直径和高度二个尺寸；图 4-22（c）是一个圆球，一般标注只标注直径尺寸，在尺寸数字前面加符号 $s\phi$；图 4-22（d）表示一个圆环，就可以标注母线圆的直径和母线圆圆心轨迹的直径。

如果是圆锥台，则需要标注锥台的上、下底面的直径和圆锥台的高度。

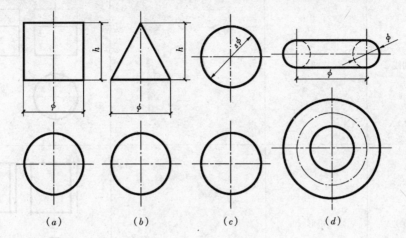

图 4-22　曲面体的尺寸标注
（a）圆柱；（b）圆锥；（c）圆球；（d）圆环

第九节　平面与曲面体表面的交线

求平面与曲面体的交线，其实就是求平面与曲面体的截交线，前面已经讲述截交线的形成，这里只是说明截交线的求法。

由于曲面体的表面是曲面，因此其截交线根据截切的位置不同，得到的截交线也是平面曲线或者是平面多边形，可以求出截断面与表面的交点，按照顺序圆滑连接起来就可以；需要注意的是若是平面多边形，只要求出交点就可以进行连接。

求作回转体的截交线的一般步骤是：

①先求出截交线的特殊位置点（这些点包括截交线积聚投影与轮廓线上的交点、中心线上的交点和截交线的起讫点等，也就是说是最左、最右、最前、最后、最上、最下点及可见和不可见的分界点）。

②求作截交线的一般位置的点（由于特殊位置的点不是很多，在作图的过程中，画出的图形不很准确，需要找出一些中间的点补充，一般选择对称的点）。

③将求作的所有点进行连接，两点之间是直线，就用直线连接两点，若是曲线就用曲线按照顺序圆滑连接。

④擦去多余的作图线，整理完成全图。

一、圆柱的截交线

由于截平面与圆柱的轴线位置的不同，圆柱的截交线有三种情况，见表 4-1。

【例 4-6】　完成圆柱体被切割后的三面投影，如图 4-23（a）所示。

分析：

圆柱的截交线的情况　　　　**表 4-1**

截平面的位置	截交线的形状	立体图	投影图
垂直于轴线	圆	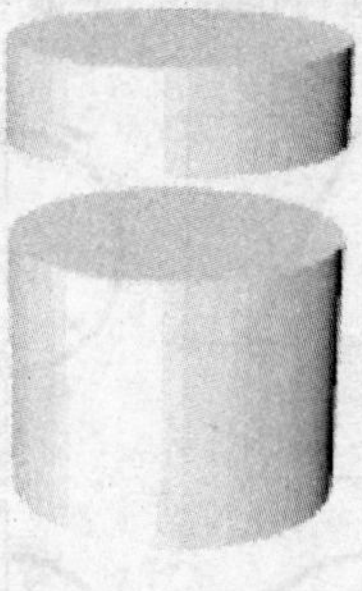	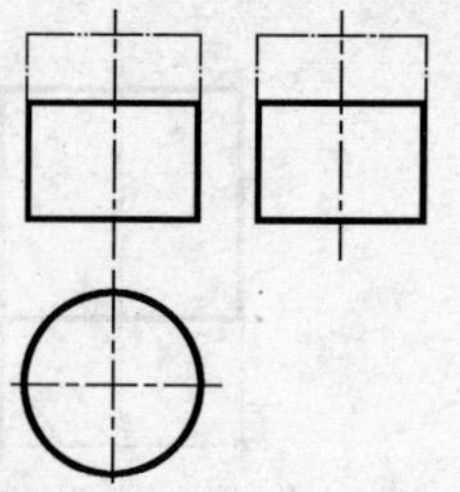
平行于轴线	矩形	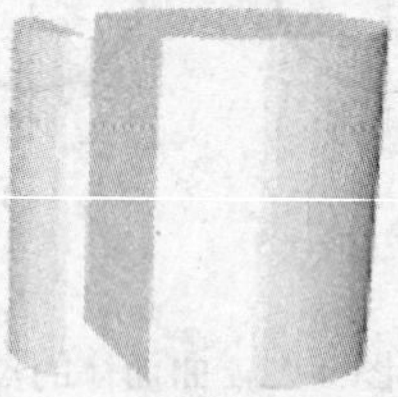	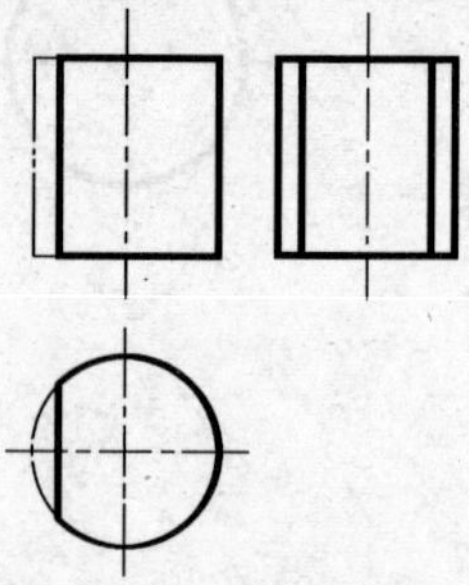
倾斜轴线	椭圆	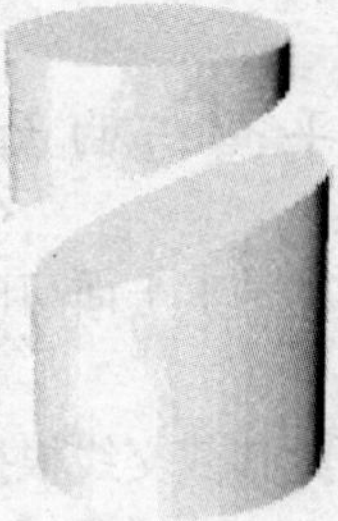	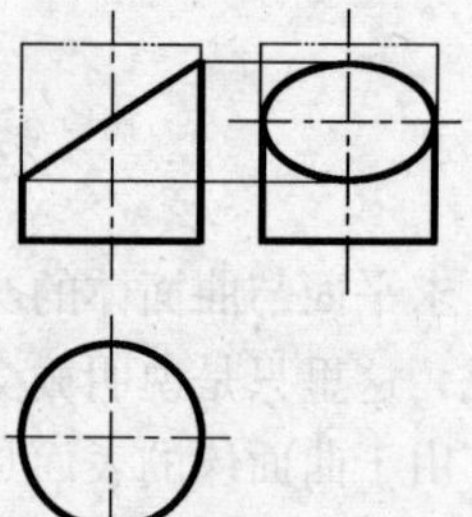

如图 4-23（a）所示，圆柱体的有三个截平面，上面是侧平面，截交线是一个矩形，正面和水平面的投影具有积聚性，投影是直线，侧面投影是反映实形的矩形，注意的是，最大轮廓线没有切除；中间截平面是一个正垂面，截交线是部分椭圆，正面投影具有积聚性，是一条直线，水平面投影是积聚在圆柱具有积聚性的水平面投影的圆上，侧面投影为不反映实形的部分圆；最下面的截平面是一个水平面，截交线是一个圆，正面和侧面投影都积聚为一条直线，水平面投影是一个圆，在圆柱面的积聚投影上；需要注意的是，三个截平面之间的交线都是正垂线，上面的交线是矩形的底边，是可见的，而下面的交线，在水平面投影是不可见的，用虚线画出，侧面投影是可见的。在作图的过程中，一般先作上、下两个截平面的截交线，因为这两个截平面是投影面平行面。

作图：

①最上面的截平面的截交线是一个矩形，先作出其水平面的投影的一条直线，找出矩形的四个点的投影，利用投影规律，求出这些点的侧面投影，进行连接。需要说明的是，与中间截平面的交线，就是矩形的下面的边。

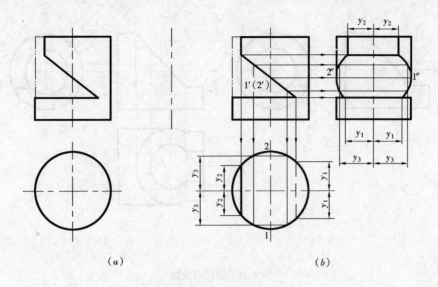

图 4-23　圆柱截交线

(a) 原图；(b) 作图过程

②最下面的截平面是水平面，截交线是一个圆，但是由于和中间截平面相交，它们之间有交线，因此这个圆是不完整的，首先找出交线的两个端点的投影，可以看出，交线在水平面的投影是不可见的，要用虚线画出，这个部分圆的水平面投影和圆柱面的投影重合；其侧面投影积聚为一条直线。

③中间截交线是部分椭圆，水平面投影积聚在圆柱面的水平投影的圆上，其侧面投影要先找出其特殊位置的点，共有六个，上下起讫点四个，也就是由 y_1、y_2 确定的点（截平面交线的端点）已经找出，还有截交线的积聚投影与中心线的交点 $1'$（$2'$），这个投影点是两个点的重影点，其侧面投影在轮廓线上，根据正面投影可以看出，这点的下面到最下面的截平面之间的中心线部分已经被切除，因此在侧面投影这部分的轮廓线就没有了；然后求作一般位置的点，可以用侧面投影 $1''$、$2''$ 点的连线为对称线，在正面截交线的积聚投影上找出四点来，利用投影规律找出这四点的侧面投影，然后圆滑连接起来。

④最后判断各个线条的可见性。

【例 4-7】　完成圆筒被切割后的三面投影，如图 4-24（a）所示。

分析：

如图 4-24（a）所示，正垂面截切水平圆筒与圆筒的轴线斜交，其截交线为两个椭圆，其侧面投影积聚在圆筒有积聚性的侧面投影圆上，水平投影为不反映实形的椭圆。水平面截切圆筒表面截交线为平行于圆筒轴线的两个矩形，空心部分是虚的，只有两条素线；两个截平面的交线是正垂线，由于是圆筒成为两段，截平面截切圆筒的左上部分，因此截交线的水平投影和侧面投影都可见。

作图：

和例 4-6 是一样的作法，只是由于是圆筒，中间是空心的，在作图的过程中，要注意空心处截平面交线的有无以及截交线的有无问题，这里就不详细介绍，读者可以自己作出。

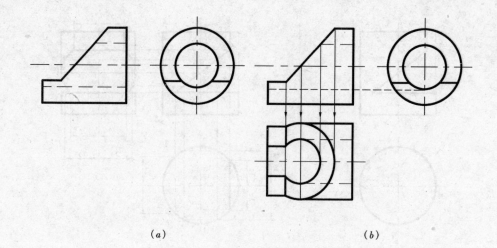

(a) (b)

图 4-24　圆柱截交线

(a) 原图；(b) 作图过程

二、圆锥的截交线

由于截平面与圆锥的轴线位置的不同，圆锥的截交线有三种情况，见表 4-2。

圆锥的截交线的情况 表 4-2

截平面的位置	截交线的形状	立 体 图	投 影 图
过锥顶	三角形		
不过锥顶	$\theta = 90°$　圆		

截平面的位置	截交线的形状	立 体 图	投 影 图
$\theta > \alpha$	椭圆	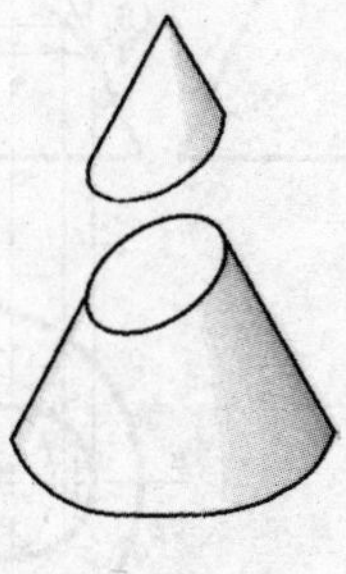	
不过锥顶 $\theta = \alpha$	抛物线	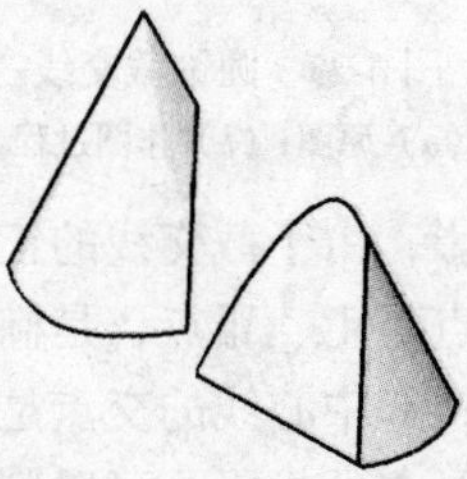	
$\theta < \alpha$	双曲线	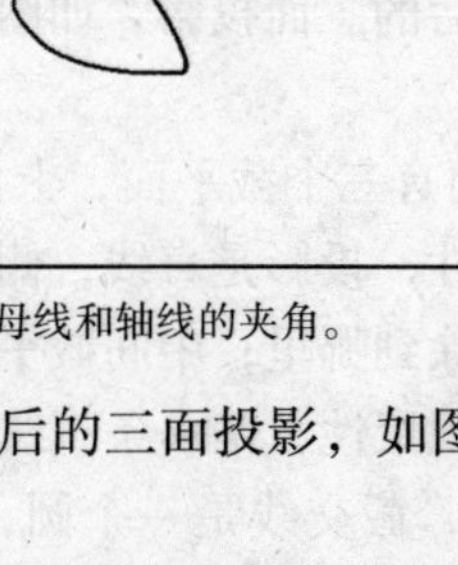	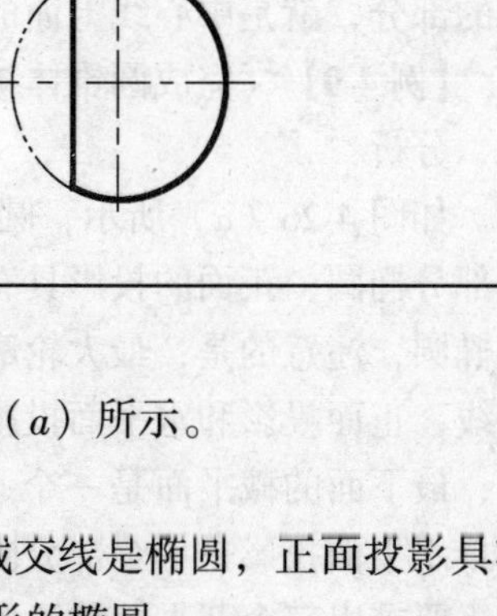

注：θ 表示截平面与轴线的夹角，α 表示母线和轴线的夹角。

【例 4-8】 完成圆锥体被切割后的三面投影，如图 4-25（a）所示。

分析：

如图 4-25（a）所示，圆锥体用一个正垂面作截平面，截交线是椭圆，正面投影具有积聚性，是一条直线，水平面投影和侧面投影都为不反映实形的椭圆。

作图：

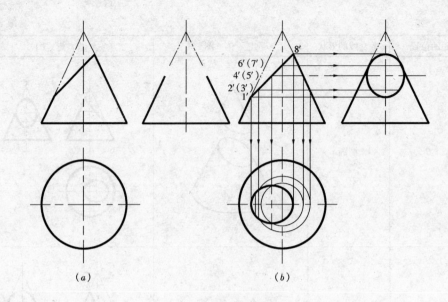

图 4-25　圆锥截交线

(a) 原图；(b) 作图过程

①先求特殊位置的点的各面投影，由于截交线的正面投影具有积聚性，根据正面投影判断特殊位置的点，与轮廓线的交点是Ⅰ、Ⅷ点，是椭圆的长轴上的端点，也是这个截交线的最左、最右、最上和最下的点；与中心线的交点是Ⅵ、Ⅶ点，是侧面投影轮廓线上的点；还有椭圆的短轴上的端点Ⅳ、Ⅴ点的投影，可以判断椭圆的正面投影的直线长度是椭圆的一个轴的长度，这条直线的中点就是另一个轴的积聚投影，也是这个截交线的最前和最后的点，就是Ⅳ、Ⅴ两个特殊的点；可以利用辅助纬圆法，求出这六个点的其他两面投影来。

②求出一般位置的点，在积聚投影的直线上找出一个重影点，就是Ⅱ、Ⅲ点，同样可以用辅助纬圆法求出其他两个投影面的投影来。

③将各面的八个点的投影按照顺序用圆滑曲线连接起来，就可以得到截交线的投影。

④最后判断各个线条的可见性。还需要判断轮廓线被切割的部分，要删除；其实被切割的部分，就是中心线上面的部分，也就是Ⅵ、Ⅶ点上面的轮廓线，被切除了。

【例 4-9】　完成圆锥体被切割后的三面投影，如图 4-26（a）所示。

分析：

如图 4-26（a）所示，圆锥体的有三个截平面，上面的截平面是正垂面，截交线是一个部分椭圆，正面的投影具有积聚性，投影是直线，侧面和水平面投影是不反映实形的部分椭圆，注意的是，最大轮廓线切除到哪里；中间截平面是一个侧垂面，截交线是部分双曲线，正面投影和水平面投影具有积聚性，是一条直线，侧面投影为反映实形的部分双曲线；最下面的截平面是一个水平面，截交线是一个圆，正面和侧面投影都积聚为一条直线，水平面投影是一个部分圆；三个截平面都是不完整的截切，截交线也是不完整的截交线，要求出三个截平面的两两交线，由于切口在圆锥的左面，截交线的侧面投影都可见，截交线的水平投影也可见，截平面交线的投影也都可见。

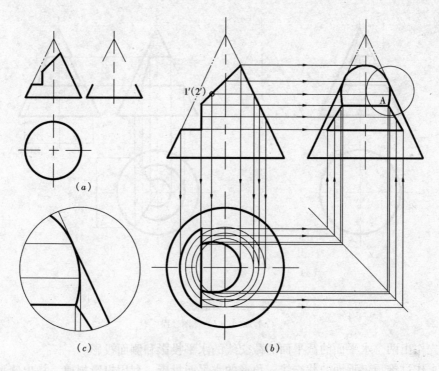

图 4-26 圆锥截交线

(a) 原图；(b) 作图过程；(c) A 处放大

作图：

①先作出水平面的截平面的截交线的水平投影和侧面投影。

②求作侧平面的截交线的水平面投影，利用投影规律，找出侧平面的截交线的特殊位置点的侧面投影，再作出两个一般位置点的侧面投影。

③再作正垂面的截交线，需要找出七个特殊位置点的投影，共有轮廓线上一个、中心线上两个、截平面交线处两个以及椭圆的最前和最后处两个点（图 4-26b 处Ⅰ、Ⅱ点），利用辅助纬圆法找出这七个点的水平面和侧面的投影，同面投影按照顺序圆滑连接，即可。

④最后判断各个线条的可见性；找出交线的投影；需要将截切圆锥轮廓线部分擦去，整理完成全图。

【例 4-10】 完成圆锥体被切割后的三面投影，如图 4-27（a）所示。

分析：

如图 4-27（a）所示，圆锥体的有三个截平面，上面和下面的截平面是水平面，截交线是一个同心圆，正面和侧面的投影具有积聚性，投影是直线，水平面投影是反映实形的圆；中间截平面是一个正垂面，因为过锥顶，所以其截交线是三角形，正面投影具有积聚性，是一条直线，水平面和侧面投影为不反映实形的三角形；三个截平面都是不完整的截切截交线，也是不完整的截交线，要求出三个截平面的两两交线，由于切口在圆锥的左面，截交线的侧面投影都可见，截交线的水平投影也可见，但是截平面交线的水平投影都不可见。

作图：

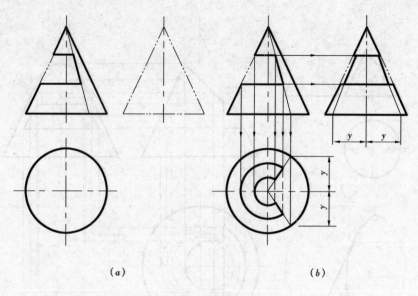

图 4-27　圆锥截交线

(a) 原图；(b) 作图过程

①先作出两个水平面的截平面的截交线的水平投影和侧面投影。

②求作过锥顶正垂面的截交线三角形的水平面投影，利用投影规律，找出侧平面的截交线点的侧面投影。

③最后判断各个线条的可见性；找出交线的投影；需要将截切圆锥轮廓线部分擦去，整理完成全图。

三、圆球的截交线

圆球的截交线都是圆。若截平面与投影面平行的时候，截交线在该投影面的投影反映实形，投影为圆，其他两面投影积聚为一条直线，其长度为截交线圆的直径；如果截平面是投影面垂直面的时候，截交线在该投影面的投影积聚为一条直线，其长度是截交线圆的直径，其他两面投影是椭圆，见表 4-3。

表 4-3

圆球的截交线的情况

截平面的位置	截交线的形状	立　体　图	投　影　图
投影面平行面	水平面	圆	

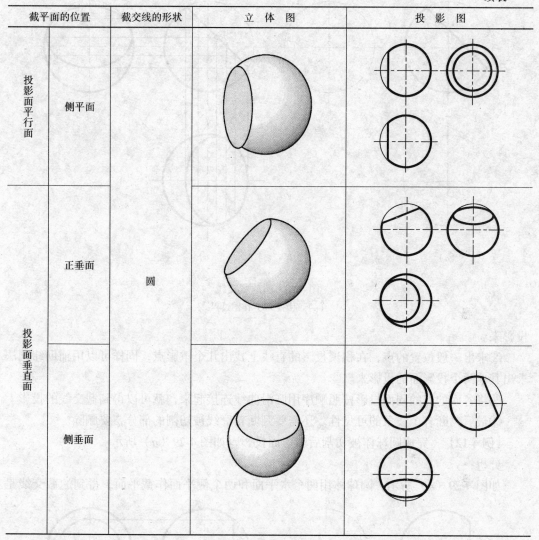

截平面的位置		截交线的形状	立 体 图	投 影 图
投影面平行面	侧平面	圆		
投影面垂直面	正垂面			
	侧垂面			

【例 4-11】 完成圆球体被一正垂面切割后的三面投影，如图 4-28（a）所示。

分析：

如图 4-28（a）所示，圆球体用一个正垂面作截平面，截交线是圆，正面投影具有积聚性，是一条直线，水平面投影和侧面投影都为不反映实形的椭圆。

作图：

①先求特殊位置的点的各面投影，由于截交线的正面投影具有积聚性，根据正面投影判断特殊位置的点，与轮廓线的交点有两点，是投影成为椭圆的轴上的端点，也是这个截交线的最左、最右、最上和最下的点；与垂直方向的中心线的交点是侧面投影轮廓线上的两点，这两点的上面的轮廓线圆被切割了，与水平方向的中心线的交点是水平投影轮廓线上的两点，这两点的左面的轮廓线圆被切割了；还有椭圆的另一个轴上的端点的投影，可以椭圆的另一个轴的长度，在正面投影的直线的中点上即图 4-32（b）处Ⅰ、Ⅱ点正面投影，也是这个截交线的最前和最后的点；可以利用辅助纬圆法，求出这八个点的其他两面

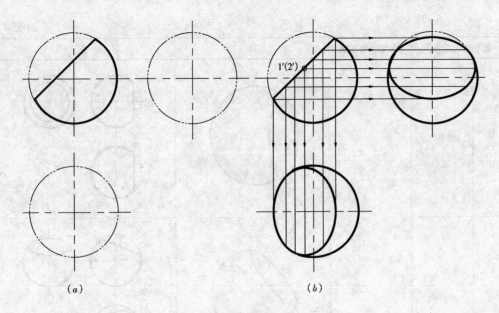

图 4-28　圆球截交线

(a) 原图；(b) 作图过程

投影来。

②求出一般位置的点，在积聚投影的直线上找出几个重影点，同样可以用辅助纬圆法求出其他两个投影面的投影来。

③将各面的点的同面投影按照顺序用圆滑曲线连接起来，就可以得到截交线的投影。

④最后判断各个线条的可见性。还需要判断轮廓线被切割的部分，要删除。

【例 4-12】　完成圆球体被切割后的三面投影，如图 4-29（a）所示。

分析：

如图 4-29（a）所示，圆球体用两个水平面和两个侧平面作截平面，得到的截交线是

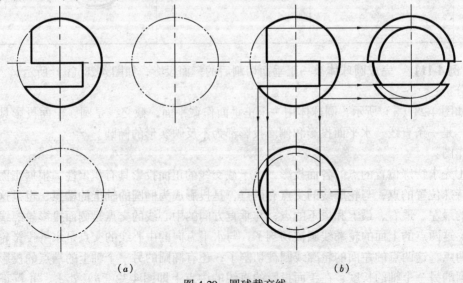

(a)　　　　　　　　　　　　　　　　(b)

图 4-29　圆球截交线

(a) 原图；(b) 作图过程

部分圆，正面投影具有积聚性，是一条直线，两个水平面的截交线投影为反映实形的部分圆，两个侧平面的截交线的投影为直线；两个侧平面的截交线的投影为反映实形的部分圆，两个水平面的截交线投影为都为直线。

作图：

这里作图比较简单，主要是找出截平面的交线的投影，及其各个截交线的积聚投影，然后找到截交线的直径，画出圆来即可，作图过程见图 4-29（b）所示。

四、圆环的截交线

圆环的截交线由于截平面与圆环的相对位置不同，截交线的形状可能是一条或者两条高次曲线，见表 4-4。

<table>
<tr><td colspan="4" align="center">圆环的截交线的情况</td><td align="right">表 4-4</td></tr>
<tr><td>截平面
的位置</td><td>截交线
的形状</td><td align="center">立 体 图</td><td colspan="2" align="center">投 影 图</td></tr>
<tr><td>正平面</td><td rowspan="2">曲线</td><td> 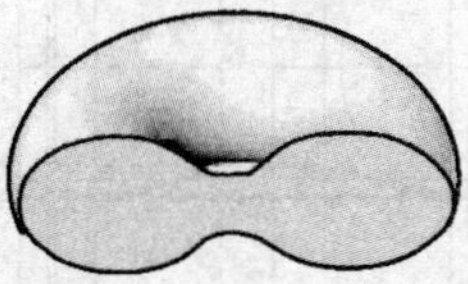</td><td colspan="2"> </td></tr>
<tr><td>正垂面</td><td></td><td colspan="2"></td></tr>
</table>

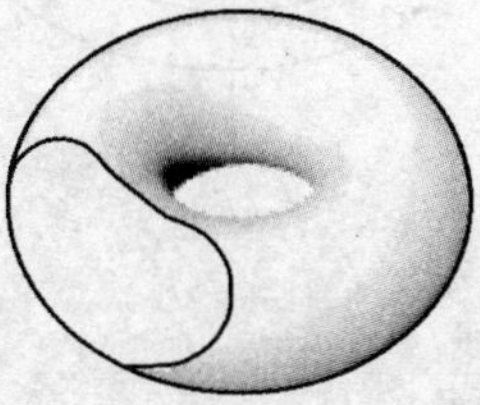

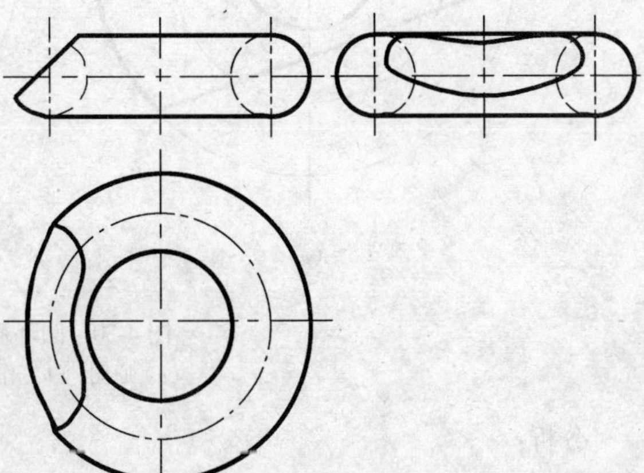

截平面的位置	截交线的形状	立 体 图	投 影 图
水平面	同心圆	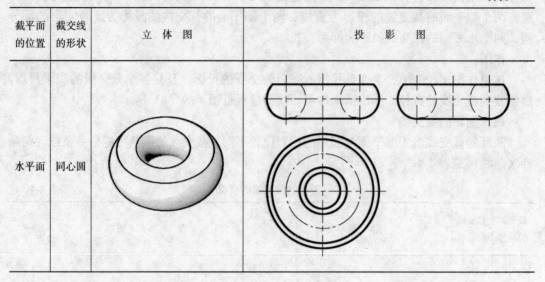	

【例 4-13】 完成圆环体被一铅垂面切割后的两面投影，如图 4-30（a）所示。

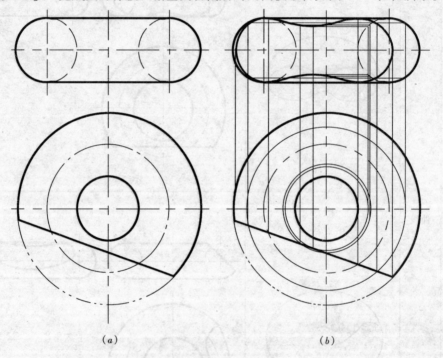

（a）　　　　　　　　　　（b）

图 4-30　圆环截交线
（a）原图；（b）作图过程

分析：

如图 4-30（a）所示，这是一个圆环体用一个铅垂面作截平面切割而成的，截交线是平面曲线，水平面投影具有积聚性，是一条直线，正面投影为不反映实形的平面曲线。

作图：

①先求特殊位置的点的各面投影，由于截交线的水平面投影具有积聚性，根据水平投影判断特殊位置的点，共有 10 个特殊位置的点，除了与轮廓线和点划线的交点外，还有两点是截平面与圆环的内环面的交点，截交线的水平投影直线的中点，也是特殊位置的点；可以利用纬圆法求出点的投影来。

②求出一般位置的点，在积聚投影的直线上找出几个重影点，同样可以用辅助纬圆法求出其他投影面的投影来。

③将各面的点的同面投影按照顺序用圆滑曲线连接起来，就可以得到截交线的投影。

④最后整理图形，完成作图。

五、组合回转体的截交线

组合回转体是由若干基本回转体组成的，由于截平面与其截切的位置不同，各部分曲面的不同，截交线的形状可能是各式各样的，因此需要根据具体情况来分析，但是一般都是由基本回转体的截交线组合的。

下面根据例题来分析。

【例 4-14】 完成组合回转体被两个正平面切割后的投影，如图 4-31 所示。

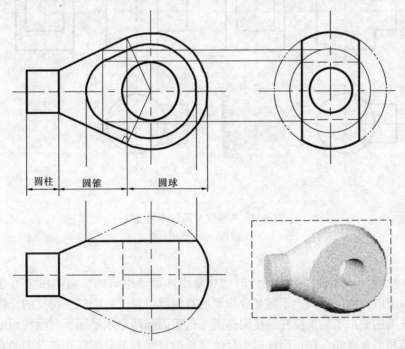

图 4-31　组合回转体的截交线

分析：

这个组合的回转体的表面是由轴线是侧垂线的圆柱面、圆锥面和圆球体组成的，前后被两个正平面切割，圆柱面部分没有被切割，圆锥面部分的截交线为双曲线，圆球面部分的截交线为圆，两条截交线平面之间没有交线，因此在作图的过程中，首先要确定圆锥面和圆球面之间的分界线，圆锥面和圆球面之间是相切的。

作图：

①先确定圆锥面和圆球面之间的分界线，因为圆锥面和圆球面之间是相切的，可以在

正面投影过圆球的圆心作圆锥的轮廓线的垂线，交点就是圆锥面和圆球面的分界点，作出两个分界点，然后连接线就是其分界线。

②求出圆球面的截交线的半径，画出圆弧，只画到分界线处，就是圆球面的截交线；然后作出圆锥面的截交线的投影来。

③最后整理图形，完成作图。

第十节　平面体与曲面体表面的交线

求平面体与曲面体的交线，其实就是求平面体的各个平面与曲面体的截交线，各段截交线的结合点是平面体的棱线对曲面体表面的交点（贯穿点），然后按照图形的形状，相互连接起来即可。

【例4-15】　完成四棱柱和圆柱体的表面交线投影，如图4-32所示。

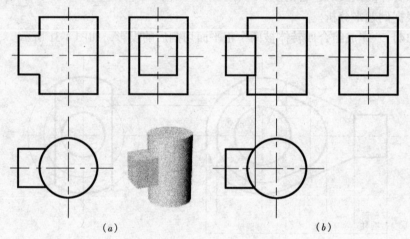

图4-32　四棱柱与圆柱体的交线

(a) 原图；(b) 作图过程

分析：

由图4-32看出，四棱柱与圆柱体的交线是由四部分组成的，前后两个重合，上下重合，只要画出前面的部分和上下两部分积聚的直线就可以，后面的不可见的交线，因为与前面重合就不用画出了。正棱柱的棱面是两个铅垂面和两个水平面，与圆柱面的交线是两个部分圆弧和两条直线，在正面投影为反映实长的直线和部分圆弧积聚投影的直线。

作图：

①先求出棱线与圆柱面的交点（贯穿点）。

②求作各个棱面与圆柱面的截交线，并且判断可见性。

③判断棱线的长度，擦去多余的作图线，整理完成全图。

【例4-16】　完成四棱柱和圆球体的表面交线投影，如图4-33所示。

分析：

由图4-33看出，四棱柱与圆球体的交线是由四部分组成的，前后两个重合，只要画出前面的两部分就可以，后面的不可见的交线，就不用画出了。这两个棱面是铅垂面，与

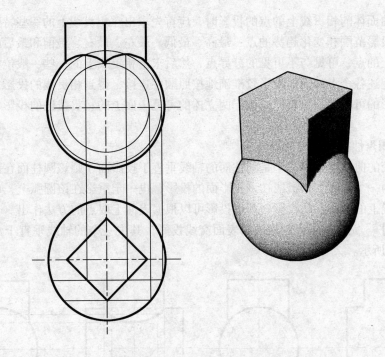

图 4-33　四棱柱与圆球体的交线

圆球面的交线是部分圆弧，在正面投影不反映实形，是部分椭圆。

作图：

①先求出棱线与圆球面的交点（贯穿点）。

②求作各个棱面与圆球的截交线，并且判断可见性。

③找出切割的轮廓线，擦去多余的作图线，整理完成全图。

第十一节　曲面体表面之间的交线（相贯线）

两个曲面体相交，一般称为相贯，实际就是两个基本体的叠加，由于相交的立体的形状以及相对位置不同，其交线（相贯线）的形状也各不相同。

一、相贯线的几何性质

（1）相贯线是两个相交的曲面体表面的共有线，也是两相交曲面体的分界线，相贯线上的点是两相交曲面体表面的共有点，因此，相贯线具有共有性和表面性。

（2）一般情况下，两曲面体的相贯线是闭合的空间曲线。

（3）当回转体轴线相交且外共切于一个球面时，它们的相贯线为相等的两椭圆；若相交两轴线同时平行于某投影面时，其相贯线在该投影面内积聚为两直线。

两轴线平行的圆柱体相贯和共一个顶点的两圆锥体相贯时，它们的交线为直线。特殊情况下，可能是不闭合的，也可能是平面曲线或者直线。

二、相贯线的一般求法

求作两曲面体的相贯线的投影时，一般先作出两曲面体表面上一些共有点投影，再连成相贯线的投影。

在求两曲面体的相贯线上的点的投影时，应首先求出在相贯线上的一些特殊点，即确定相贯线的投影范围和变化趋势的点：最高、最低、最左、最右、最前和最后的点，以及转向轮廓线上的点，可见与不可见的分界点，然后求出相贯线上的一些一般位置的点；最后将求出的上述各个点的同面投影较准确地按照顺序连接，得到相贯线的投影；再判别表明相贯线投影的可见性，只有同时位于两立体的可见表面上的相贯线段的投影才可见，否则就不可见。

1. 利用积聚性投影求相贯线

当两相交的曲面体中有一个是圆柱面的轴线垂直于投影面，则该圆柱面在该投影面上的投影积聚为一个圆弧，相贯线在该投影面的投影，也一定重影在该圆弧上，可以在该投影上取相贯线上的一些点的投影，其他投影可以根据表面上取点的方法作出。

【例 4-17】 完成两正交圆柱面的表面交线投影，其中一个的轴线垂直于水平面，如图 4-34（a）所示。

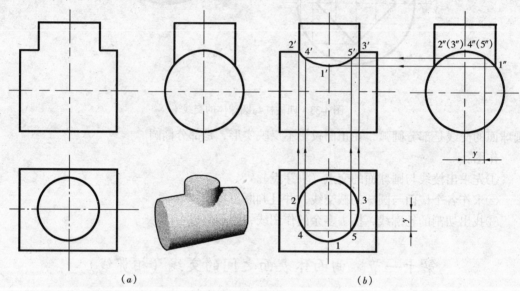

图 4-34 曲面体的交线
（a）原图；（b）作图过程

分析：

铅垂圆柱和水平圆柱相交，其轴线垂直相交，相贯线的水平投影重影在铅垂圆柱面的水平投影的圆上，侧面投影在水平圆柱的侧面投影圆上。

作图：

①求特殊位置的点。Ⅰ点是铅垂圆柱面最前素线与水平圆柱面的交点，它是最前点，也是最下点，可以直接求出；Ⅱ、Ⅲ点为铅垂圆柱面最左素线和最右素线与水平圆柱面的交点，它们是最高点，可以直接求出。

②求一般位置的点。在铅垂圆柱面的水平投影圆弧上取 4、5 两点，它们的侧面投影为 4″、5″，其正面投影可以根据投影规律求出。

③顺次光滑地连接 2′、4′、1′、5′、3′点，就是相贯线的正面投影。擦去多余的作图

线，整理完成全图。

【例 4-18】　完成两偏交圆柱面的表面交线投影，其中一个的轴线垂直于水平面，如图 4-35 所示。

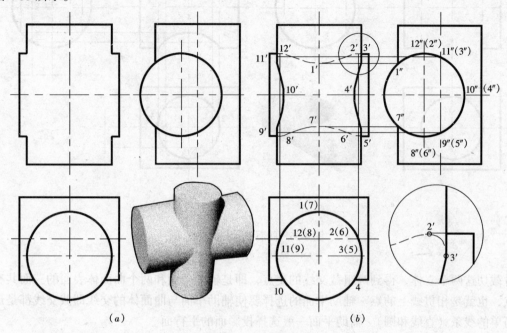

图 4-35　曲面体的交线
(a) 原图；(b) 作图过程

分析：

铅垂圆柱和水平圆柱相交，其轴线不重合，相贯线的水平投影重影在铅垂圆柱面的水平投影的圆上，侧面投影在水平圆柱的侧面投影圆上。

作图：

①求特殊位置的点。Ⅰ、Ⅶ点是铅垂圆柱面最后的素线与水平圆柱面的交点，它是最后点，也是截切素线的分界点，可以直接求出；Ⅲ、Ⅴ、Ⅸ、Ⅺ点为铅垂圆柱面最左素线和最右素线与水平圆柱面的交点，可以直接求出；Ⅹ、Ⅳ点是水平圆柱面最前素线与垂直圆柱面的交点，也是相贯线的最前点，可直接求出；Ⅻ、Ⅱ、Ⅷ、Ⅵ点是水平圆柱面的最上和最下素线与垂直圆柱面的交点，也可直接求出。

②求一般位置的点。可以根据投影规律求出，这里就不讲述了。

③顺次光滑地连接各个点。就是相贯线的正面投影。还需要判别相贯线的可见性，Ⅲ、Ⅴ、Ⅸ、Ⅺ点后面的相贯线和轮廓线是不可见的，需要用虚线表示；擦去多余的作图线，整理完成全图。

注意：如果是圆柱面被另一个圆柱面穿孔，相贯线怎么求出，这里只是给出图形，读者可以自己分析作图（如图 4－36 所示）。

2. 利用辅助平面法求相贯线

利用辅助平面法作两个曲面体的相贯线是比较普遍的方法，其实就是利用辅助平面求相贯线上的点。当两相交的曲面体的表面相交，利用与两个曲面体都相交的辅助平面同

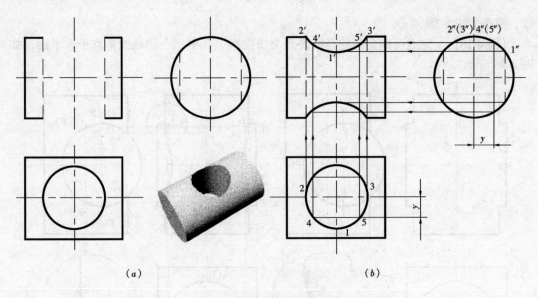

图 4-36　曲面体穿孔的交线

（a）原图；（b）作图过程

时截切这两个立体，得到两组截交线的交点，即是辅助平面和两个曲面体表面的三面共有点，也就是相贯线上的点。辅助平面的选择要使辅助平面与曲面体的交线即截交线都是最简单的线条（直线和圆）。辅助平面一般选择投影面的平行面。

【例 4-19】　完成水平圆柱面与一个半圆球的表面交线投影，如图 4-37（a）所示。

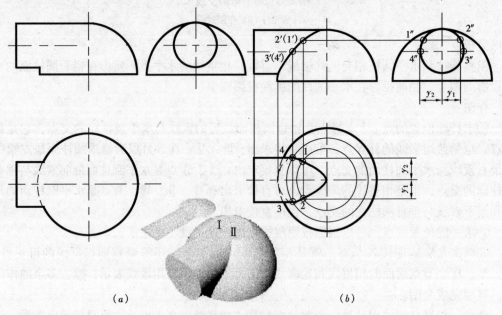

图 4-37　圆柱与半圆球的交线

（a）原图；（b）作图过程

分析：

水平圆柱与半圆球相交，其公共对称面平行于正面，所有相贯线的正面投影为抛物

128

线，侧面投影重影在水平圆柱的侧面投影圆上，水平投影为曲线。其辅助平面可以选择与圆柱轴线平行的水平面，这时平面与圆柱面相交的截交线是两条平行线，与半圆球面相交的截交线是圆弧；也可以选择与圆柱轴线垂直的侧平面作为辅助平面，这时与圆柱面、半圆球面相交的截交线都是圆或者圆弧。

作图：

①求特殊位置的点。在正面投影中，圆柱的最高素线和最低素线与半圆球轮廓线的交点，是相贯线最高点和最低点，可以直接求出。Ⅲ、Ⅳ点是最前点和最后点，也是水平投影可见和不可见的分界点，可以过圆柱的轴线作辅助水平面，则与圆柱面相交为最前和最后的素线，与半圆球面相交是一个圆，它们的水平投影交于 3′、4′ 点，利用投影规律找出这两点的正面投影来，在圆柱的轴线上。

②求一般位置的点。可以作辅助水平面，与圆柱的截交线是两条平行的直线，与半圆球面的截交线是一个圆，得到其相贯线上的点Ⅰ、Ⅱ点，在水平面投影可以找出这两点的投影，根据投影规律可以求出正面的投影来，这是重合的投影。

③顺次光滑地连接各个点的同面投影，就是相贯线的正面和水平面的投影。还需要判别相贯线的可见性，Ⅲ、Ⅳ点下面的相贯线和轮廓线的水平投影是不可见的，需要用虚线表示；擦去多余的作图线，整理完成全图。

【例 4-20】 完成斜交圆柱面的表面交线投影，如图 4-38（a）所示。

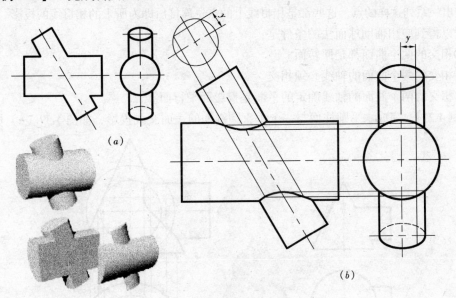

图 4-38　斜交圆柱的交线
（a）原图；（b）作图过程

分析：

两个圆柱面斜交，其公共对称面平行于正面，相贯线的正面投影为曲线，侧面投影重影在水平圆柱的侧面投影圆上。其辅助平面可以选择与圆柱轴线平行的正平面，这时平面与圆柱面相交的截交线是四条平行线，其交线就是贯穿点；可以利用换面法求出斜放的圆柱面的截交线。

作图：

①求特殊位置的点。在正面投影中，斜放圆柱的最左素线和最右素线与水平圆柱轮廓线的交点，是上面相贯线最高点和下面相贯线的最低点，也是正面投影可见和不可见的分界点，可以直接求出。在侧面投影斜放圆柱轮廓线与水平放置圆柱投影的圆的交点是上面相贯线的最低点和下面相贯线的最高点，可以直接求出的。

②求一般位置的点。可以作辅助正平面，与圆柱的截交线是四条平行的直线，在斜放圆柱的截交线，可以利用换面法，作出斜放圆柱的积聚投影圆来，得到其截交线的正面投影的直线来，就可以求出贯穿点。

③顺次光滑地连接各个点的同面投影，就是相贯线的正面投影。还需要判别相贯线的可见性，相贯线是前后对称的，只需要求出前面的投影，后面投影和前面投影是重合的；擦去多余的作图线，整理完成全图。

3．利用辅助球面法求相贯线

辅助球面法求作相贯线应用球面作为辅助面，其原理是：当球与回转面相交，且球心在回转面的轴线上时，其相贯线为垂直于回转轴的圆，如果回转面的轴线平行于某一投影面时，则该圆在投影面的投影为一垂直于轴线的线段，该线段就是球面与回转面投影轮廓线的交点的连线。如果回转面相交，以轴线的交点为球心，作一个球面，则球面与两个回转面的交线都是圆，由于两个圆位于同一个球面上，因此两个圆的交点就是两个回转面的共有点。可以作出一系列这样的点，这些都是相贯线上的点，连接后即为所求的相贯线的投影。

可以得到应用辅助球面法的条件是：

①相交的两个曲面都是回转面。

②相交的两个曲面的轴线必须相交。

③相交的两个曲面的轴线确定的平面是投影面平行面。

【例4-21】 完成水平圆柱面与一个垂直圆锥面的表面交线投影，如图4-39（a）所示。

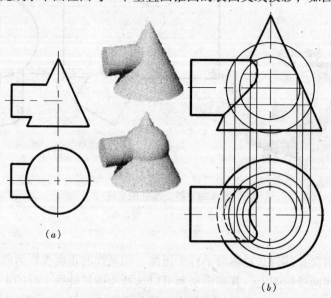

图 4-39　圆柱与半圆球的交线

（a）原图；（b）作图过程

分析：

水平圆柱与垂直圆锥面相交，其轴线也相交于一点，可以用辅助球面法求作相贯线。需要求出最大圆球半径和最小圆球的半径，最大圆球的半径一边是轴线的交点投影到轮廓线交点的最大距离；而最小半径一边是轴线的交点投影到两个回转体轮廓线距离最大的；所作的辅助球面，都在最大半径和最小半径之间，超出这个范围的圆球面将得不到两个回转体共有点。

作图：

①求特殊位置的点。在正面投影中，圆柱的最高素线和最低素线与圆锥轮廓线的交点，是相贯线最高点和最低点，可以直接求出。圆柱的最前和最后素线与圆锥表面的交点是相贯线的最前点和最后点，也是水平投影可见和不可见的分界点，可以在圆锥上利用纬圆法求出这两点；确定最小半径是轴线的交点投影到圆锥轮廓线的距离，可以作出圆球面与圆锥最左、右素线的切点的正面投影，连接这两个切点就是球面与圆锥面的相贯线的正面投影，然后找出球面与圆柱面的相贯线的正面投影，两个相贯线正面投影都是直线，其交点就是贯穿点，找出最大半径来。

②求一般位置的点。找出最大半径来，可以在最大半径和最小半径之间作几个辅助球面，同样找出球面与圆柱面和圆锥面的相贯线的正面投影，找出其交点也就是贯穿点，利用其他知识求出水平面的投影。

③顺次光滑地连接各个点的同面投影，就是相贯线的正面和水平面的投影。还需要判别相贯线的可见性，圆柱面的最前素线和最后素线的下面的相贯线和轮廓线的水平投影是不可见的，需要用虚线表示；擦去多余的作图线，整理完成全图。

三、相贯线的特殊情况

两个曲面体相交，一般情况下相贯线为空间曲线，但是在某些特殊情况下，也可能是平面曲线或者直线。这里就简单介绍比较常见的相贯线的特殊情况。

（1）当两个回转体的轴线相交，轴线面平行于某一投影面，两个回转面公切于一个圆球面，则这两个曲面体的相贯线可以分解为两条平面曲线（椭圆），如图4-40所示。

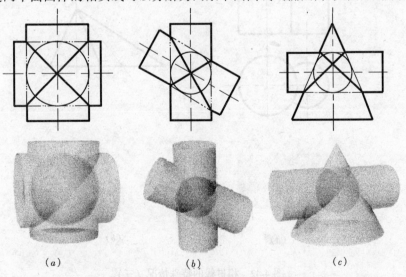

(a)　　　　　　(b)　　　　　　(c)

图4-40　相贯线的特殊情况（一）

(a) 同直径圆柱正交；(b) 同直径圆柱斜交；(c) 圆柱与圆锥

（2）当两个同轴回转体（轴线在同一直线上的两个回转体）的相贯线，是垂直于轴线的圆，当轴线平行于投影面时，交线圆在该投影面上的投影积聚为一条直线；当轴线垂直于投影面时，交线圆在该投影面上的投影为圆，如图4-41所示。

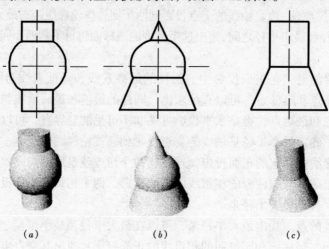

图4-41　相贯线的特殊情况（二）
（*a*）圆柱圆球同轴；（*b*）圆锥圆球同轴；（*c*）圆柱圆锥同轴

（3）两个共同锥顶的圆锥面的相贯线是一对直线；两个轴线平行的圆柱面的相贯线为一对平行直线，如图4-42所示。

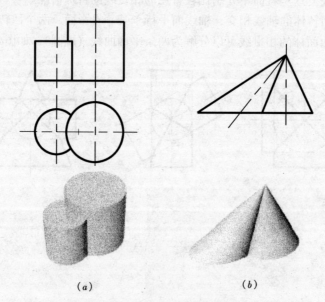

图4-42　相贯线的特殊情况（三）
（*a*）轴线平行的圆柱；（*b*）锥顶相交的圆锥

第五章　建筑形体的投影

第一节　建筑形体的分析

任何工程建筑形体，不论其繁简如何，都可看成是由许多棱柱、棱锥、圆柱、圆锥、球等基本几何体叠加（堆积）或切割而形成的形体，即组合体。

对建筑形体进行分析，就是将形体分解成由若干个基本几何体，分清楚各部分的形状及相互位置，从而得出整个建筑形体的形状与结构，这种方法称为形体分析法。它是画图、看图和标注尺寸的基本方法。

常见的建筑形体主要由以下两种基本方式组成。

一、叠加

所谓叠加就是把基本几何体重叠地摆放在一起而构成建筑形体。根据形体相互间的位置关系，叠加分为三种方式：

1. 叠合

叠合是指两基本体的表面互相重合，连成一个共同的表面。如图 5-1（a）所示挡土墙，可看成是由底板、直墙和支撑板三部分叠合而成，其中底板是一个四棱柱，在底板上右边叠合了一四棱柱直墙，左边叠合了一三棱柱支撑板，如图 5-1（b）所示。

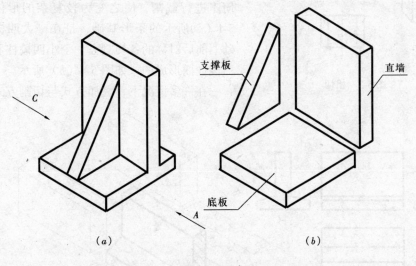

图 5-1　叠合

当两基本几何体上的两个平面互相平齐地连接成一个平面时，则它们在连接处（是共面关系）而不再存在分界线。因此在画它的视图时不应该再画它们的分界线。如图 5-6 所示，因底板和直墙的前端面连成一个共同的表面（即平齐），没有间隔，故其间不应画线。

2. 相交

相交是指两基本体的表面相交。如图5-2（a）所示的烟囱与坡屋面相交，其形体可看成是由四棱柱与五棱柱相交而成，其交线是一条闭合的空间折线。表面交线是它们的表面分界线，图上必须画出它们交线的投影，如图5-2（b）所示。

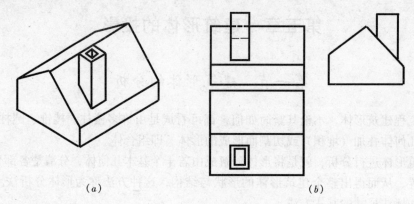

图 5-2　相交

3. 相切

相切是指两基本体的表面光滑过渡，形成相切组合面。如图 5-3 所示的隧洞，由一个四棱柱与半个圆柱相切而成。

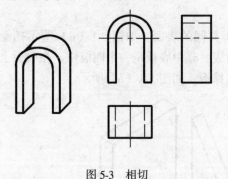

图 5-3　相切

注意，由于两个基本体相切的地方没有轮廓线，因此形体间的切线不画。

二、切割

切割是指由一个或多个截平面对简单基本几何体进行截割，使之变为较复杂的形体。如图5-4（a）所示的条形基础，是在一大四棱柱的基础上前后对称的各切割去一个小四棱柱和一个小三棱柱而形成的，如图 5-4（b）所示。

在许多情况下，叠加方式与切割方式并无严

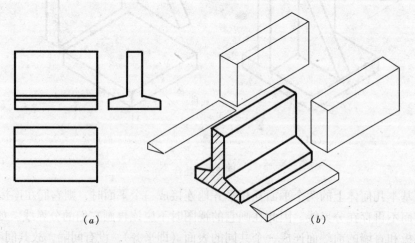

图 5-4　切割

格的界限，往往是同一物体既可按叠加方式进行分析，也可按切割方式去理解，或者同时兼有叠加和切割。应根据建筑形体的特征具体分析，以便于作图和易于掌握。

第二节 建筑形体的画法

一、形体分析

画建筑形体的视图时，首先要用形体分析法把一个复杂的建筑形体分解为若干个基本形体，并分析它们之间的结合形式和各部分之间的相对位置，并据此进行画图。

二、选择视图

工程中习惯上把投影图叫做视图，把三面投影图叫三视图。其中 V 面投影叫正视图（也叫主视图），H 面投影叫俯视图，W 面投影叫左侧视图。组合体视图的选择按以下几步考虑：

1. 确定形体的安放位置

一般形体按自然位置或工作位置安放，如图 5-1、图 5-4 都是选择底面与 H 面平行。有些形体按加工制作时的位置放置，如预制桩一般平放。

2. 选择正视图

正视图又叫主视图，通常作为主要视图，因此要求它的投射方向能尽量反映物体总体或主要组成部分的形状特征，以及各组成部分的相对位置关系。如图 5-5 所示的花格砖，箭头所指的方向不仅反映了砖的总体形状特征，同时也反映了花格部分的形状特征，所以选择该方向的投影作为正视图。

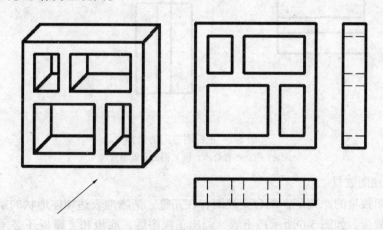

图 5-5 正视图的选择

选择正视图时，应尽量减少视图中虚线的出现，因虚线表示不可见部分的轮廓线，虚线过多，不利于读图。如图 5-1 所示的挡土墙，选择 A 向或 C 向投影作为正视图方向时，正视图所反映的轮廓特征是完全相同的，但前者的侧视图（图 5-6a）中无虚线，后者（图 5-6b）有虚线，显然选择 A 向比较恰当，如图 5-6 所示。

此外，画正视图时还要合理利用图纸。如图 5-7 所示的条形基础，一般选择较长的一面作为正视图，这样视图所占的图幅较小，图形间匀称、协调，如图 5-7（a）所示，而图 5-7（b）图面布置显然不合理，右下角空白太多。

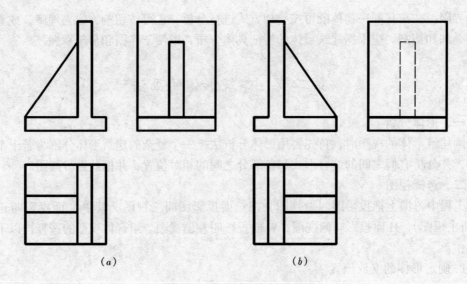

图 5-6　正视图方向的选择
（a）A向视图无虚线；（b）B向视图虚线多

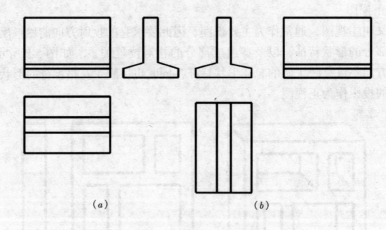

图 5-7　正视图方向的选择
（a）图面布置合理；（b）图面布置不合理

3. 确定视图数量

确定视图数量的原则是：配合正视图，在完整、清晰地表达物体形状的条件下，视图数量应尽量减少。如图 5-6 所示挡土墙，画出正视图后，底板和支撑板还必须用俯视图或左侧视图表示形状和宽度，而直墙则必须用俯视图和左侧视图确定其形状和宽度，综合起来需要用三个视图表示。

三、建筑形体的画图步骤

以图 5-8 所示的板式基础为例，介绍建筑形体的画图步骤。

1. 形体分析

如图 5-8（a）所示，该板式基础由底板、中柱、左右主梁和前后次梁四部分组成，其中底板是一个四棱柱；中柱在底板的中央，也是一个四棱柱；左右主梁在中柱左右两侧的中央，在两个大小不同的四棱柱叠合的基础上再在小的四棱柱上边各切割 1/4 圆柱；前

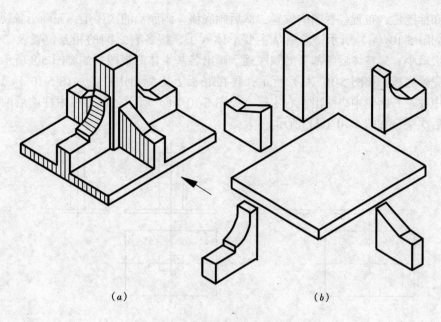

（a）　　　　　　　　　　　　（b）

图 5-8　板式基础的形体分析

后次梁位于中柱的前后两侧中央，由一个小四棱柱和三棱柱叠合而成，如图 5-8（b）所示。

2. 选择视图

该板式基础按正常工作位置放置，使底板底面与 H 面平行。选择能够反映基础各组成部分的形状特征及相对位置的方向作为正视图方向，按上述步骤选定的三视图，如图 5-9所示。

3. 画三视图底稿

选定了视图后，应根据形体的大小和注写尺寸所占的位置，选择适宜的图幅和比例，

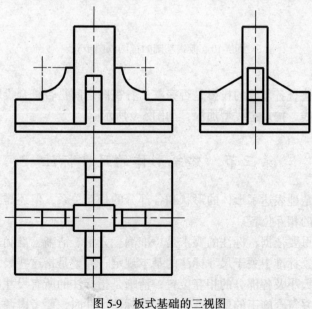

图 5-9　板式基础的三视图

画图框和标题栏，布置各视图的位置，然后画底稿。画底稿的次序是：先画出各视图的基准线，如图 5-10（a）所示；然后从主要形体入手，按各自之间的相互位置及"先主后次、先大后小、先整体后细部"的顺序逐个画出各基本体的视图。如画图 5-8 所示的基础时，应先画底板，如图 5-10（a）所示；再在底板上方画出中柱，如图 5-10（b）所示；然后在中柱左右两侧中央画出左右主梁，如图 5-10（c）所示；最后在中柱前后两侧中央画出前后次梁，如图 5-10（d）所示。

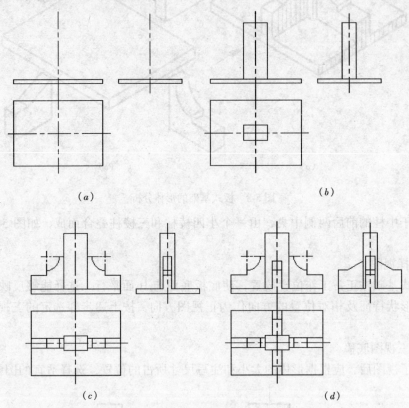

图 5-10　板式基础的视图画图步骤

4. 加深

底稿完成后，检查各部分的投影是否完整，各视图之间是否符合投影规律。在校核无误后，擦去多余图线，按规定线型加深，如图 5-9 所示。

第三节　建筑形体的尺寸标注

视图虽然已清楚地表达了形体的形状和各部分的相互关系，但还需要标注尺寸表示形体的大小和各部分的相互位置。

尺寸是施工的重要依据，标注的要求是：准确、完整、清晰。准确是指视图上标注的尺寸应符合制图国家标准中关于尺寸标注的基本规定；完整是指这些尺寸标注可以惟一地确定形体的形状、大小及各部分的相互位置；清晰是指标注的所有尺寸在视图中的位置明显、整齐、有条理并符合施工的要求。为此，在标注尺寸时，要考虑两个问题：一是形体上应标注哪些尺寸，二是尺寸应标注在视图的什么位置。

一、尺寸的种类

在视图上所标注的尺寸要能完全表达出形体的大小和各部分的相互位置，需在形体分析的基础上标注以下三类尺寸：

1. 定形尺寸

确定形体各组成部分大小的尺寸。由于建筑形体是由多个基本体进行叠加或切割而成的，因此，定形尺寸的标注应以基本体的尺寸标注为基础，如图 5-11 是一些常见的基本体的尺寸标注。

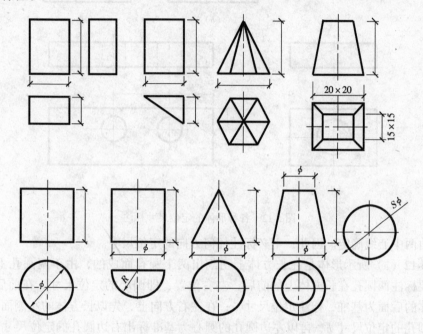

图 5-11　常见基本体的尺寸标注

2. 定位尺寸

确定形体各部分之间相对位置的尺寸。前面说过，标注定位尺寸要有基准，通常把形体的底面、侧面、对称轴线、中心轴线等作为尺寸的基准。图 5-12 是各种定位尺寸标注的示例，说明如下：

图 5-12（*a*）所示形体是由两个长方体组合而成的，因它们有共同的底面，所以高度方向不需标定位尺寸，但需要标注出前后和左右两个方向的定位尺寸 *a* 和 *b*。它们的基准可分别选后面长方体的后面和左侧面。

图 5-12（*b*）所示的形体是由两个长方体叠加而成的，因它们有一重叠的水平面，所以高度方向不需标定位尺寸，但需要标注出前后和左右两个方向的定位尺寸 *a* 和 *b*。它们的基准可分别选下面长方体的后面和左侧面。

图 5-12（*c*）所示的形体，组成它的两个长方体前后对称，其前后位置可由对称线确定，不必标注前后方向的定位尺寸，只需标注左右方向的定位尺寸 *b* 即可，其基准为下面长方体的右侧面。

图 5-12（*d*）所示形体是由圆柱和长方体叠加而成的。叠加时前后、左右对称，相互

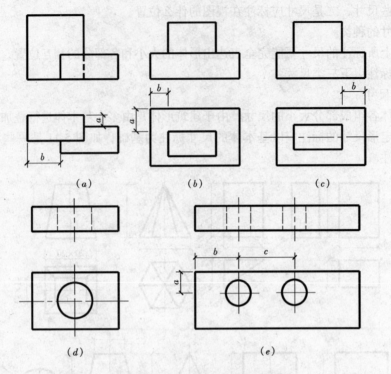

图 5-12　各种形体的定位尺寸标注

位置可由两中心线确定。因此，不必标注任何方向的定位尺寸。

图 5-12（e）所示形体是在长方体上切割出两个圆孔而成的，由于两圆孔上下贯通，因此需要标注两圆孔在长方体上的前后、左右位置，即圆心的定位尺寸。在前后方向上，以长方体的后面为基准，标注定位尺寸 a；在左右方向上，先以长方体的左侧面为基准标出左边圆孔的定位尺寸 b，再以左边圆孔的圆心为基准标出右边圆孔的定位尺寸 c。

3. 总体尺寸

在形体中除以上两类尺寸外，还常需要标注出形体的总体尺寸：总长、总宽、总高。

二、尺寸标注的原则

（1）尺寸标注要严格遵守国家制图标准的有关规定。

（2）尺寸标注要齐全，即所标注的尺寸完整、不遗漏、不多余、不重复。

（3）尺寸尽量标注在反映该形体特征的视图上，并将表示同一部分的尺寸集中在同一视图上。

（4）尺寸尽量标注在轮廓线之外，但又要靠近被标注的基本形体。

（5）应尽量避免在虚线上标注尺寸。

（6）与两视图有关的尺寸尽量标注在两视图之间，并将同一方向的尺寸组合起来，排成几道，小尺寸在内，大尺寸在外，相互间要平行、等距。

三、尺寸标注的步骤

1. 进行形体分析

运用形体分析法分析形体的各组成部分以及相对位置，进而分析形体的尺寸。

2. 标注定形尺寸

3. 标注定位尺寸

4. 标注总体尺寸

下面以图5-8所示筏形基础为例，介绍建筑形体的尺寸标注的方法和步骤。

首先进行形体分析，分析清楚后，先标注定形尺寸。底板的长、宽、高分别是3000、2100、150mm；中柱的长、宽、高分别是780、480、1800mm；左右主梁长度方向的尺寸有510、R450、150mm，高度尺寸有450、150、450mm，厚度为300mm；前后次梁宽度方向的尺寸有300、510mm，高度尺寸有600、300mm，厚度为300mm，所有这些尺寸均为定形尺寸。

再标注定位尺寸。在实际施工中，为了测量放线需标注长度和宽度中心线的定位尺寸1500、1500mm和1050、1050mm，同时也是中柱和主次梁长度方向和宽度方向的定位尺寸，它们的高度方向的定位尺寸为150mm。主梁上被切割的四分之一圆柱的定位尺寸有：长度方向为510mm，高度方向为750mm。

最后标注总体尺寸。基础的总长、总宽、总高分别为3000、2100、1950mm。

尺寸标注的位置如图5-13所示。

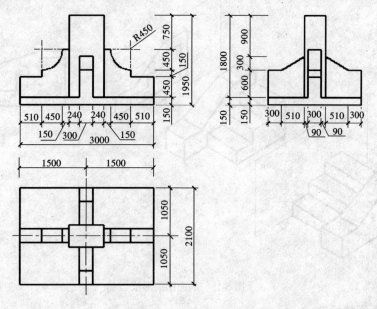

图 5-13　板式基础的尺寸标注

第四节　建筑形体剖面图的画法

大家知道，画建筑形体视图时，可见轮廓线画成实线，不可见轮廓线画成虚线。若形体内部形状复杂，虚线就会过多，使得图面上虚实线交错，混淆不清，既影响读图又不便于尺寸标注，甚至产生差错。为了解决这一问题，工程上通常用不带虚线的剖面图替换带虚线的视图。

一、剖面图基本概念

假想用一剖切平面在形体的适当位置将形体剖开，移去剖切平面与观察者之间的部分，将剩下的部分投射到投影面上，所得到的投影图为剖面图，简称"剖面"。

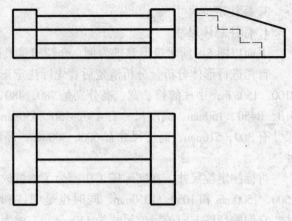

图 5-14　台阶的三视图

假想用一平行于 W 面的剖切平面 P 剖切此台阶（如图 5-14），并移走左半部分，将剩下的右半部分向 W 面投射，得剖面图，如图 5-15 所示。为了在剖面图上明显地表示出内部形状，规定在剖切断面上画出建筑材料符号，以区分断面（剖到的）与非断面（未剖到的），如图 5-15 所示的断面上是混凝土材料。在不需指明材料时，可以用平行且等距的 45°细斜线来表示断面。

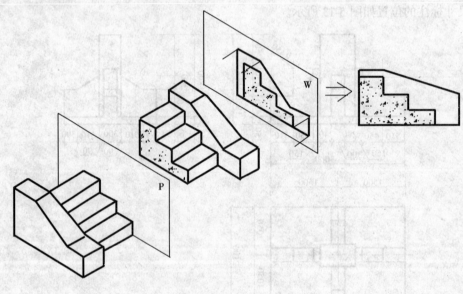

图 5-15　剖面图的形成

二、剖面图的标注

剖面图的图形是由剖切平面的位置和投射方向决定的。因此，在剖面图中要用剖切符号指明剖切位置和投射方向。为了便于读图，还要对剖切符号进行编号，并在相对应的剖面图上用该编号作图名，如图 5-16 台阶的剖面图。

剖切符号由剖切位置线和投射方向线组成。剖切位置线表示剖切平面的剖切位置，用粗实线绘制，长度约 6～10mm，并且不能与图中的其他图线相交；投射方向线表示剖切后的投射方向，用粗实线垂直地画在剖切位置线的两端，长度约 4～6mm，其指向即为投射方向；剖切符号的编号宜采用阿拉伯数字，一般按从左到右、从上到下的顺序编排，数字应水平书写在剖切符号的端部，如图 5-16 所示；剖切位置线需要转折时，在转折处也要加上相同的编号，如图 5-20 所示；剖面图的名称要用与该图相对应的剖切符号的编号并注写在剖面图的下方。

三、画剖面图的注意事项

1.由于剖面图是假想被剖开的，所以在画剖面图时，才假想形体被切去一部分，在画其他视图时，应按完整的形体画出。如图 5-16 所示，在画正视图和俯视图时，并不因为画了 1-1 剖面图而只画一半。

2.作剖面图时，为了把形体的内部形状准确、清楚地表达出来，一般都使剖切平面平行于基本投影面，并尽量通过形体上的孔、洞、槽的中心线。

3.形体被假想剖开后，所形成的断面轮廓线用粗实线画出，并在剖切断面上画出建筑材料符号；非断面部分的轮廓线一般仍用粗实线画出。

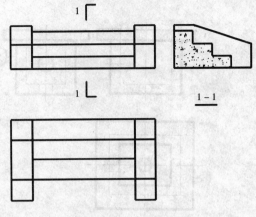

图 5-16　台阶的剖面图

4.剖面图着重表达形体的内部形状，因此，当表达形体外部轮廓的图线在剖面图上若是虚线，则可省略不画，如图 5-17。但在必须画出虚线才能清楚表达形体时，仍需画出虚线。

四、剖面图的种类

画剖面图时，可以根据形体的不同形状特点。采用如下几种处理方式：

1.全剖面图

对于不对称的建筑形体，或虽然对称但外形较简单，或在另一投影中已将其外形表达清楚时，可以假想使一剖切平面将形体全剖切开，然后画出形体的剖面图，这样的剖面图称为全剖面图。如图 5-14 所示台阶的 1-1 剖面图和图 5-21 的 1-1 剖面图。

全剖面图一般应进行标注，但当剖切平面通过形体的对称线，且又平行于某一基本投影面时，可不标注。

2.半剖面图

当形体的内、外部形状均较复杂，且在某个方向上的视图为对称图形时，可以在该方向的视图上一半画没剖切的外部形状，另一半画剖切开后的内部形状，此时得到的剖面图称为半剖面图。如图 5-17（a）所示沉井，其正视图是对称图形，可假想用一正平面作剖切平面，沿沉井的前后对称线剖开，然后在正视图上，以对称线为界，一半画沉井的外部形状，另一半画剖切开后的内部形状，如图 5-17（c）。

半剖面图的标注方法同全剖面图一样。

另外，画半剖面图时要注意：

（1）在半剖面图中，规定用形体的对称线（细点划线）作为剖面图和视图之间的分界线。

（2）半剖面图中的半个剖面通常画在图形的垂直对称线的右方或水平对称线的下方。

（3）由于在剖面图一侧的图形已将形体的内部形状表达清楚。因此，在视图一侧不应再画表达内部形状的虚线。

（4）对于同一图形来说，所有剖面图的建筑材料图例要一致。

3.局部剖面图

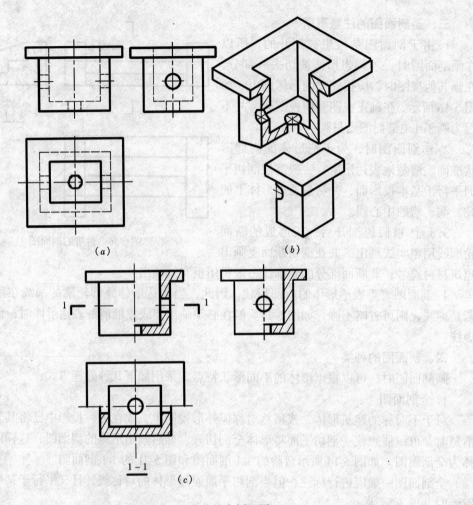

图 5-17　沉井的半剖面图

当形体某一局部的内部形状需要表达，但又没必要作全剖或不适合作半剖时，可以保留原视图的大部分，用剖切平面将形体的局部剖切开而得到的剖面图称为局部剖面图。如图 5-18 所示的杯形基础，其正立剖面图为全剖面图，在断面上详细表达了钢筋的配置，所以在画俯视图时，保留了该基础的大部分外形，仅将其一角画成剖面图，反映内部的配筋情况。

图 5-19 表示应用分层局部剖面图，反映地面各层所用的材料和构造的做法，多用来表达房屋的楼面、地面、墙面和屋面等处的构造。分层局部剖面图应按层次以波浪线将各层分开，波浪线也不应与任何图线重合。

局部剖面图一般不需标注，但局部剖面图与视图之间要用波浪线隔开。需要注意的是，波浪线不能与视图中的轮廓线重合，也不能超出图形的轮廓线。

4. 阶梯剖面图

当形体上有较多的孔、槽等内部结构，且用一个剖切平面不能都剖到时，则可假想用几个互相平行的剖切平面，分别通过孔、槽等的轴线将形体剖开，所得的剖面图称为阶梯剖面图，如图 5-20 所示。

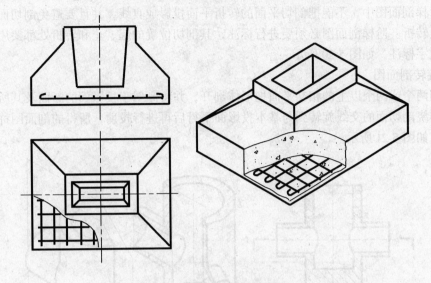

图 5-18　杯形基础的局部剖面图

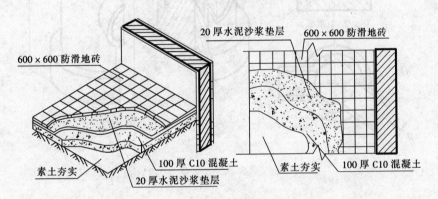

图 5-19　分层局部剖面图

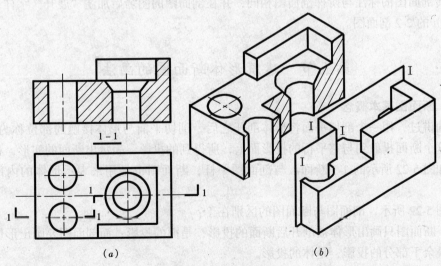

（a）　　　　　　　　　　（b）

图 5-20　阶梯剖面图

在阶梯剖面图中，不能把剖切平面的转折平面投影成直线，并且要避免剖切面在图形轮廓线上转折。阶梯剖面图必须要进行标注，其剖切位置的起、止和转折处都要用相同的阿拉伯数字标注，如图 5-20 所示。

5．旋转剖面图

采用两个或两个以上的相交平面把形体剖开，并将倾斜于投影面的断面及其所关联部分的形体绕剖切面的交线旋转到与基本投影面平行后再进行投射，所得的剖面图称为旋转剖面图，如图 5-21 所示。

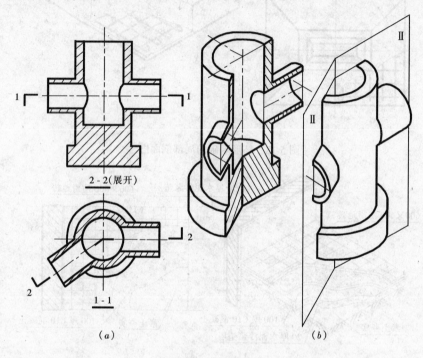

图 5-21　旋转剖面图

旋转剖面图的标注与阶梯剖面图相同，并在剖面图的图名后加注"展开"字样，如图 5-21（a）的 2-2 剖面图。

第五节　建筑形体断面图的画法

一、断面图基本概念

前面讲过，用一个剖切平面将形体剖开之后，剖切平面与形体接触的部位称为断面，如果把这个断面投射到与它平行的投影面上，所得到的投影，表示出断面的实形，称为断面图，如图 5-22 所示的 1-1 断面。与剖面图一样，断面图也是用来表示形体的内部形状的。

如图 5-22 所示，剖面图与断面图的区别在于：

（1）断面图只画出形体被剖开后断面的投影，是面的投影；而剖面图要画出形体被剖开后整个余下部分的投影，是体的投影。

（2）剖切符号的标注不同。断面图的剖切符号只画出剖切位置线，不画投射方向线，而是用编号的注写位置来表示剖切后的投射方向。编号写在剖切位置线下侧，表示向下投射；注写在左侧，表示向左投射。

（3）剖面图中的剖切平面可转折，断面图中的剖切平面则不转折。

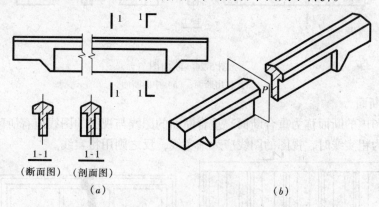

图 5-22 剖面图与断面图的区别

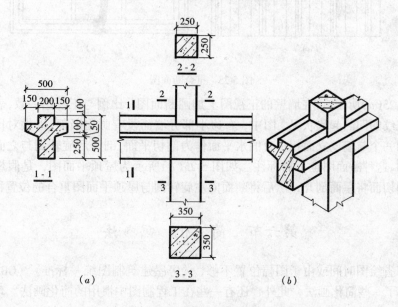

图 5-23 梁、柱节点断面图

二、断面图的种类与画法

1.移出断面

画在视图外的断面，称为移出断面。移出断面的轮廓线用粗实线绘制，如图 5-22（a）所示的 1-1 断面和图 5-24（a）所示的"T"形梁的 1-1 断面。

一个形体有多个断面图时，可以整齐地排列在视图的四周。如图 5-23（b）所示为梁、柱节点构件图，花篮梁的断面形状如 1-1 断面所示，上方柱和下方柱分别用 2-2、3-3 断面图表示。这种处理方式，适用于断面变化较多的形体，并且往往用较大的比例画出。

形体较长且断面没有变化时，可以将断面图画在视图中间断开处。如图 5-24（b）所示，在"T"梁的断开处，画出梁的断面，以表示梁的断面形状，这样的断面图不需标注。

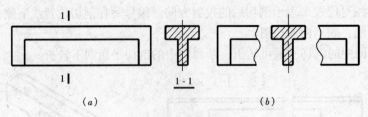

图 5-24 断面图

(a) 移出断面；(b) 中间断面

2. 重合断面

画在视图内的断面称为重合断面。重合断面的图线与视图的图线应有所区别，当重合断面的图线为粗实线时，视图的图线应为细实线，反之则用粗实线。

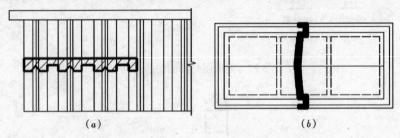

图 5-25 重合断面图

如图 5-25(a)所示，可在墙壁的正视图上加画断面图，比例与正视图一致，表示墙壁立面上装饰花纹的凹凸起伏状况。图中，右边小部分墙面没有画出断面，以供对比。这种断面是假想用一个与墙壁立面相垂直的水平面作为剖切平面，剖开后旋转到与立面重合的位置得出来的，这种断面图也不需标注。如图 5-25(b)所示为屋顶平面图，是假想用一个垂直屋脊的剖切面将屋面剖开，然后将断面向左旋转到与屋顶平面图重合的位置得出来的。

第六节　简　化　画　法

为了节省绘图时间或由于图幅位置不够，《房屋建筑制图统一标准》（GB/T 50001—2001）规定了一些简化画法，此外，还有一些在工程制图中惯用的简化画法。现简要介绍如下：

一、对称图形的画法

构配件的对称图形，可以对称中心线为界，只画出该图形的一半，并画上对称符号。对称符号用两平行细实线绘制，平行线的长度宜为 6~10mm，两平行线的间距宜为 2~3mm，平行线在对称线两侧的长度应相等，两端的对称符号到图形的距离也应相等，如图 5-26 (a) 所示。如果图形不仅左右对称，而且上下也对称，还可进一步简化只画出该图形的 1/4，但此时要增加一条竖向对称线和相应的对称符号，如图 5-26 (b) 所示。对称图形也可稍超出对称线，此时不宜画对称符号，而在超出对称线部分画上折断线，如图 5-26 (c) 所示。

对称的形体，需画剖面（断面）图时，也可以对称中心线为界，一半画外形图，一半画剖面（断面）图。

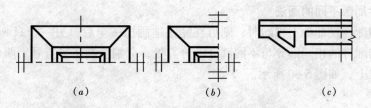

図 5-26 対称图形的画法

二、相同构造要素的画法

建筑物或构配件的图样中，如果图上有多个完全相同且连续排列的构造要素，可以仅在两端或适当位置画出其完整形状，其余部分以中心线或中心线交点确定它们的位置即可，如图 5-27（a）、（b）、（c）所示。

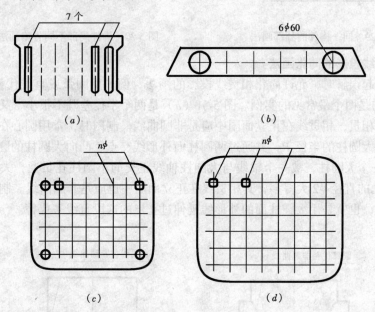

图 5-27 相同要素的省略画法

如连续排列的构造要素少于中心线交点，则其余部分应在相同构造要素位置的中心线交点处用小圆点表示，如图 5-27（d）所示。

三、较长构件的画法

较长的构件，如沿长度方向的形状相同，或按一定规律变化，可折断省略绘制。断开处应以折断线表示，如图 5-28 所示。应注意：当在用折断省略画法所画出的图样上标注尺寸时，其长度尺寸数值应标注构件的全长。

四、构件的分部画法

绘制同一个构件，如幅面位置不够，可分成几个部分绘制，并以连接符号表示相连。连接符号用折断线表示需连接的部位，并以折断线两端靠图样一侧用大写拉丁字母表示连接编号。两个被连接的图样，必须用相同的字母编号，如图 5-29 所示。

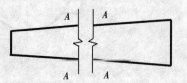

图 5-28 较长构件的画法

五、构件局部不同的画法

当两个构配件仅部分不相同时，则可在完整地画出一个后，另一个只画不相同部分，但应在两个构配件的相同部分与不同部分的分界处，分别绘制连接符号。两个连接符号应对准在同一线上，如图5-30所示。

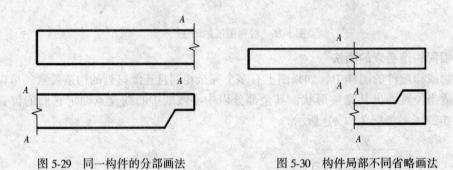

图5-29 同一构件的分部画法   图5-30 构件局部不同省略画法

六、相贯线投影的简化画法

在不致引起误解时，允许简化相贯线投影的画法，例如用圆弧或直线代替非圆曲线。图5-31所示的是两个最常见的实例。图5-31（a）是两个半径差既不很小、又不很大的轴线正交的圆柱相贯，相贯线在正立面图中应是非圆曲线。制图时，常用圆心在小圆柱的轴线上、半径为大圆柱的半径 R，并通过两圆柱面外形线交点、凸向大圆柱的圆弧代替。图5-31（b）是一个大圆柱，被一个轴线与大圆柱轴线正交的小圆柱孔贯通，大圆柱的直径 $\phi1$ 比小圆柱孔的直径 $\phi2$ 大得多，其相贯线在正立面图中也应是非圆曲线。制图时，则常用直线来代替，也就是用大圆柱面的外形线延伸过孔口的这段直线来代替。

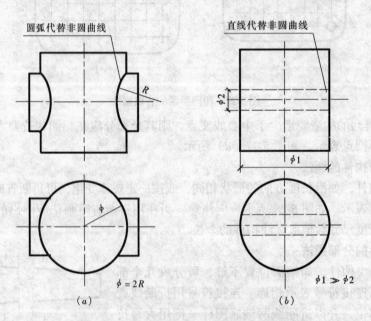

图5-31 相贯线投影的简化画法示例
（a）非圆曲线简化为圆弧；（b）非圆曲线简化为直线

第七节 建筑形体的读图方法

画图是把建筑形体用一组视图在一个平面上表示出来；读图则是根据形体在平面上的一组视图，通过分析，想像出形体的空间形状。读图和画图是互逆的两个过程，两者在方法上是相通的，因此，读图时，主要用形体分析法，当图形较复杂时，也常用线面分析法帮助读图。

一、形体分析法

由于组合体的视图是用多面正投影图来表达的，而在多面正投影图中的每一个视图，只能表达形体的长、宽、高三个方向中的两个方向，所以在读图时，要根据视图间的对应关系，把各个视图联系起来看，通过分析，想像出形体的空间形状。而不能孤立地看一两个视图来确定形体的空间形状。图 5-32 (a)、(b)，虽然正视图和俯视图都相同，但由于左侧视图不同，因此这两个形体的形状也不相同。图 5-32 (b)、(c) 虽然它们的俯视图相同，但由于正视图和左侧视图不同，因此，这两个形体的形状不相同。

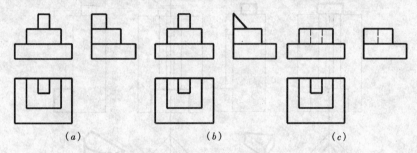

图 5-32 某些视图相同的形体

除了应将各个视图互相联系起来对照阅读以外，还要从反映形体形状特征比较明显的视图入手，根据投影关系，把形体分解成几部分，分别对每一部分的视图进行分析，从而想像出它们的形状，再根据它们之间的相互位置，想像出整个形体的空间形状。

下面以图 5-33 所示的某银行大楼视图为例，说明用形体分析法读图的方法和步骤。

1．划分形体，找出各部分对应的投影。

一般从反映形体形状特征比较明显的视图进行划分，将形体分成几部分。在图 5-33 (a) 中，从反映该大楼特征比较明显的侧视图进行划分，结合其余几个视图，将形体分成四个部分。

2．确定各部分的形状。

根据投影图，将各基本形体的形状逐一分析清楚。如图 5-33 (b) 所示，该大楼主体为一大三棱柱；同时上面叠加了一小三棱柱，如图 5-33 (c) 所示；裙楼为半圆柱体，如图 5-33 (d) 所示；电梯间外凸在大楼的前表面上，是一个被切去两个小四棱柱的大四棱柱，如图 5-33 (e) 所示。

3．由各部分之间的相对位置，想出形体的整体形状。

按正视图反映它们的左右、上下相对位置，俯视图反映它们的前后、左右相对位置，侧视图反映它们前后、上下相对位置，读懂各部分之间的相对位置，然后按照它们的组合

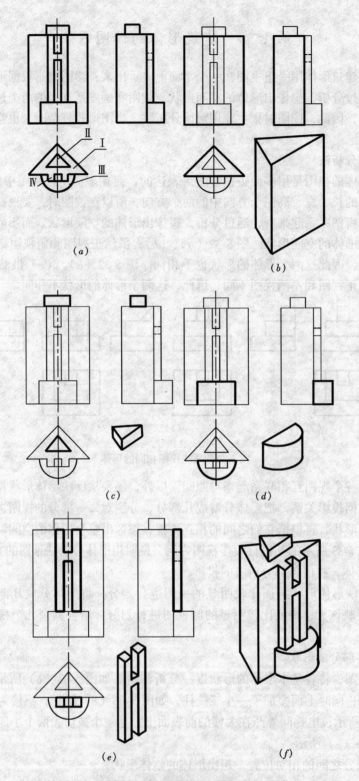

图 5-33　形体分析法读图示例

(a)

(b)

(c)

(d)

(e)

(f)

形式，组合成一个整体，如图 5-33（f）所示。

二、线面分析法

组成组合体的各个基本形体在各视图中比较明显时，用形体分析法读图是便捷的，但当组合体或其某一局部构成比较复杂且又无法分解时，可以采用线面分析法。

所谓线面分析法，就是根据视图上的线框，根据投影关系找出其他视图上对应的线或线框，从而分析出形体上各个面的空间形状和位置，想像出被围成的整个形体的空间形状。

用线面分析法读图，首先要知道线和线框在投影图中的含义。

1. 视图中的线可能表示形体上具有积聚性的一个面，也可能表示两个面的交线，还可能表示曲面的投影轮廓线，如图 5-34 所示。圆柱体的圆柱面和正六棱柱的侧棱面在俯视图中分别是曲线和直线；正六棱柱的侧棱面的交线在正视图中是竖直的直线；圆柱面的 V 面投影轮廓线也是直线。

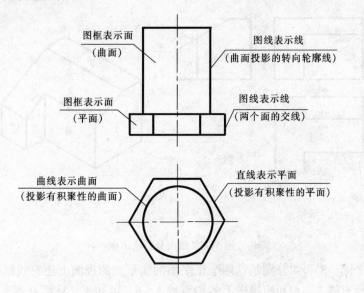

图 5-34　线和线框的含义

2. 视图中的线框可能表示一个平面，也可能表示一个曲面，还可能表示一个孔。如图 5-34 所示，正六棱柱的侧棱面和圆柱体的圆柱面在正视图中是线框，若视图中的线框是平面的一个投影，则这个平面在其他视图中或者是类似图形，或者是一条直线。如图 5-34所示，正视图中的三个矩形线框是平面的投影，在俯视图中没有对应的类似图形。因此它们在俯视图中是直线，即六边形的各边。

下面以图 5-35（a）所示的挡土墙视图为例，说明用线面分析法读图的方法和步骤。

（1）根据视图上的线框，找出它们的对应投影，分析形体上各个面的形状和空间位置。

如图 5-35（b）所示，俯视图上有 1、2 两个线框，按视图之间的三等关系，找出 1 所对应的正视图上的水平直线 1′和侧视图上的水平直线 1″。可知 I 面是一个水平面，1 是该水平面的实形；线框 2 在正视图上对应线框 2′，在侧视图上对应斜线 2″，可知 II 面是一个侧垂面，2′和 2″是它的类似图形。如图 5-35（c）所示，正视图上除线框 2′外，还有 3′、4′两个线框，找出它们在俯视图上的水平直线 3、4 和侧视图上的竖直线 3″、4″，可知 III 和

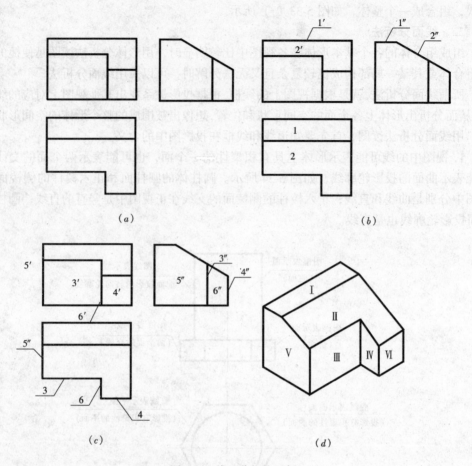

图 5-35　线面分析法示例

Ⅳ面都是正平面，3′和 4′分别是这两个正平面的实形。侧视图上还有线框 5″、6″，对应着正视图上的竖直线 5′、6′和俯视图上的铅直线 5、6，可知 Ⅴ、Ⅵ 都是侧平面，5″、6″分别是这两个侧平面的实形。

（2）分析形体各面的相互位置，想出整体的形状。

对照形体的三个视图可以看出，水平面 Ⅰ 在形体的最上面，侧垂面 Ⅱ 在 Ⅰ 的前方，两个正平面 Ⅲ 和 Ⅳ 一前一后在 Ⅱ 的前面的下方，Ⅲ 和 Ⅳ 之间有侧平面 Ⅵ 连接，侧平面 Ⅴ 在形体的左侧，再加上底面的水平面，后面的正平面和右侧的侧平面，就形成了这个组合体的整体形状，如图 5-35（d）所示。

三、根据两视图补画第三视图

根据形体已知的两个视图以及投影关系，运用形体分析法或线面分析法，想像出形体的空间形状，然后补画出第三视图，最后处理虚、实线和各线段的起止，并与想出的形体的空间形状进行对照，检查所画的视图有无错误。

下面以图 5-36 所示的组合体两视图为例，说明读图练习的步骤。

1．根据已知两面投影，想出形体的空间形状。

如图 5-36（a）所示，由正立面图和侧立面图采用形体分析法读图，可以确定该形体是由上、下两部分叠加而成。下部底板是一个长方体，上部是在一个四棱台的右上方切割掉一个水平四棱柱而成的切割体，图5-36（b）是该形体的轴测图。

2．由投影图之间的三等关系，补画各部分的第三面投影。

首先补画底板的水平投影，再画上部四棱台，最后画出四棱台的右上方切割掉的部分的截交线，如图5-36（c）、（d）、（e）所示。

3．处理虚、实线的起止，检查并加深。

如图5-36（e）所示，平面图上四棱台顶面的两条水平直线，切割后，有一部分被切掉了，应擦去。

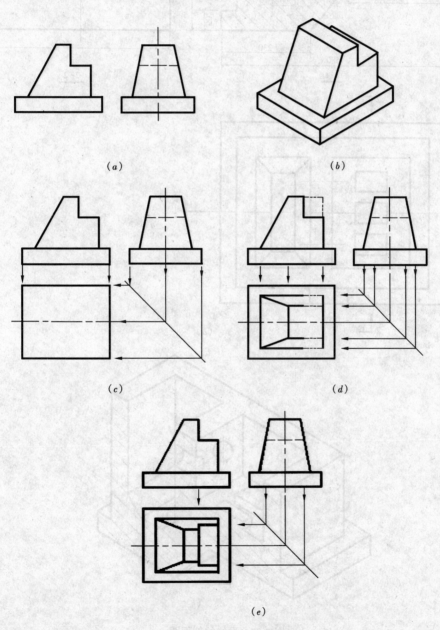

（a）　　　　　　　　　　　（b）

（c）　　　　　　　　　　　（d）

（e）

图5-36　"二补三"读图示例

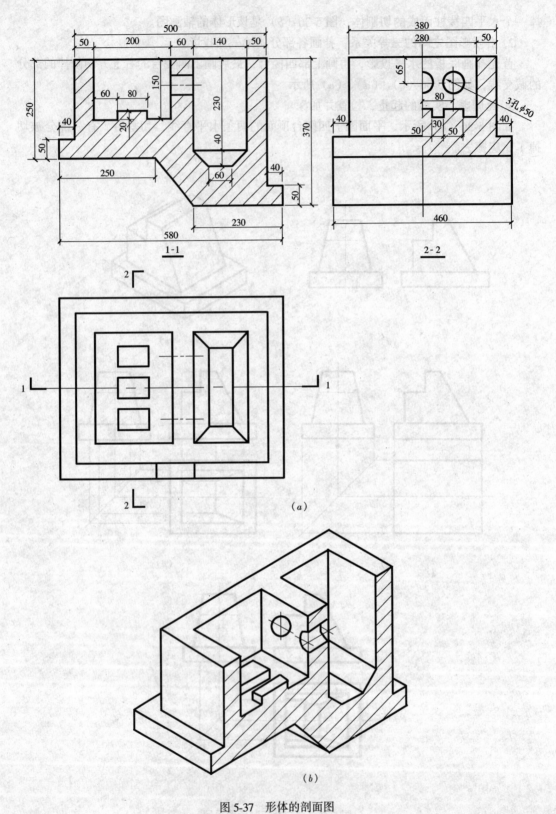

图 5-37 形体的剖面图

四、看图示例

【例 5-1】 图 5-37 所示为一建筑形体，为了清楚表达形体的内部形状，从平面图上的剖切位置线可知，它采用了两个剖切平面。因该形体前后是对称的，故把侧立面图改用半剖面图表示，即 2-2 剖面。因该形体的左右不对称，故把正立面图改用全剖面图表示，即 1-1 剖面。此外因为形体中部的三个圆孔的形状已由两个剖面图表示清楚，故平面图中只要画出圆孔的三条轴线即可；又因为底板的底面上的两条转折线，已由两个剖面图所确定，所以在平面图上不再画出虚线。

图 5-37（*b*）所示为该建筑形体的轴测剖面图。

第六章 轴 测 图

第一节 轴测投影的基本知识

正投影图的优点是能够完整地、准确地表达建筑形体的形状和大小，且作图方便，又便于标注尺寸，但这种图样直观性差，不具有一定读图能力的人，难以看懂，为了帮助看图，工程上还常采用的一种图样就是轴测图。轴测图是一种能同时反映形体的长、宽、高三个方向且用平行投影原理绘制的一种单面投影图，如图 6-1 所示。这种投影图的优点是直观性强、容易看懂、富有立体感，缺点是不能反映三个方向的实形，作图较繁、度量性差，因此在建筑工程中常作为辅助图样，用于需要表达建筑形体直观形象的场合。

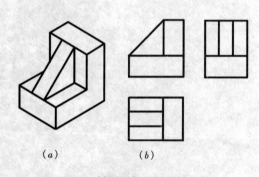

图 6-1　轴测图与三视图的比较

（a）轴测图；（b）三视图

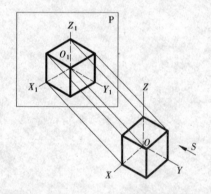

图 6-2　轴测投影的形成

一、轴测投影的形成

将空间形体及确定其位置的直角坐标系按不平行于任一坐标面的方向 S 一起平行的投影到一个平面 P 上，使平面 P 上的图形同时反映出空间形体的长、宽、高三个尺度，这种方法所得到的图形就称为轴测投影，或称为轴测图，如图 6-2 所示。图中 S 为轴测投影的投射方向，P 为轴测投影面，O_1X_1、O_1Y_1、O_1Z_1 为三个坐标轴 OX、OY、OZ 在轴测投影面上的投影，称为投影轴，简称轴测轴。

随着投射方向、空间形体、投影面的变化，能得到各种不同类型的轴测投影，在轴测投影中，投影面 P 称为轴测投影面，投射方向 S 称为轴测投射方向。根据投射方向是否垂直于投影面可以分为两大类：

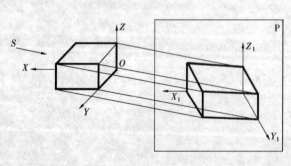

图 6-3　斜轴测投影图

（1）当投射方向 S 垂直于轴测投影面 P 时，所得图形称为正轴测图，如图 6-2 所示。

（2）当投射方向 S 倾斜于轴测投影面 P 时，所得图形称为斜轴测图，如图 6-3 所示。

二、轴测轴、轴间角、轴向伸缩系数

1. 轴测轴

空间直角坐标轴 OX、OY、OZ 在轴测投影面上的投影 O_1X_1、O_1Y_1、O_1Z_1，称为轴测投影轴，简称轴测轴，如图 6-2 所示。

2. 轴间角

轴测轴之间的夹角，称为轴间角，如 $\angle X_1O_1Y_1$、$\angle Y_1O_1Z_1$、$\angle Z_1O_1X_1$，如图 6-2 所示。

3. 轴向伸缩系数

物体上平行于直角坐标轴的直线段投影到轴测投影面 P 上的长度与其相应的原长之比，称为轴向伸缩系数。

用 p、q、r 分别表示 OX、OY、OZ 轴的轴向伸缩系数。

轴间角和轴向伸缩系数是绘制轴测投影时必须具备的两个要素，对于不同类型的轴测投影，有着不同的轴间角和轴向伸缩系数。

三、轴测图的种类

根据投影方向和轴测投影面的相对关系，轴测投影图可分为正轴测投影图和斜轴测投影图两大类，对于正轴测图或斜轴测图，按其轴向伸缩系数的不同又可分为三种：

（1）如 $p = q = r$，称为正（或斜）等轴测图，简称正（或斜）等测；

（2）如 $p = r \neq q$，称为正（或斜）二等轴测图，简称正（或斜）二测；

（3）如 $p \neq q \neq r$，称为正（或斜）三测轴测图，简称正（或斜）三测。

在实际作图时，正等测用的较多，对于正二测及斜二测，一般采用的轴向伸缩系数为 $p = r = 2q$。其余各种轴测投影，可根据作图时的具体要求选用，但一般需采用专用作图工具，否则作图非常地繁琐，本章仅介绍正等测和斜二测两种轴测图的画法。

四、轴测图的基本性质

轴测投影属于平行投影，因此，轴测图具有平行投影的性质：

1. 平行性

空间平行的直线段，轴测投影后仍相互平行。

2. 沿轴量

平行于直角坐标轴的直线段，其轴测投影必平行于相应的轴测轴，且伸缩系数与相应轴测轴的轴向伸缩系数相等。因此，画轴测图时，必须沿轴测轴或平行于轴测轴的方向才可以度量，轴测轴也因此而得名。

3. 定比性

直线段上两线段长度之比，等于其轴测投影长度之比。在绘制轴测投影时应该注意空间与坐标轴平行的线段，其长度在轴测投影中等于实际长度乘以相应轴测轴的轴向伸缩系数，但与坐标轴不平行的直线，具有不同的伸缩系数，不能在轴测投影中直接作出，只能按坐标作出其两端点后画出该直线。

第二节 正等轴测图

一、等轴测图的轴间角、轴向伸缩系数

当确定物体的三个坐标轴与轴测投影面的三个夹角均相等时所得到的投影，称为正等轴测投影，或称正等轴测图，正等轴测图的三个轴间角均相等，即 $\angle XOY = \angle YOZ = \angle XOZ = 120°$，如图 6-4（a）所示。

正等轴测图的轴向伸缩系数也相等，即 $p = q = r = 0.82$。为了作图简便，实际绘制正等轴测图时，采用 $p = q = r = 1$ 的简化轴向伸缩系数，如图 6-4（a）所示，凡平行于各坐标轴的尺寸均按原尺寸作图。这样画出的轴测图，其轴向尺寸比按理论伸缩系数作图的长度放大到 $1/0.82 \approx 1.22$ 倍，如图 6-4（c）、（d）所示。

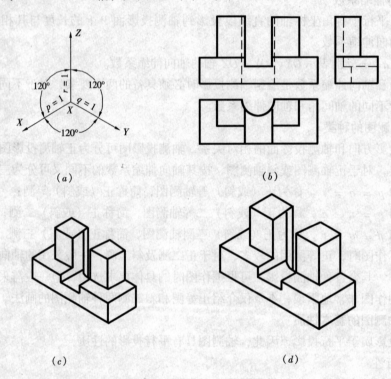

（a）   （b）

（c）   （d）

图 6-4 正等轴测图的轴间角和轴向伸缩系数
（a）轴间角和轴向伸缩系数；（b）正投影图；（c）$p = q = r = 0.82$；（d）$p = q = r = 1$

二、平面立体的正等测图画法

根据物体的形状特点，画轴测图时有以下四种方法：

1. 坐标法

按坐标画出物体各顶点轴测图的方法，它是画平面立体的基本方法，如图 6-5 所示。

首先在正投影图中确定坐标系，这样也就确定了形体上各点相对于坐标系的坐标值，然后根据各点的坐标画出轴测投影，在轴测投影中一般不画虚线。

如图 6-5 所示，坐标法画轴测图的一般步骤为：

（1）根据形体结构特点，确定坐标原点位置，一般选在形体的对称轴线上，且放在顶

面或底面处。

（2）根据轴间角，画轴测轴。

（3）按点的坐标作点、直线的轴测图，一般自上而下，根据轴测投影基本性质，依次作图，不可见棱线通常不画出。

（4）检查，擦去多余图线并加深。

【例6-1】 根据正六棱柱的正投影图，画出它的正等测图，如图6-5所示。

分析：根据六棱柱的形状特点，宜采用坐标法作图。本题的关键在于选择坐标轴和坐标原点，以避免画不必要的作图线。由六棱柱的正投影图可知，六棱柱的顶面和底面均为水平的正六边形，且前后左右对称，棱线垂直于底面，因此取顶面的对称中心 O 作为原点，OZ 轴与棱线平行，OX、OY 轴分别与顶面对称轴线重合。

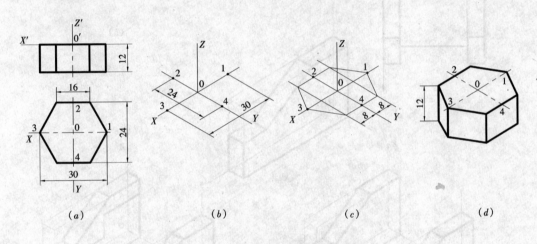

图6-5 坐标法画六棱柱的正等轴测图

（a）在投影图上定坐标轴和坐标原点；（b）画轴测轴，根据尺寸30、24定1、2、3、4四点；

（c）过2、4点作直线平行 OX 轴，并在2、4点的两边各取8和连接各顶点；

（d）过各顶点向下画侧棱，取尺寸12；画底面各边；检查加深

2．切割法

对不完整的形体，可先按完整形体画出，然后用切割的方式画出其不完整部分。它适用于画切割类物体，如图6-6所示。

【例6-2】 根据台阶的正投影图，画出它的正等轴测图。

3．叠加法

画形体的轴测投影可以将其分为几部分，然后利用叠加的原理分别画出各个部分的轴测投影，如图6-7所示。

【例6-3】 根据两面投影图，画出它的正等轴测图。

4．形体组合法

对一些较复杂的物体采用形体分析法，分成基本形体，按各基本形体的位置逐一画出其轴测图的方法，如图6-8、图6-9所示。

三、曲面立体的正等测图的画法

平行坐标面圆的画法

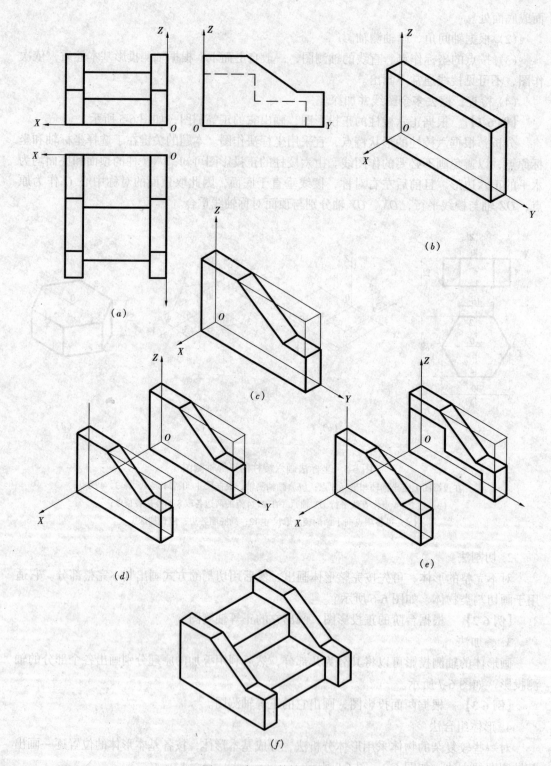

图 6-6　台阶正等轴测图的画法
（a）三面投影图；（b）画右边的栏板；（c）切割栏板；
（d）画出另一侧栏板；（e）画台阶的断面；（f）完成图形，多余线擦除

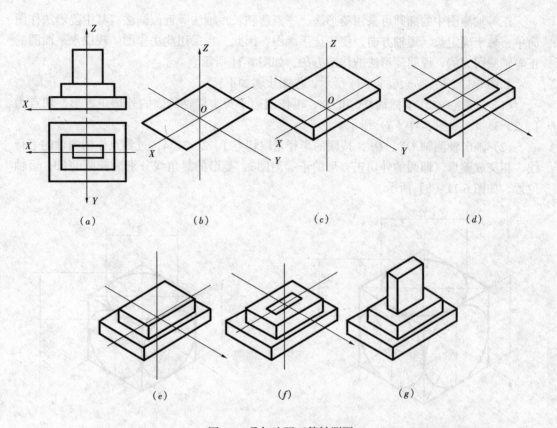

图 6-7　叠加法画正等轴测图

（*a*）投影图；（*b*）画出下面四棱柱的断面；（*c*）完成下面的四棱柱；（*d*）画中间四棱柱的断面；
（*e*）完成中间的四棱柱；（*f*）画上面四棱柱的断面；（*g*）完成图形，擦除多余的线

在正等测中，平行于各个坐标面且直径相等的圆，正等测投影后椭圆的长、短轴均分别相等，但椭圆长、短轴方向不同，因此椭圆的画法也不尽相同，如图 6-10 所示。

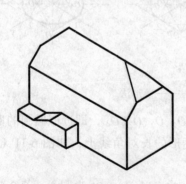

图 6-8　形体组合法（一）

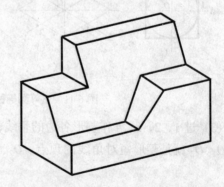

图 6-9　形体组合法（二）

从图 6-10 中可以看出：各椭圆的长轴方向垂直于不属于此坐标面的那根坐标轴的轴测投影（轴测轴），且在菱形（圆的外切正方形的轴测投影）的长对角线上；短轴方向平行于不属于此坐标面的那根坐标轴的轴测投影（轴测轴），且在菱形的短对角线上。

正等轴测图中的椭圆可采用菱形法、三点法和长短轴法等近似画法，其中菱形法作图简单，易于确定长、短轴方向，便于徒手画图，因此，常采用此法作图。现以水平面圆的正等轴测图为例，说明菱形法的作图方法，如图6-11所示。

如图6-11（a）、（b）、（c）、（d）所示，作图步骤如下：

（1）过圆心 O 作坐标轴 OX 和 OY，再作四边平行坐标轴的圆的外切正方形，切点为1、2、3、4，如图6-11（a）所示。

（2）画出轴测轴 OX、OY，按圆的半径量取切点1、2、3、4，过各点作轴测轴的平行线，相交成菱形（即圆的外切正方形的正等测图），菱形的对角线分别为椭圆的长、短轴位置，如图6-11（b）所示。

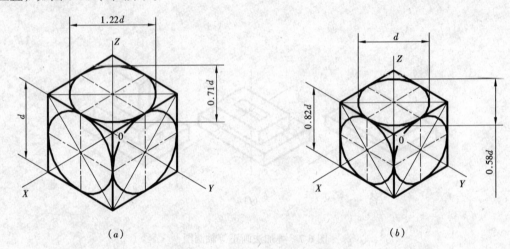

图6-10　平行于各坐标面圆的正等测图
（a）按轴向伸缩系数为1作图；（b）按轴向伸缩系数为0.82作图

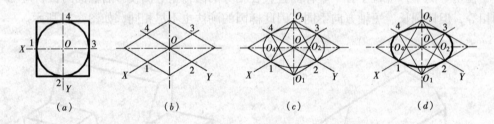

图6-11　正等测椭圆的近似画法——菱形法

（3）过1、2、3、4作菱形各边的垂线，得交点 O_1、O_2、O_3、O_4，即近似椭圆的四个圆心，O_1、O_3 就是菱形短对角线的顶点，O_2、O_4 都在菱形的长对角线上，如图6-11（c）所示。

（4）以 O_1、O_3 为圆心，$O_3$1 为半径画大圆弧 12、34；以 O_2、O_4 为圆心，$O_2$2 为半径画小圆弧 23、41。四段圆弧连成的就是近似椭圆。最后检查、加深，如图6-11（d）所示。

【例6-4】　圆柱的正等轴测图的画法，如图6-12所示。

作图步骤：

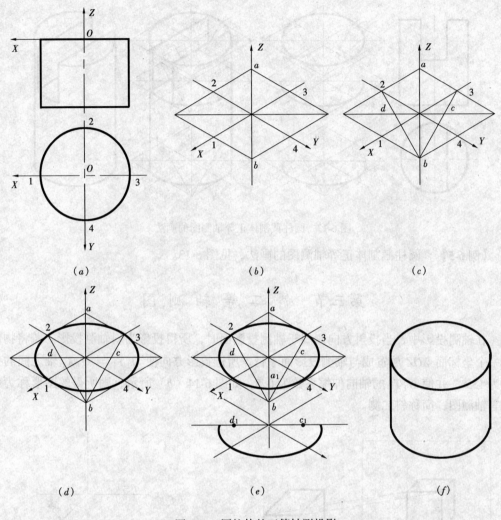

图 6-12　圆柱体的正等轴测投影

（1）确定坐标系，见图 6-12（a），合适地确定坐标系将有助于作图。

（2）画出轴测轴，在 X、Y 轴上分别确定 1、2、3、4 点的位置，然后通过 1、2、3、4 点分别作平行于 X、Y 轴的平行线，作出菱形图。菱形短对角线上的 a、b 点是近似椭圆的两个圆心，见图 6-12（b）。

（3）作出近似椭圆的另外两个圆心 c、d，分别以 a、b、c、d 为圆心画弧，得到 XOY 平面上的椭圆，见图 6-12（c）、（d）。

（4）利用移心法，将圆心 a、c、d 移至 a_1、c_1、d_1 处，画出可见部分的圆弧，见图 6-12（e）。

（5）画出上下椭圆的公切线，完成图形，见图 6-12（f）。

四、组合体正等测图的画法

如前所述，画组合体的正等测图时，根据其组合方式和结构特点，可采用切割法、形体组合法等。为了作图的方便，画组合体的轴测图时，应视其组合形式，自基本形体开始，从上至下，从前至后，按它们的相对位置一个一个画出。

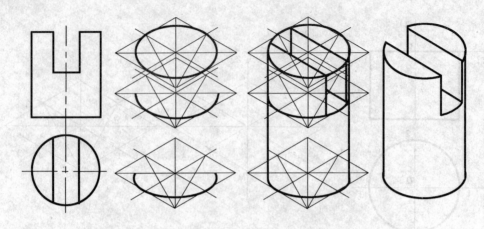

图 6-13 圆柱截割体正等轴测图的画法

【例 6-5】 圆柱截割体正等轴测图的画法，见图 6-13。

第三节 斜 二 等 轴 测 图

在轴测投影中，当投射方向倾斜于轴测投影面时，所得投影为斜轴测投影。若将物体的一个坐标面 XOZ 放置成与轴测投影面平行，所选投影方向使 O_1Y_1 与 O_1X_1 轴之间的夹角为 $135°$，并使 O_1Y_1 的轴向伸缩系数为 0.5，如图 6-14（b）所示，则所得的图形称为斜二等轴测图，简称斜二测。

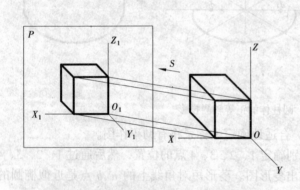

图 6-14 斜二等轴测图的形成

图 6-15 斜二测的轴间角和
轴向伸缩系数

一、斜二测的轴间角和轴向伸缩系数

斜二测的轴间角：$\angle X_1O_1Z_1 = 90°$，$\angle X_1O_1Y_1 = \angle Y_1O_1Z_1 = 135°$，如图 6-15 所示。

斜二测的轴向伸缩系数：$p = r = 1$，$q = 0.5$，如图 6-15 所示。

二、斜二测图的画法

斜二测图在作图方法上与正等测图基本相同，也可采用前述坐标法、切割法、形体组合法等作图方法，所不同的是轴间角不同以及斜二测图沿 O_1Y_1 轴只取实长的一半。在斜二测中，形体上平行于 XOZ 坐标面的面能反映实形，因此，斜二测图应尽量地把形状复杂的平面或圆（弧）等摆放与 $X_1O_1Z_1$ 面平行，使作图简便，这是斜二测图的优点。

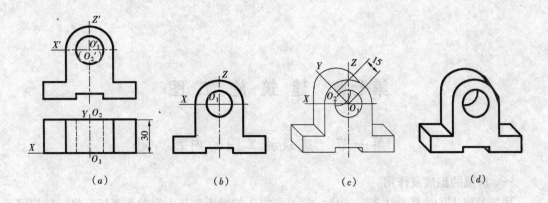

图 6-16　形体斜二测图的画法

(a) 形体的投影图；(b) 画正面的轮廓，与正面图相同；

(c) 平移法；圆心沿 Y 轴平移 15，确定 O_2，画出背面可见轮廓线；(d) 整理加深

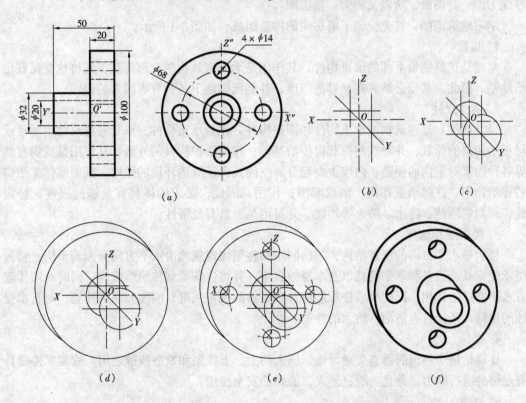

图 6-17　回转体斜二测图的画法

(a) 回转体的投影图；(b) 圆心位置；(c) 画 $\phi32$ 轮廓线；

(d) 画 $\phi100$ 的可见轮廓线；(e) 画 $\phi20$ 和 $\phi14$ 的可见轮廓线；(f) 整理加深

【例 6-6】　根据图 6-16 (a) 所示形体的视图，画出它的斜二等轴测图。

【解】　作图步骤如图 6-16 (b) ~ (d) 所示。

【例 6-7】　根据图 6-17 (a) 所示回转体的视图，画出它的斜二等轴测图。

【解】　作图步骤如图 6-17 (b) ~ (f) 所示。

第七章 建 筑 施 工 图

第一节 建筑施工图的内容

一、房屋的组成及作用

房屋是供人们生活、生产、工作、学习和娱乐的场所，与人们关系密切。将一幢拟建房屋的内外形状和大小，以及各部分的结构、构造、装修、设备等内容，按照"制图标准"的规定，用正投影方法详细、准确地画出的图样，称为"房屋建筑图"。它是用以指导施工的一套图纸，所以又称为"施工图"。

学习建筑识图，首先应该了解房屋的构造组成，如图7-1所示。

1. 基础

基础是建筑物最下部的承重构件，其作用是承受建筑物的全部荷载，并将这些荷载传给地基。因此，基础必须具有足够的强度，并能抵御地下各种有害因素的侵蚀。

2. 墙（或柱）

墙（或柱）是建筑物的承重构件和围护构件。作为承重构件，承受着建筑物由屋顶或楼板层传来的荷载，并将这些荷载再传给基础；作为围护构件的外墙，其作用是抵御自然界各种因素对室内的侵袭；内墙主要起分隔空间及保证舒适环境的作用。框架或排架结构的建筑物中，柱起承重作用，墙仅起围护作用。因此，要求墙体具有足够的强度、稳定性，保温、隔热、防水、防火等性能，并且耐久，具有经济性。

3. 楼板层和地坪

楼板是水平方向的承重结构，按房间层高将整幢建筑物沿水平方向分为若干层；楼板层承受家具、设备和水平荷载以及本身的自重，并将这些荷载传给墙或柱；同时对墙体起着水平支撑的作用。因此要求楼板层应具有足够的抗弯强度、刚度和隔声性能；对有水侵蚀的房间，还应具有防潮、防水的性能。

4. 楼梯

楼梯是楼房建筑的垂直交通设施，供人们上、下楼层和紧急疏散之用。故要求楼梯具有足够的通行能力，并且防滑、防火，能保证安全使用。

5. 屋顶

屋顶是建筑物顶部的围护构件和承重构件。抵抗风、雨、雪的侵袭和太阳辐射热的影响；又承受风雪荷载及施工、检修等屋顶荷载，并将这些荷载传给墙或柱。故屋顶应具有足够的强度、刚度及防水、保温、隔热等性能。

6. 门与窗

门与窗均属非承重构件。门主要供人们内外交通和分隔房间之用；窗主要起通风、采光、分隔、眺望等围护作用。在某些有特殊要求的房间，门、窗具有保温、隔声、防火的能力。

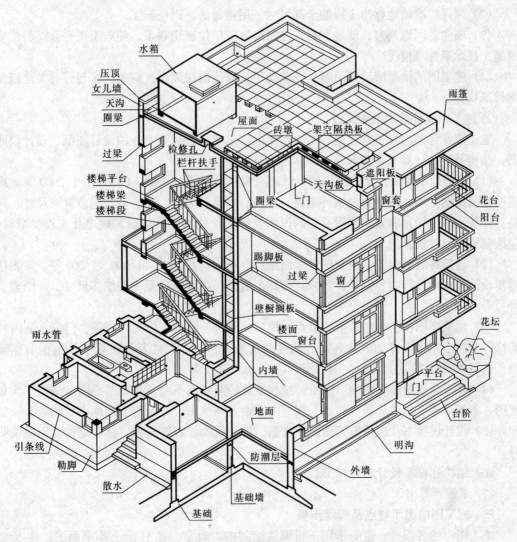

图 7-1 房屋的组成

一座建筑物除上述六大基本组成部分以外，对不同使用功能的建筑物，还有许多特有的构件和配件，如阳台、雨篷、台阶、垃圾井等。

二、房屋建造过程及施工图的产生

每一项建筑工程从拟定计划到建成使用都要经过下列几个环节：编制工程设计任务书——选择建设用地——场地勘测——设计——施工——设备安装——工程验收——交付使用和回访总结。这是一个比较复杂的物质生产过程，它需要多方面的配合。设计工作是其中的重要环节，具有较强的政策性和综合性。

1. 施工图设计的主要任务

施工图设计的主要任务是满足施工的要求，解决施工中的技术措施、用料及具体做法，故必须满足以下要求：

（1）应综合建筑、结构、设备等各种技术要求。故要求各专业工种相互交底配合核实校对，反复修改，使图纸简明统一，精确无误。

（2）应详尽准确地标出工程的全部尺寸、用料做法，以便施工。

（3）要注意因地制宜，就地取材，注意与施工单位密切联系，使施工图符合材料供应及施工技术条件等情况。

（4）施工图的绘制应清楚明晰，齐全统一，表达确切无误，应按国家现行有关建筑制图标准执行。

2. 施工图设计的图纸和文件

施工图设计的内容包括建筑、结构、水电、采暖、通风等专业的设计图纸、设计说明书，结构及设备计算书和预算书，具体内容有：

（1）建筑总平面图，又称为场地设计图：常用比例有 1:500、1:1000、1:2000 等。应表明建筑用地范围，建筑物及室外道路、管线、围墙、大门、挡土墙等的位置、尺寸、标高，建筑小品，绿化布置，并附必要的说明及详图、技术经济指标。地形及工程复杂时，应绘制竖向设计图。

（2）建筑各层平面图、剖面图及立面图：常用比例有 1:50、1:100、1:200 等。除表达初步设计或技术设计内容以外，还应详细标出墙段、门窗洞口及一些细部尺寸、详图索引符号等。

（3）建筑详图：主要包括平面节点、檐口、墙身、阳台、楼梯、雨篷、门窗、室内外装修等详图。图中应详细表达各部分构件的关系、材料、尺寸及做法说明。根据节点需要，选用比例 1:20、1:5、1:2、1:1 等。

（4）各专业相应配套的施工图纸：结构专业的有基础平面及基础断面图、结构平面布置图、钢筋混凝土构件详图等；水、暖、电平面及系统图、建筑防雷接地平面图等。

（5）设计说明书：包括施工图设计依据、设计规模、建筑面积、标高定位、用料说明等。

（6）结构和设备设计的计算书。

（7）工程预算书。

三、施工图的图示特点及阅读步骤

施工图中的各图样，主要是用正投影法绘制的。通常，在 H 面上作平面图，在 V 面上作正、背立面图和在 W 面上作剖面图或侧立面图。在图幅大小允许下，可将平、立、剖面三个图样，按投影关系画在同一张图纸上，以便于阅读，如果图幅过小，平、立、剖面图可分别单独画在几张图纸上。

平面图、立面图和剖面图（简称"平、立、剖"）是建筑施工图中最重要的图样。

房屋形体较大，所以施工图一般都用较小比例绘制。由于房屋内各部分构造较复杂，在小比例的平、立、剖面图中无法表达清楚，所以还需要配以大量较大比例的详图。

由于房屋的构、配件和材料种类较多，为作图简便起见，"制图标准"规定了一系列的图形符号来代表建筑构配件、卫生设备、建筑材料等，这种图形符号称为图例。为读图方便，"规范"还规定了许多标注符号。所以施工图上会大量出现各种图例和符号。

施工图的绘制是前述各章投影理论、图示方法及有关专业知识的综合应用。因此，要读懂施工图纸的内容，必须做好下面一些准备工作：

1. 应掌握作投影图的原理和形体的各种表示方法。

2. 要熟识施工图中常用的图例、符号、线型、尺寸和比例的意义。

3. 由于施工图中涉及一些专业上的问题，故应在学习过程中注意观察和了解房屋的组成和构造上的一些基本情况。对更详细的专业知识应留待专业课程中学习。

一套房屋施工图纸，简单的有几张，复杂的有十几张、几十张甚至几百张。当我们拿到这些图纸时，应从哪里看起呢？

首先根据图纸目录，检查和了解这套图纸有多少类别，每类有几张。如有缺损或需用标准图和重复利用旧图时，应及时配齐。检查无缺后，按目录顺序（一般是按"建施"、"结施"、"设施"的顺序排列）通读一遍，对工程对象的建设地点、周围环境、建筑物的大小及形状、结构形式和建筑关键部位等情况先有一个概括的了解。然后，负责不同专业（或工种）的技术人员，根据不同要求，重点深入地读不同类别的图纸。阅读时，应按先整体后局部、先文字说明后图样、先图形后尺寸等原则依次仔细阅读。同时应特别注意各类图纸之间的联系，以避免发生矛盾而造成质量事故和经济损失。

本章将列出一般的民用房屋和工业厂房建筑施工图中较主要的图纸，以作参考。所附各图因篇幅关系都缩小了，但图中仍注上原来的比例。

第二节　建　筑　总　平　面　图

一、总平面图的产生

为了反映新设计的建筑物的位置、朝向及其与周围环境（如原有建筑、道路、绿化、地形等）的相互关系，在画有等高线或加上坐标方格网的地形图上，以图例形式用水平投影的方法画出新建筑物、原有建筑物、拆除建筑物、建筑物周围的道路、绿化区域以及该建造地区的方位和风向频率玫瑰等的平面图，就叫做总平面图，如图 7-2 所示。

二、总平面图的作用

总平面图是新建的建筑物施工定位、放线和布置施工现场的依据。也是了解建筑物所在区域的大小和边界，其他专业（如水、电、暖、煤气）的管线总平面图规划布置的依据。

三、总平面图的内容

1. 比例

物体在图纸上的大小与实际大小相比的关系叫做比例，建筑总平面图所表示的范围比较大，一般都采用较小的比例，总平面图常用的比例有 1:500、1:1000、1:2000、1:5000。

2. 标高和尺寸

在总平面图、平面图、立面图和剖面图上，经常用标高符号表示某一部位的高度。各图上所用标高符号应按图 7-3（a）所示形式以细实线绘制。图 7-3（b）所示为具体的画法。标高数值以米为单位，一般注至小数点后三位数（总平面图中为二位数）。在"建施"图中的标高数字表示其完成面的数值。如标高数字前有"－"号的，表示该处完成面低于零点标高。如数字前没有符号的，则表示高于零点标高。如同一位置表示几个不同标高时，数字可按图 7-3（d）的形式注写。

标高分为绝对标高和相对标高两种：

（1）绝对标高　是指以我国青岛市黄海海平面作为零点而测定的高度尺寸。全国各地的标高均以此为基准。

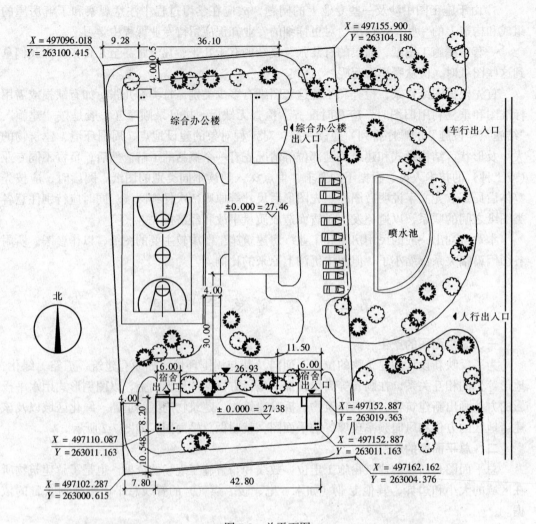

图 7-2　总平面图

（2）相对标高　是把房屋底层室内的主要地面定为相对标高的零点。

新建建筑物应标注室内外地面的绝对标高。

尺寸包括新建建筑物的总长和总宽，新建建筑物与原有的建筑物之间的距离以及原有道路和新建道路的宽度等。

总平面图中的标高和尺寸均以"m"为单位，一般注写到小数点以后的第二位。室外整平标高采用全部涂黑的等腰三角形表示，高度为 3mm，如图 7-3（b）所示。

3．定位

新建建筑物可以根据原有的建筑物或道路来定位，也可以根据坐标（测量坐标或施工坐标）来定位。图 7-2 的新建宿舍楼采用坐标定位，分别给出了三个角的坐标。

4．图例和线型

在总平面图中，由于比例很小，总平面图上的内容一般都用图例表示，在读总平面图之前应先熟悉有关的图例，见表 7-1；也可以自己编制图例，但必须加以说明。

5．风玫瑰图

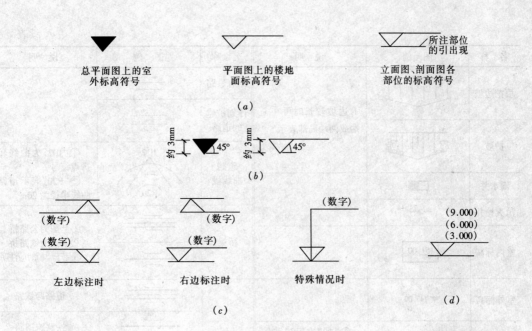

图 7-3　标高符号

(a) 标高符号形式；(b) 具体画法；(c) 立面与剖面图上标高符号的注法；(d) 多层标注时

总平面图常用的图例　　　　　　　　　　　　　　表 7-1

名　称	图　例	说　明	名　称	图　例	说　明
新建的建筑物		①上图为不画出入口图例，下图为画出入口图例②需要时，可在图形内右上角以点数或数字（高层宜用数字）表示层数③用粗实线表示	围墙及大门		①上图为砖石、混凝土或金属材料的围墙②下图为镀锌铁丝网、篱笆等围墙③如仅表示围墙时不画大门
原有的建筑物		①应注明利用者②用细实线表示	露天桥式起重机		
计划扩建的预留地或建筑物		用中虚线表示	架空索道		"I"为支架位置
拆除的建筑物		用细实线表示	坐标	X105.00Y425.00　　A131.51B287.25	①上图表示测量坐标②下图表示施工坐标
新建的地下建筑物或构筑物		用粗虚线表示	方格网交叉点标高	-0.50 77.85　　78 35	①"78.35"为原地面标高②"77.85"为设计标高③"-0.50"为施工高度④"-"表示挖方，"+"表示填方
围墙及大门		①上图为砖石、混凝土或金属材料的围墙②下图为镀锌铁丝网、篱笆等围墙③如仅表示围墙时不画大门			

173

名　称	图　例	说　明	名　称	图　例	说　明
填挖边坡		边坡较长时可在一端或两端局部表示	原有道路		
护坡			计划扩建的道路		
雨水井			道路曲线段	JD2　R20	①"JD2"为曲线转折点编号 ②"R20"表示道路曲线半径为20m
消火栓井			桥梁		①上图为公路桥 ②下图为铁路桥 ③用于旱桥时应注明
室内标高	151.00				
室外标高	▼143.00		跨线桥		道路跨铁路
新建道路	5　101.00　R9　▽150.00	①"R9"表示道路转弯半径为9m;"150.00"为路面中心标高;"5"表示5%,为纵向坡度;"101.00"表示变坡点距离 ②图中斜线为道路端面示意,根据实际需要绘制			铁路跨道路
					道路跨道路
					铁路跨铁路
			管线	——代号——	管线代号按现行国家有关标准的规定标注

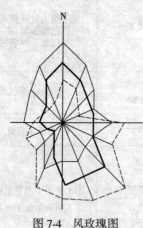

图7-4　风玫瑰图

总平面图一般绘制的方向是上北下南,也可以根据地形的现状向左或向右偏转,这时应画出指北针。风向频率玫瑰图简称风玫瑰图,它是根据该地区多年平均统计的各个方位上刮风次数的百分率,一般画出十六个方向从端点到中心的距离按一定的比例绘制而成,其中粗实线表示全年风向频率,细实线表示冬季风向频率,虚线表示夏季风向频率。由各方位端点指向中心的方向为刮风的方向,如图7-4所示。

6. 绿化与建筑小品

随着人们生活水平的提高,居住生活环境越来越受到重视,绿化和建筑小品在总平面图中也是重要的内容之一。可以自行对一些树木、花草、水池编制图例。

第三节　建筑平面图

建筑平面图简称平面图,是建筑施工图中重要的基本图,在施工过程中,可作为放线、砌筑墙体、安装门窗、室内装修、施工备料及编制预算的依据。

一、建筑平面图的形成及作用

1. 形成

假想用一水平的剖切面沿门窗洞的位置将房屋剖切后，将留下的部分按俯视方向在水平投影面上作正投影所得到的图样。它主要用来表示房屋的平面布置情况，即为建筑平面图，简称为平面图。它反映出房屋的平面形状、大小和房间的布置，墙或柱的位置、大小、厚度和材料，门窗的类型和位置等情况。这是施工图中最基本的图样之一，如图7-5所示。

2. 作用

建筑平面图在施工过程中是放线、砌墙、安装门窗及编制概预算的依据。施工备料、施工组织都要用到平面图。

建筑平面图应包括被剖切到的断面，可见的建筑构造及必要的尺寸、标高等内容。

二、建筑平面图的内容及有关规定

1. 平面图的图名、比例

沿底层门窗洞口剖切后得到的平面图称为底层平面图，又称为首层平面图或一层平面图，见图7-5。沿二层门窗洞口剖切开得到的平面图称为二层平面图，见图7-6。在多层和高层建筑中，往往中间几层剖开后的图形是一样的，就只需要画一个平面图作为代表层，将这一个作为代表层的平面图称为标准层平面图。沿最上一层的门窗洞口剖切开得到的平面图称为顶层平面图。将房屋直接从上向下进行投射得到的平面图称为屋顶平面图，见图7-7。

综上所述，在多层和高层建筑中一般有底层平面图、标准层平面图、顶层平面图和屋顶平面图四个。此外，有的建筑还有地下层（±0.000以下）平面图。

2. 建筑物的朝向及内部布置

建筑物的内部布置和朝向应包括各种房间的分布及相互关系，入口、走道、楼梯的位置等，一般平面图均注明房间的名称和编号，建筑物主要入口在哪面墙上，就称建筑物朝哪个方向，建筑物的朝向在底层平面图上应画出指北针，方向一致，指北针宜用细实线绘制，圆的直径宜为24mm，指北针尾宽宜为3mm，在指针尖端处，国内工程注"北"，涉外工程注"N"字，由指北针就可以看出这幢房屋和各个房间的朝向，如图7-5所示。

3. 定位轴线及编号

在建筑物主要承重构件处，如墙或柱等位置均有它们的定位轴线，并编有序号。

定位轴线是用来确定房屋主要结构与构件位置的线。在平面图中，纵向和横向轴线构成轴线网（见图7-8），定位轴线用细点划线表示。纵向轴线自下而上用大写拉丁字母A、B、C编号，其中I、O、Z不用；横向轴线由左至右用阿拉伯数字1、2、3……顺序编号。编号写在圆内，圆用细实线绘制，圆直径为8mm。

对于次要构件的位置，可采用附加定位轴线表示。附加定位轴线号用分数标注，编号规则是：两根轴线之间的附加轴线，分母表示前一轴线的编号，分子表示附加轴线的编号。附加轴线的编号用阿拉伯数字顺序编号。图7-9（a）、（b）的附加轴线分别表示③轴之后的第1根附加轴线、B轴之后的第3根附加轴线。

①轴和A轴之前的附加轴线分母分别用01、0A表示。图7-10（a）、（b）的附加轴线分别表示①轴之前的第1根附加轴线、A轴之前的第2根附加轴线。

4. 线型

（1）实线　实线用来表示物体看得见的轮廓线。图纸中把主要的轮廓线用粗实线表

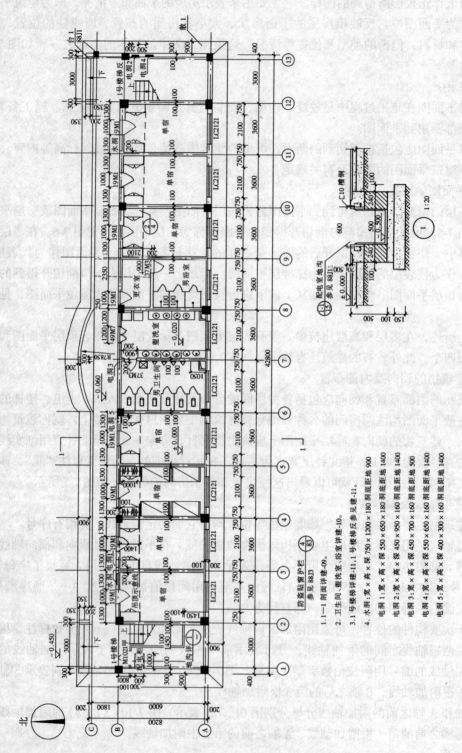

图 7-5　首层平面图 1:100

1.1—1 剖面详建-09。
2. 卫生间、盥洗室、浴室详建-10。
3.1 号楼梯详建-11,1 号楼梯反见建-11。
4. 水洞、电洞:

电洞 1:宽 × 高 × 深 750 × 1200 × 180 洞底距地 900
电洞 2:宽 × 高 × 深 550 × 650 × 180 洞底距地 1400
电洞 3:宽 × 高 × 深 450 × 950 × 160 洞底距地 1400
电洞 4:宽 × 高 × 深 450 × 700 × 160 洞底距地 500
电洞 5:宽 × 高 × 深 550 × 650 × 160 洞底距地 1400
电洞:宽 × 高 × 深 400 × 300 × 160 洞底距地 1400

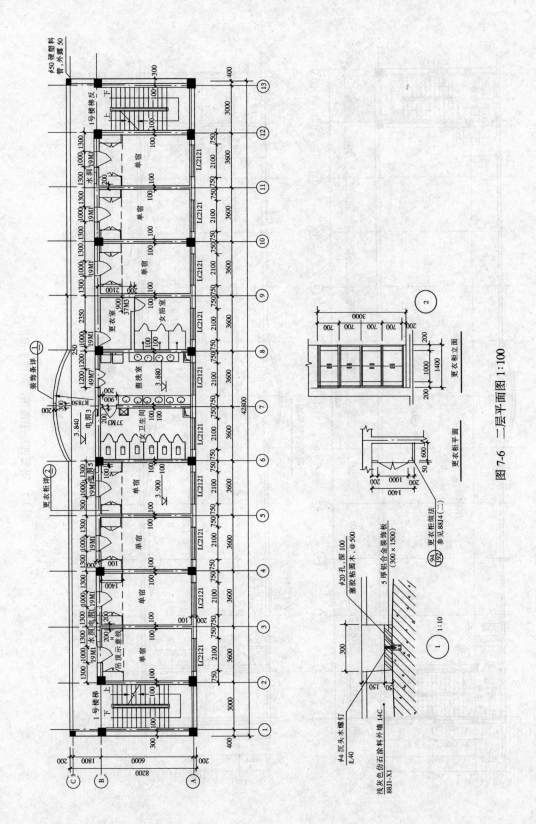

图 7-6 二层平面图 1:100

更衣柜立面

更衣柜平面

更衣柜做法(二)
参见 88J4

浅灰色仿石涂料外墙 14C
88J1-X1

177

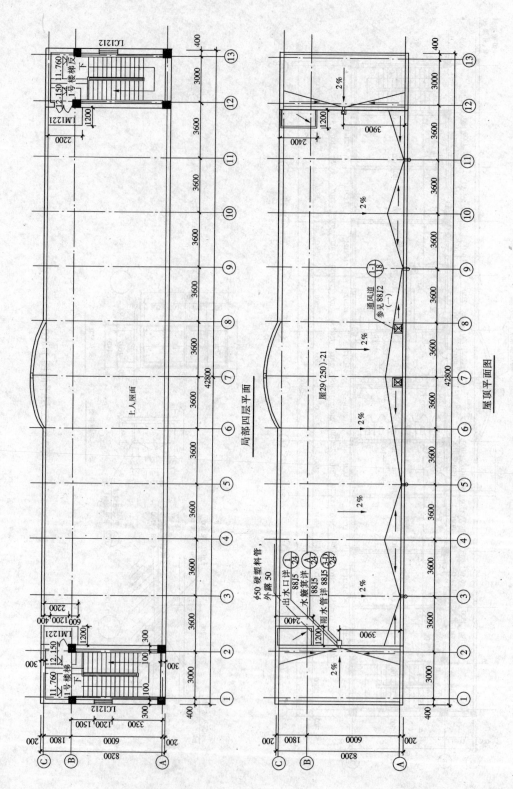

图 7-7 局部四层平面图、屋顶平面图

局部四层平面

屋顶平面图

示，次要的轮廓线用细实线表示。

（2）虚线　虚线用来表示看不见的轮廓线。

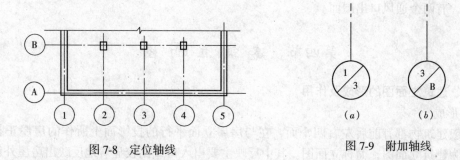

图 7-8　定位轴线　　　　　　　　图 7-9　附加轴线

（3）折断线　有的部分在制图时不必全部表示出来，所省略的部分或者是物体断开处用折断线表示。

5.建筑物的尺寸及标高

在建筑平面图中，标注尺寸包括外部尺寸和内部尺寸。用轴线和尺寸线表示各部分的长、宽尺寸和准确位置。平面图的外部尺寸一般分三道尺寸，一般注写在图形的下方和左方，最外面一道是外包尺寸，表示建筑物的总长度和总宽度，称为第一道尺寸。中间一道是轴线间距，表示开间和进深，称为第二道尺寸。最里面的一道是细部尺寸，表示门窗洞口、窗间墙、墙体等详细尺寸，称为第三道尺寸。在平面图内还注有内部尺寸，表明室内的门窗洞、孔洞、墙体及固定设备的大小和位置。在首层平面图还需要标注室外台阶、花池和散水等局部尺寸。在各层平面图上还注有楼地面标高，表示各层楼地面距离相对标高零点（即正负零）的高差。

6.各种门、窗的编号及门的开启方式

门与窗均按图例画出，门线用 90°或 45°的中实线表示门的开启方向。窗线用两条平行的细实线图例（高窗用虚线）表示窗框与窗扇，加上窗台共有四条线。门用 M 表示，窗用 C 表示，并采用阿拉伯数字编号，如 M1、M2、M3……，C1、C2、C3……，同一编号代表同一类型的门或窗。当门窗采用标准图时，注写标准图编号及门窗编号。从门窗编号中可知门窗共有

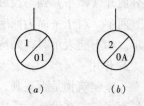

图 7-10　附加轴线

多少种，一般情况下，在本页图纸上或前面图纸上附有一个门窗表，表明门窗的编号、名称、洞口尺寸及数量。

三、读建筑平面图

现以本章实例的图 7-5、图 7-6、图 7-7 为例说明阅读方法。

（1）首先通过图 7-5 的首层平面图可以了解该宿舍楼是用 1:100 的比例绘制的，该建筑物坐北朝南，平面图的基本形状为矩形。

（2）定位轴线横向轴线为 1～13，纵向轴线为 A、B、C，柱布置在 1、2、4、6、8、10、12、13 轴上，墙体布置在 1～13 轴和 A、B 轴上，外墙厚 300mm，内墙厚 200mm。

（3）出入口及楼梯间在两端，开间为 3000mm，男卫生间、盥洗室、浴室各一间，开

间均为3600mm，进深为6000mm。

(4) 走廊在 B、C 轴之间，标高为 – 0.060m，轴线间距为1800mm，6～8轴之间为圆弧形。

(5) 图 7-6 为二层平面图，房间布置同首层平面图。

(6) 图 7-7 为局部四层平面图和屋顶平面图，分别在 2、12 轴处布置了上人屋面，有女儿墙，有两个通风口出屋面。

第四节 建筑立面图

一、建筑立面图的形成及作用

1. 形成

一般建筑物都有前后左右四个面，在与房屋立面平行的投影面上所作的房屋正投影图，称为建筑立面图，简称立面图。其中反映主要出入口或比较显著地反映出房屋外貌特征的那一面的立面图，称为正立面图，其余的立面图相应地称为背立面图和侧立面图。但通常也按房屋的朝向来命名，如南立面图、北立面图、东立面图和西立面图等。立面图也可按轴线编号来命名，如①～⑨立面图或Ⓐ～Ⓑ立面图等。如图 7-11 所示为某建筑的南立面图。

按投影原理，立面图上应将立面上所有看得见的细部都表示出来。但由于立面图的比例较小，如门窗扇、檐口构造、阳台栏杆和墙面复杂和装修等细部，往往只用图例表示。它们的构造和做法，都另有详图或文字说明。因此，习惯上对这些细部只分别画出一两个作为代表，其他都可简化，只画出它们的轮廓线。若房屋左右对称时，正立面图和背立面图也可各画一半，单独布置或合并成一图。合并时，应在图的中间画一竖直的对称符号作为分界线。

房屋立面如果有一部分不平行于投影面，例如成圆弧形、折线形、曲线形等，可将该部分展开（摊平）到与投影面平行，再用正投影法画出其立面图，但应在图名后注写"展开"两字。对于平面为回字形的房屋，在其院落中的局部立面，可在相关的剖面图上附带表示。如不能表示时，则应单独绘出。

2. 作用

一座建筑物是否美观，很大程度上决定于它在主要立面上的艺术处理，包括造型与装修是否优美。在设计阶段中，立面图主要是用来研究这种艺术处理的。在施工图中，它主要反映房屋的外貌和装饰装修的一般做法。

立面图是设计工程师表达立面设计效果的重要图纸，在施工中是外墙面造型、外墙面装修、工程概预算、备料等的依据。

二、建筑立面图的内容及有关规定

1. 图名与比例

图名可按立面的主次、朝向、轴线来命名，比例应与建筑平面图所用比例一致。

2. 定位轴线

在建筑立面图中只画出两端的轴线并注出其编号，编号应与建筑平面图中该立面两端的轴线编号一致，以便与建筑平面图对照阅读，从中确认立面的方位。

3. 图线

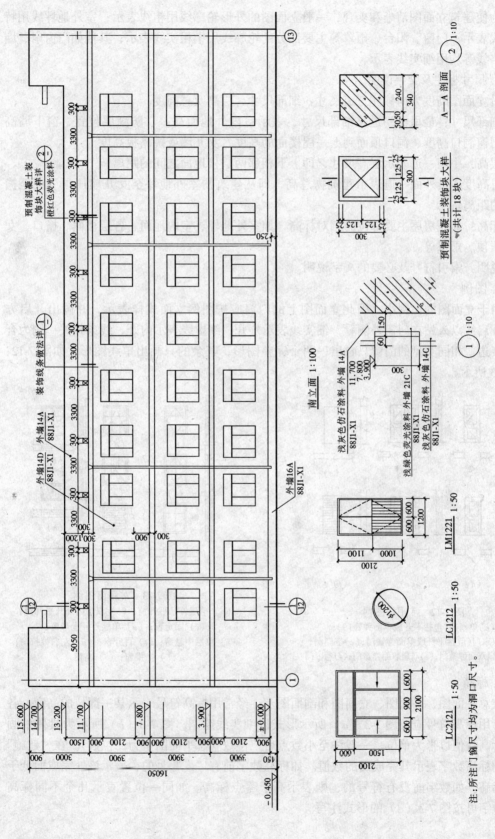

图 7-11　某宿舍楼南立面图 1:100

注：所注门窗尺寸均为洞口尺寸。

181

为使建筑立面图清晰和美观，一般立面图的外形轮廓线用粗线表示；室外地坪线用特粗实线表示；门窗、阳台、雨罩等主要部分的轮廓线用中粗实线表示；其他如门窗扇、墙面分格线等均用细实线表示。

4. 尺寸标注及文字说明

沿立面图高度方向标注三道尺寸：细部尺寸、层高及总高度。

细部尺寸：最里面一道是细部尺寸，表示室内外地面高差、防潮层位置、窗下墙高度、门窗洞口高度、洞口顶面到上一屋楼面的高度、女儿墙或挑檐板高度。

层高：中间一道表示层高尺寸，即上下相邻两层楼地面之间的距离。

总高度：最外面一道表示建筑物总高，即从建筑物室外地坪至女儿墙压顶（或至檐口）的距离。

标高：标注房屋主要部位的相对标高，如室外地坪、室内地面、各层楼面、檐口、女儿墙压顶、雨罩等。

说明：索引符号及必要的文字说明。

5. 图例

由于立面图的比例小，因此立面图上的门窗应按图例立面式样表示，并画出开启方向。开启线以人站在门窗外侧看，细实线表示外开，细虚线表示内开，线条相关一侧为合页安装边。相同类型的门窗只画出一两个完整图形，其余的只画出单线图形，如图 7-12、图 7-13 所示。

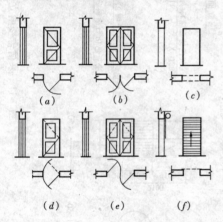

图 7-12 常用门图例
(a)单扇门(包括平开或单面弹簧门)；
(b)双扇门(包括平开或单面弹簧门)；(c)空门洞；
(d)单扇双面弹簧门；(e)双扇双面弹簧门；(f)卷帘门

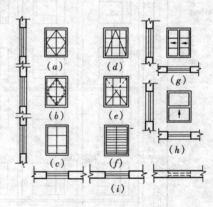

图 7-13 常用窗图例
(a) 单层外开平开窗；(b) 双层内外开平开窗；
(c) 固定窗；(d) 单层外开上悬窗；
(e) 单层中悬窗；(f) 百叶窗；(g) 左右推拉窗；
(h) 上推窗；(i) 高窗

6. 标高

在总平面图、平面图、立面图和剖面图上，经常用标高符号表示某一部位的高度。各图上所用标高符号应按图 7-3 (a) 所示形式以细实线绘制。图 7-3 (b) 所示为具体的画法。标高数值以米为单位，一般注至小数点后三位数（总平面图中为二位数）。在"建施"图中的标高数字表示其完成面的数值。如标高数字前有"-"号的，表示该处完成面低于零点标高。如数字前没有符号的，则表示高于零点标高。如同一位置表示几个不同标高时，数字可按图 7-3 (d) 的形式注写。

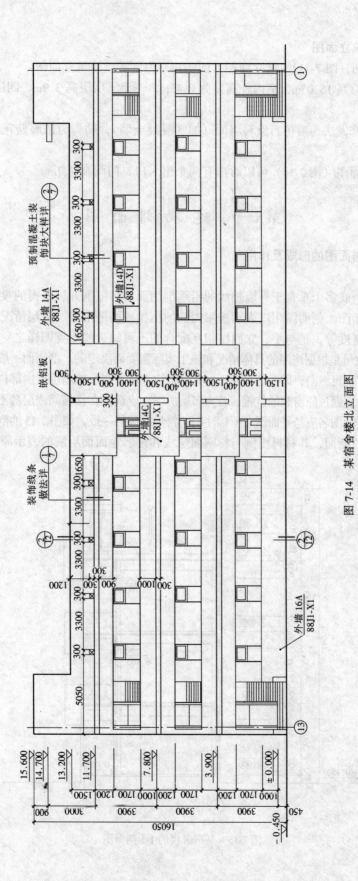

图 7-14　某宿舍楼北立面图

三、读建筑立面图

以南立面图（图 7-11）、北立面图（图 7-14）为例阅读建筑立面图。

1. 宿舍楼总高 16.05m，室内外高差为 0.45m，一至三层层高 3.9m，四层层高 3m，女儿墙高 0.9m。

2. 外墙装修做法为喷仿石涂料墙面（加气混凝土墙），勒脚为仿蘑菇花岗石弹涂墙面（砖墙）。

3. 从北立面图（图 7-14）可以看出有两个出入口，门洞高 2.7m。

第五节 建筑剖面图

一、建筑剖面图的形成及作用

1. 形成

假想用一个或多个垂直于外墙轴线的铅垂剖切面将房屋剖开，所得的投影称为建筑剖面图，简称剖面图。剖面图用以表示房屋内部的结构或构造形式、分层情况和各部位的联系、材料及其高度等，是与平、立面图相互配合的不可缺少的重要图样之一。

剖面图的数量是根据房屋的具体情况和施工实际需要而决定的。剖切面一般横向，即平行于侧面，必要时也可纵向，即平行于正面。其位置应选择在能反映出房屋内部构造比较复杂与典型的部位，并应通过门窗洞的位置。若为多层房屋，应选择在楼梯间或层高不同、层数不同的部位。剖面图的图名应与平面图上所标注剖切符号的编号一致，如图 7-15 的剖面图。

剖面图中的断面，其材料图例与粉刷面层线和楼、地面面层线的表示原则及方法，与

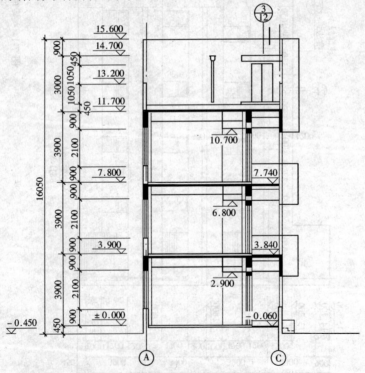

图 7-15 某宿舍楼的 1-1 剖面图

平面图的处理相同。习惯上，剖面图中可不画出基础的大放脚。

2．作用

通过看建筑剖面图可以了解到建筑物各层的平面布置以及立面的形状，可以了解建筑物内部垂直方向的结构形式、分层情况、层高及各部位的相互关系，是施工、概预算及备料的重要依据。

二、建筑剖面图的内容及有关规定

1．注明图名与比例

2．定位轴线

在剖面图中应画出两端墙或柱的定位轴线及其编号，以明确剖切位置及剖视方向。

3．图线

在剖面图中的室内外地坪线用特粗实线表示。剖到的部位如墙、柱、板、楼梯等用粗实线表示，未剖到的用中粗实线表示，其他如引出线等用细实线表示。基础用折断线省略不画，另由结构施工图表示。

4．标高

建筑标高是指各部位竣工后的上（或下）表面的标高；结构标高是指各结构构件不包括粉刷层时的下（或上）表面的标高（见图7-16）。

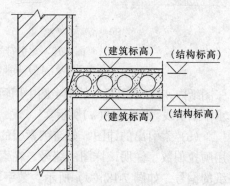

图7-16　建筑标高与结构标高注法实例

5．尺寸标注

（1）外部尺寸：门、窗洞口（包括洞口上部和窗台）高度，层间高度及总高度（室外地面至檐口或女儿墙顶）。有时，后两部分尺寸可不标注。

（2）内部尺寸：地坑深度和隔断、搁板、平台、墙裙及室内门、窗等的高度。

注写标高及尺寸时，注意与立面图和平面图相一致。

6．坡度

建筑物倾斜的地方如屋面、散水等，需用坡度来表示倾斜的程度。图7-17（a）是坡度较小时的表示方法，箭头指向下坡方面，2%表示坡度的高宽比；图7-17（b）、图7-17（c）是坡度较大时的表示方法，分别读作1:2和1:2.5。图7-17（c）中直角三角形的斜边应与坡度平行，直角边上的数字表示坡度的高宽比。

7．表示楼、地面各层构造

一般可用引出线说明，引出线指向所说明的部位，并按其构造的层次顺序，逐层加以

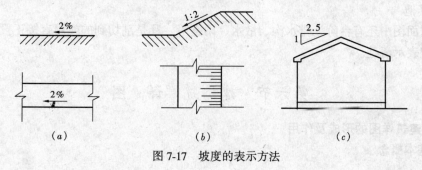

| （a） | （b） | （c） |

图7-17　坡度的表示方法

文字。若另画有详图，可在详图中说明，也可在"构造说明一览表"中统一说明。

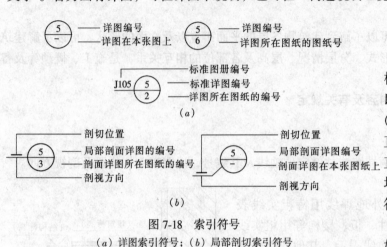

图7-18 索引符号

(a)详图索引符号；(b)局部剖切索引符号

8. 索引符号与详图符号

(1) 索引符号

图样中的某一局部或构件，如需另见详图，应以索引符号索引如图7-18(a)所示。索引符号是由直径为10mm的圆和水平直径组成，圆及水平直径均应以细实线绘制。索引符号应按下列规定编写：

(a) 索引出的详图，如与被索引的详图同在一张图纸内，应在索引符号的上半圆中用阿拉伯数字注明该详图的编号，并在下半圆中间画一段水平细实线，如图7-18(a)所示。

(b) 索引出的详图，如与被索引的详图不在同一张图纸内，应在索引符号的上半圆中用阿拉伯数字注明该详图的编号，在索引符号的下半圆中用阿拉伯数字注明该详图所在图纸的编号，如图7-18(a)所示。数字较多时，可加文字标注。

(c) 索引出的详图，如采用标准图，应在索引符号水平直径的延长线上加注该标准图册的编号如图7-18(a)所示。

(d) 索引符号如用于索引剖视详图，应在被剖切的部位绘制剖切位置线，并以引出线引出索引符号，引出线所在的一侧应为投射方向。如图7-18(b)所示。

(2) 详图符号

详图的位置和编号，应以详图符号表示。详图符号的圆应以直径为14mm粗实线绘制。详图应按下列规定编号：

(a) 详图与被索引的图样同在一张图纸内时，应在详图符号内用阿拉伯数字注明详图的编号，如图7-19(a)所示。

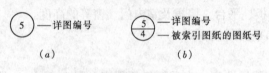

图7-19 详图符号的画法

(a)详图与索引图在同一张图纸内时；(b)详图与索引图不在一张图纸内时

(b) 详图与被索引的图样不在同一张图纸内，应用细实线在详图符号内画一水平直径，在上半圆中注明详图编号，在下半圆中注明被索引的图纸的编号。如图7-19(b)所示。

9. 其他

在剖面图中还有台阶、排水沟、散水、雨篷等。凡是剖切到的或用直接正投影法能看到的都应表示清楚。

第六节 建 筑 详 图

一、建筑详图的形成及作用

1. 基本概念

对一个建筑物来说，有了建筑平、立、剖面图是否就能施工了呢？不行。因为平、立、剖面图样比例较小，建筑物的某些细部及构配件的详细构造和尺寸无法表示清楚，不能满足施工需求。所以，在一套施工图中，除了有全局性的基本图样外，还必须有许多比例较大的图样，对建筑物细部的形状、大小、材料和做法加以补充说明，这种图样称为建筑详图。建筑详图是建筑细部施工图，是建筑平、立、剖面图的补充，是施工的重要依据之一。

2. 详图内容

建筑详图包括的主要图样有：墙身剖面图、楼梯详图、门窗详图及厨房、浴室、卫生间详图等。

建筑详图主要表示建筑构配件（如门、窗、楼梯、阳台、各种装饰等）的详细构造及连接关系；表示建筑细部及剖面节点（如檐口、窗台、明沟、楼梯、扶手、踏步、楼地面、屋面等）的形式、层次、做法、用料、规格及详细尺寸；表示施工要求及制作方法。

3. 读详图步骤

首先要明确该详图与有关图的关系。根据所采用的索引符号、轴线编号、剖切符号等明确该详图所示部分的位置，将局部构造与建筑物整体联系起来，形成完整的概念。

读详图时要细心研究，掌握有代表性部位的构造特点，灵活应用。

一个建筑物由许多构配件组成，而它们多数都是相同类型，因此只要了解一两个构造及尺寸，可以类推其他构配件。

二、外墙详图

外墙身详图实际上建筑剖面图的局部放大图，它表达房屋的屋面、楼层、地面和檐口构造、楼板与墙的连接、门窗顶、窗台和勒脚、散水等处构造的情况，是施工的重要依据。

多层房屋中，若各层的情况一样时，可只画底层或加一个中间层来表示。画图时，往往在窗洞中间处断开，成为几个节点详图的组合（见图7-21）。有时，也可不画整个墙身的详图，而是把各个节点的详图分别单独绘制。详图的线型要求与剖面图一样。

现以图7-21为例，说明外墙身详图的内容与阅读方法：

（1）在详图中，对屋面、楼层和地面的构造，采用多层构造说明方法来表示。

（2）详图的上部为檐口部分，从图中可了解到屋面的承重层为现浇钢筋混凝土板、砖砌女儿墙、水泥砂浆防水层、陶粒轻质隔热砖、水泥石灰砂浆顶棚的构造做法。

（3）详图的下部为窗口及勒脚部分，从图中可了解到如下的做法，带有4%坡度散水坡，以及内墙面和外墙面的装饰做法。外墙装修做法为外墙14D——喷仿石涂料墙面（加气混凝土墙），外墙14C——浅灰色仿石涂料，勒角为16A——仿蘑菇花岗石弹涂墙面（砖墙）。在详图中，还注出有关部位的标高和细部的大小尺寸。

三、楼梯详图

楼梯是多层房屋中上下交通的主要设施。建造楼梯常用钢、木、钢筋混凝土等材料。木楼梯现在很少应用，钢楼梯大多用于工业厂房。在房屋建筑中应用最广泛的是预制或现浇的钢筋混凝土楼梯。楼梯通常由楼梯段、楼梯梁、楼梯平台、楼梯栏杆或栏板与扶手组成，见图7-20。

楼梯详图一般分建筑详图和结构详图，并分别绘制，分别编入建筑施工图和结构施工图中。当楼梯的构造和装修都比较简单时，也可将建筑详图与结构详图合并绘制，或编入

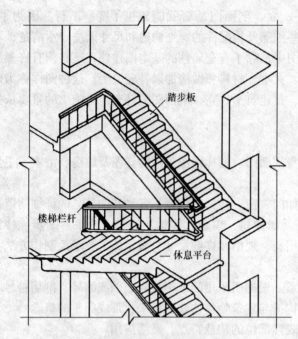

踏步板

楼梯栏杆

休息平台

图 7-20 楼梯的组成

建筑施工图中，或编入结构施工图中。

楼梯详图主要表明楼梯形式、结构类型、楼梯间各部位的尺寸及装修做法，为楼梯的施工制作提供依据。

楼梯建筑详图一般包括楼梯平面图、楼梯剖面图及栏杆或栏板、扶手、踏步大样图等图样。

1. 楼梯平面图的形成

楼梯平面图是距每层楼地面 1m 以上（尽量剖到楼梯间的门窗）沿水平方向剖开，向下投影所得到的水平剖面图（见图 7-22）。各层被剖到的楼梯段用 45°折断线表示。

楼梯平面图一般应分层绘制，对于三层以上的建筑物，当中间各层楼梯完全相同时，可用一个图样表示，同时标有中间各层的楼面标高。

楼梯平面图一般包括以下内容：

（1）图名与比例。通常楼梯平面图的比例为 1:50，以便于识读。

（2）轴线编号、开间及进深尺寸。楼梯平面图的轴线编号必须与建筑平面图中所表示的楼梯间的轴线编号相同，若编号不标，则代表通用。开间、进深尺寸也与建筑平面图中所表示的楼梯间的尺寸相等。

（3）楼地面及休息平台标高。楼梯平面图所表示的每一部分的高度不同，而水平投影图不能表示高度。因此，用标高表示出楼地面及休息平台这些重要部位的高度。

（4）楼梯段宽度及梯井宽度。

（5）楼梯段水平投影长度及休息平台宽度。楼梯段水平投影长度等于踏步宽乘以（踏步数 – 1），休息平台宽度大于等于楼梯段宽。

（6）楼梯走向。在楼梯段中部，用带箭头的细实线"→"表示楼梯走向，并注有"上"或"下"的字样。其中，"上"或"下"均是相对该层楼地面而言，即以该层楼地面为起点，表示出某段楼梯是上还是下。

（7）楼梯间的墙体厚度，门窗、构造柱、垃圾道等的位置。

（8）索引符号。对于更为详细的细部做法，如踏步、扶手等，采用索引符号表示另绘有详图。

（9）剖切符号。在首层楼梯平面图用剖切符号表示楼梯剖面图的剖切位置、投影方向及剖面图的编号。

2. 楼梯剖面图的形成

假想用一铅垂面，将楼梯某一跑和门窗洞垂直剖开，向未剖到的另一跑方向投影，所得到的垂直剖面图就是楼梯剖面图见图 7-22（1-1 剖面）。剖切面所在位置表示在楼梯首层

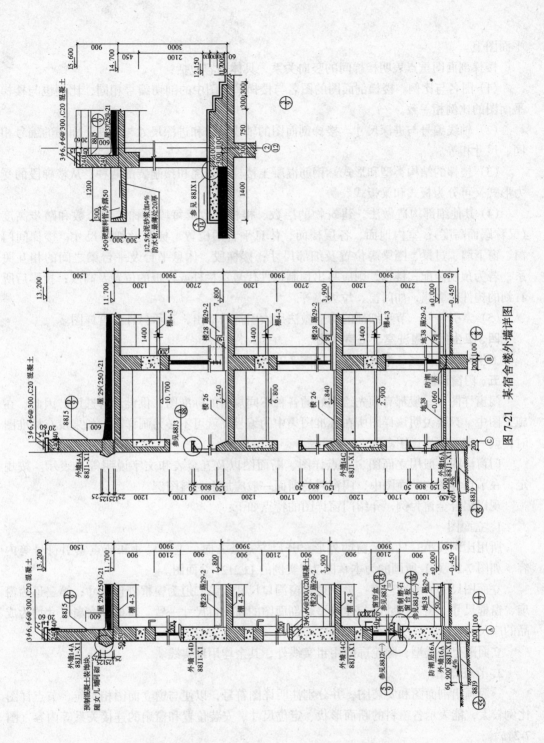

图 7-21 某宿舍楼外墙详图

189

平面图上。

楼梯剖面图重点表明楼梯间的竖向关系，具体内容包括：

(1) 图名与比例。楼梯剖面图的图名与楼梯平面图中的剖切编号相同，比例也与楼梯平面图的比例相一致。

(2) 轴线编号与进深尺寸。楼梯剖面图的轴线编号和进深尺寸与楼梯平面图的编号相同、尺寸相等。

(3) 楼梯的结构类型和形式。钢筋混凝土楼梯有现浇和预制装配两种；从楼梯段的受力形式又可分为板式和梁板式。

(4) 其他细部构造做法。建筑物的层数、楼梯段数及每段楼梯踏步个数和踏步高度（又称踢面高度）；室内地面、各层楼面、休息平台的位置、标高及细部尺寸；楼梯间门窗、窗下墙、过梁、圈梁等位置及细部尺寸；楼梯段、休息平台及平台梁之间的相互关系；若为预制装配式楼梯，则应写出预制构件代号；栏杆或栏板的位置及高度；投影后所看到的构件轮廓线，如门窗、垃圾道等。

(5) 索引符号。节点细部的构造做法用索引符号标出，表示另外绘有详图。

四、卫生间、盥洗室、浴室详图

卫生间、盥洗室、浴室详图，如图 7-23 所示。

五、门窗详图

门窗详图，一般都有预先绘制好的各种不同规格的标准图，供设计者选用。因此，在施工图中，只要说明该详图所在标准图集中的编号，就可不必另画详图。如果没有标准图时，就一定要画出详图。

门窗详图一般用立面图、节点详图、断面图以及五金表和文字说明等来表示。按规定，在节点详图与断面图中，门窗料的断面一般应加上材料图例。

现以铝合金窗为例，介绍门窗详图的特点如下：

1. 立面图

所用比例较小，只表示窗的外形、开启方式及方向、主要尺寸和节点索引符号等内容，如图 7-24 (a) 所画的为本章图 7-6 实例的 LC2121 立面图。

立面图尺寸一般有三道：第一道为窗洞口尺寸；第二道为窗框外包尺寸；第三道为窗扇、窗框尺寸。洞口尺寸应与建筑平、剖面图的窗洞口尺寸一致。窗框和窗扇尺寸均为成品的净尺寸。

立面图上的线型，除轮廓线用粗实线外，其余均用细实线。

2. 节点详图

一般画出剖面图和安装图，并分别注明详图符号，以便与窗立面图相对应。节点详图比例较大，能表示各窗料的断面形状、定位尺寸、安装位置和窗扇的连接关系等内容（图 7-24b）。

3. 断面图

用大比例（1:5、1:2）将各不同窗料的断面形状单独画出，注明断面上各截口的尺寸，以便于下料加工，如图 7-24 (c) 的 L060503 详图。有时，为减少工作量，往往将断面图与节点详图结合画在一起。

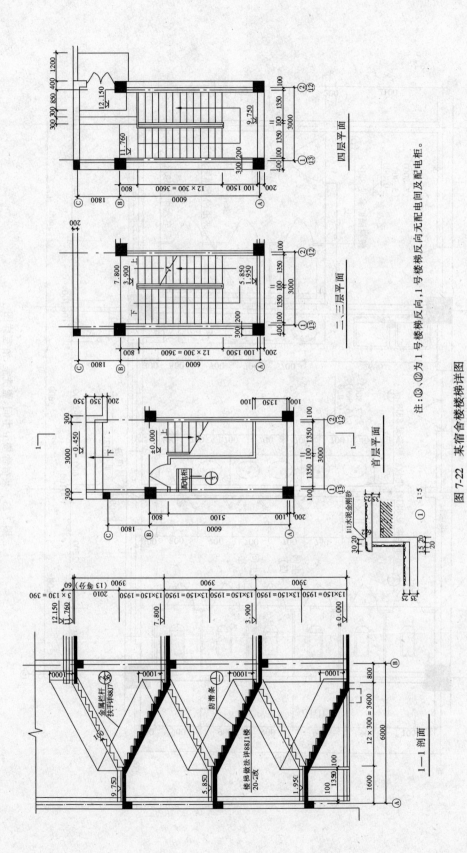

注：①、⑫为1号楼梯反向，1号楼梯反向无配电间及配电柜。

图 7-22　某宿舍楼楼梯详图

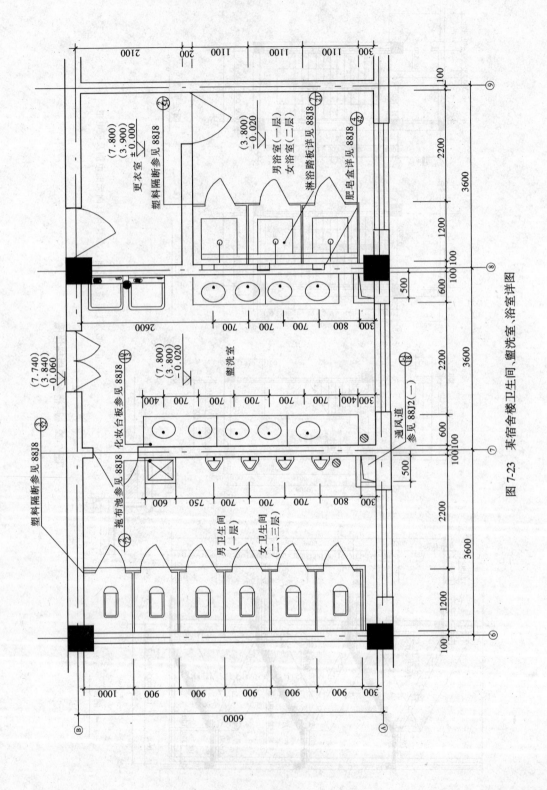

图 7-23 某宿舍楼卫生间、盥洗室、浴室详图

192

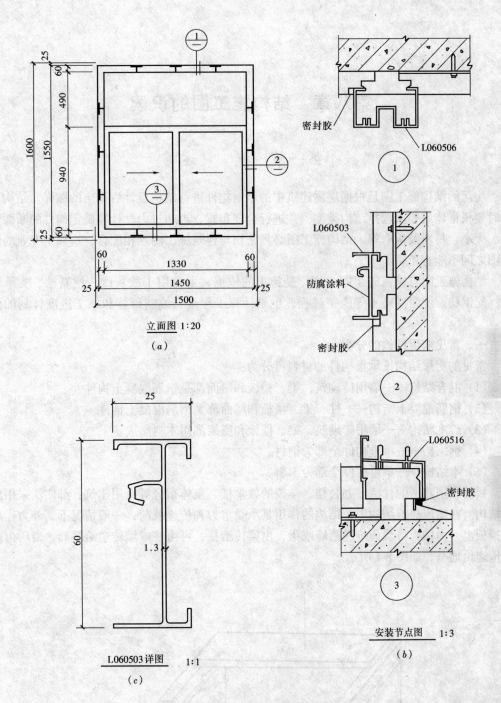

图 7-24　某宿舍楼铝合金推拉窗详图

第八章　结构施工图的识读

第一节　概　　述

房屋的结构施工图是根据房屋建筑中的承重构件进行结构设计后画出的图样。结构设计时要根据建筑要求选择结构类型，并进行合理布置，再通过力学计算确定构件的断面形状、大小、材料及构造等。结构施工图必须密切与建筑施工图互相配合，这两个专业的施工图之间不能有矛盾。

结构施工图与建筑施工图一样，是施工的依据，主要用于放灰线、挖基槽、支承模板、配钢筋、浇灌混凝土等施工过程，也是计算工程量、编制预算和施工进度计划的依据。

一、常见房屋结构的分类

常见的房屋结构按承重构件的材料可分为：

（1）混合结构——墙用砖砌筑，梁、楼板和屋面都是钢筋混凝土构件。

（2）钢筋混凝土结构——柱、梁、楼板和屋面都是钢筋混凝土构件。

（3）砖木结构——墙用砖砌筑，梁、楼板和屋架都用木料制成。

（4）钢结构——承重构件全部为钢材。

（5）木结构——承重构件全部为木料。

目前我国建造的住宅、办公楼、学校的教学楼、集体宿舍等民用建筑，都广泛采用混合结构。在房屋建筑结构中，结构的作用是承受重力和传递载荷，一般情况下，外力作用在楼板上，由楼板将载荷传递给墙或梁，由梁传给柱，再由柱或墙传递给基础，最后由基础传递给地基，如图 8-1 所示。

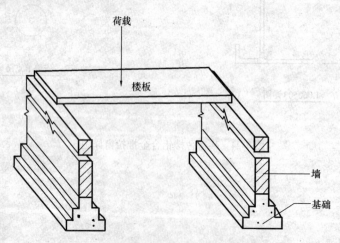

图 8-1　荷载的传递过程

二、结构施工图的内容

结构施工图通常应包括结构设计总说明（对于较小的房屋一般不必单独编写）、基础平面图及基础详图、楼层结构平面图、屋面结构平面图、结构构件（例如梁、板、柱、楼梯、屋架等）详图。

根据建筑各方面的要求，进行结构选型和构件布置，再通过力学计算，决定房屋各承重构件（如图8-2）的材料、形状、大小以及内部构造等等，并将设计结果绘成图样，以指导施工，这种图样称为结构施工图，简称"结施"。

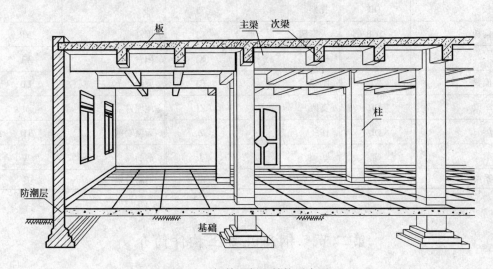

图 8-2 钢筋混凝土结构示意图

（1）结构设计说明包括：抗震设计与防火要求，地基与基础，地下室，钢筋混凝土各种构件，砖砌体，后浇带与施工缝等部分选用的材料类型、规格、强度等级，施工注意事项等。很多设计单位已把上述内容一一详列在一张"结构说明"图纸上，供设计者选用。

（2）结构平面图包括：

1）基础平面图，工业建筑还有设备基础布置图；

2）楼层结构平面布置图，工业建筑还包括柱网、吊车梁、柱间支撑、连系梁布置等；

3）屋面结构平面图，包括屋面板、天沟板、屋架、天窗架及支撑布置等。

（3）构件详图包括：

1）梁、板、柱及基础结构详图；

2）楼梯结构详图；

3）屋架结构详图。

（4）其他详图，如支撑详图等。

（5）建筑施工图中常用的构件代号见表8-1。

常 用 构 件 代 号　　　　　　　　　　表 8-1

名　　称	代　号	名　　称	代　号	名　　称	代　号
板	B	空心板	KB	折板	ZB
屋面板	WB	槽形板	CB	密肋板	MB

名　称	代　号	名　称	代　号	名　称	代　号
楼梯板	TB	基础梁	JL	桩	ZH
盖板或沟盖板	GB	楼梯梁	TL	柱间支撑	ZC
挡雨板或檐口板	YB	檩条	LT	垂直支撑	CC
吊车安全走道板	DB	屋架	WJ	水平支撑	SC
墙板	QB	托架	TJ	梯	T
天沟板	TGB	天窗架	CJ	雨篷	YP
梁	L	框架	KJ	阳台	YT
屋面梁	WL	刚架	GJ	梁垫	LD
吊车梁	DL	支架	ZJ	预埋件	M
圈梁	QL	柱	Z	天窗端壁	TD
过梁	GL	基础	J	钢筋网	W
连系梁	LL	设备基础	SJ	钢筋骨架	G

第二节　钢筋混凝土构件简介

一、混凝土强度等级和钢筋混凝土构件的组成

钢筋混凝土构件由钢筋和混凝土两种材料组合而成。混凝土由水、水泥、砂、石子按一定比例拌和硬化而成。混凝土抗压强度高，混凝土的强度等级分为 C10、C15、C20、C25、C30、C35、C40、C45、C50 及 C60 十个等级，数字越大，表示混凝土抗压强度高。混凝土的抗拉强度比抗压强度低得多，一般仅为抗压强度的 1/20～1/10；而钢筋不但具有良好的抗拉强度，而且与混凝土有良好的粘合力，其热膨胀系数与混凝土相近，因此，两者常结合组成钢筋混凝土构件。如图 8-3（a）所示的支承在两端砖墙上的钢筋混凝土简支梁，将必要数量的纵向钢筋均匀放置在梁的底部与混凝土浇筑结合在一起，梁在均布荷载作用下产生弯曲变形，上部为受压区，由混凝土承受压力，下部为受拉区，由钢筋承受拉力。常见的钢筋混凝土构件有梁、板、柱、基础、楼梯等。为了提高构件的抗裂性，还可制成预应力钢筋混凝土构件，如图 8-3（b）所示。没有钢筋的混凝土构件称为混凝土构件或素混凝土构件。

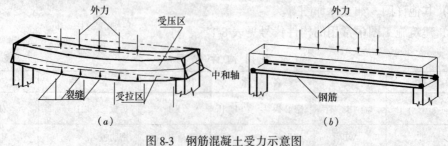

图 8-3　钢筋混凝土受力示意图

钢筋混凝土构件有现浇和预制两种。现浇指在建筑工地现场浇制，预制指在预制品工厂先浇制好，然后运到工地进行吊装，有的预制构件（如厂房的柱或梁）也可在工地上预制，然后吊装。

二、钢筋的分类与作用

1. 钢筋按其所起的作用分类

如图 8-4 所示，配置在钢筋混凝土构件中的钢筋，按其所起的作用可分为：

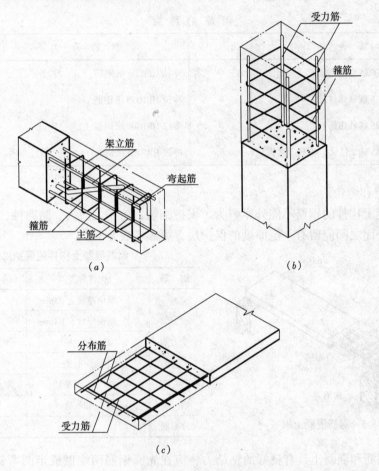

图 8-4　钢筋的形式
（a）梁；（b）柱；（c）板

（1）受力筋——承受拉力或压力的钢筋，在梁、板、柱等各种钢筋混凝土构件中都有配置。

（2）架立筋——一般只在梁中使用，与受力筋、钢箍一起形成钢筋骨架，用以固定钢箍位置。

（3）钢箍——也称箍筋，一般多用于梁和柱内，用以固定受力筋位置，并受一部分斜拉应力。

（4）分布筋——一般用于板内，与受力筋垂直，用以固定受力筋的位置，与受力筋一起构成钢筋网，使力均匀分布给受力筋，并抵抗热胀冷缩所引起的温度变形。

（5）构造筋——因构件在构造上的要求或施工安装需要而配置的钢筋。如图 8-5 中的板，在支座处于板的顶部所加的构造筋，属于前者；两端的吊环则属于后者。

2. 钢筋的种类与符号

钢筋有光圆钢筋和带纹钢筋（表面上有人字纹或螺旋纹）。钢筋经冷拉或冷拔后，也能提高强度。冷拔钢丝是将细钢筋通过模孔拉拔而成更细的钢丝。常用的钢筋和钢丝的符号，见表 8-2。

钢 筋 的 种 类　　　　　　　　　　　　表 8-2

钢 筋 种 类	代　号	钢 筋 种 类	代　号
HPB 235级钢筋（Q235 光圆钢筋）	Φ	冷拉 HPB235 级钢筋	Φl
HRB335 级钢筋（16 锰硅螺纹筋）	Φ	冷拉 HRB335 级钢筋	Φl
HRB400 级钢筋（25 锰硅钢筋）	Φ	冷拉 HRB400 级钢筋	Φl
RRB400 级钢筋（45 硅 2 锰钛、40 硅 2 锰钒）	Φ	冷拉 RRB400 级钢筋	Φl

3. 保护层和弯钩

钢筋混凝土构件的钢筋不能外露，为了保护钢筋，防锈、防火、防腐蚀，在钢筋的外边缘与构件表面之间应留有一定厚度的保护层，可参考表 8-3。

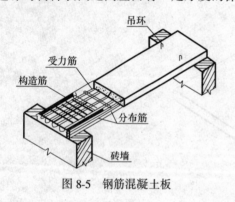

图 8-5　钢筋混凝土板

钢筋混凝土构件的保护层　　表 8-3

钢　筋	构件种类		保护层厚度（mm）
受力筋	板	断面厚度≤100mm	10
		断面厚度＞100mm	15
	梁 和 柱		25
	基础	有垫层	35
		无垫层	70
钢　箍	梁 和 柱		15
分布筋	板		10

为了使钢筋和混凝土具有良好的粘结力，应在光圆钢筋两端做成半圆弯钩或直弯钩；带纹钢筋与混凝土的粘结力强，两端可不做弯钩。钢箍两端在交接处也要做出弯钩。弯钩的常见形式和画法见图 8-6 所示。图 8-6（a）的光圆钢筋弯钩，分别标注了弯钩的尺寸；图 8-6（b）所示为箍筋弯钩的简化画法，钢箍弯钩的长度，一般分别在两端各伸长 50mm 左右。

三、钢筋混凝土结构图的图示特点

为了突出表示钢筋的配置状况，在构件的立面图和断面图上，轮廓线用中或细实线画出，图内不画材料图例，而用粗实线（在立面图）和黑圆点（在断面图）表示钢筋，并要对钢筋加以说明标注。

（1）钢筋的一般表示法。常见的表示方法如表 8-4 所示。

（2）钢筋的标注方法。钢筋（或钢丝束）的标注应包括钢筋的编号、数量或间距、代号、直径及所在位置，通常应沿钢筋的长度标注或标注在有关钢筋的引出线上。

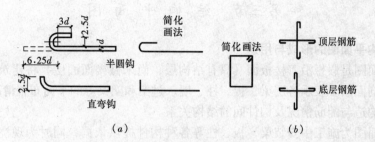

图 8-6　钢筋和箍筋的弯钩

(a) 钢筋的弯钩；(b) 箍筋的弯钩；(c) 顶层（底层）钢筋的画法

钢筋的表示方法　　　　　　　　　　　　　　　　　　　表 8-4

名　称	图　例	说　明
钢筋横断面	●	
无弯钩的钢筋端部		下图表示长、短钢筋投影重叠时，短钢筋的端部用 45°斜划线表示
预应力钢筋横断面	＋	
预应力钢筋或钢铰线		用粗双点画线
无弯钩的钢筋搭接		
带半圆形弯钩的钢筋端部		
带半圆形弯钩的钢筋搭接		
带直弯钩的钢筋端部		
带直弯钩的钢筋搭接		
带丝扣的钢筋端部		

（3）分布筋，一般应注出间距和直径。不注数量。简单的构件，钢筋可不编号。具体标注方式如图 8-7 所示。

（4）当构件纵横向尺寸相差悬殊时，可在同一详图中纵横向选用不同比例。

（5）结构图中一般标注出构件底面的结构标高。

（6）构件配筋较简单时，可在其模板图的一角用局部剖面的方式，绘出其钢筋布置。构件对称时，在同一图中可以一半表示模板，一半表示配筋。

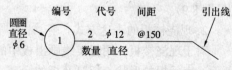

图 8-7　钢筋的标注方法

第三节 结 构 平 面 图

一、结构平面图的形成与用途

结构平面图是假想沿着楼板面（只有结构层，尚未做楼面面层）将建筑物水平剖开，所作的水平剖面图。表示各层梁、板、柱、墙、过梁和圈梁等的平面布置情况，以及现浇楼板、梁的构造与配筋情况及构件间的结构关系。

结构平面图为施工中安装梁、板、柱等各种构件提供依据，同时为现浇构件立模板、绑扎钢筋、浇筑混凝土提供依据。

二、结构平面图的内容

1. 预制楼板的表达方式

对于预制楼板，用粗实线表示楼层平面轮廓，用细实线表示预制板的铺设，习惯上把楼板下不可见墙体的虚线改画为实线。

预制板的布置方式有以下两种表达形式：

（1）在结构单元范围内，按实际投影分块画出楼板，并注写数量及型号。对于预制板的铺设方式相同的单元，用相同的编号，如甲、乙等表示，而不一一画出楼板的布置（见图8-8）。

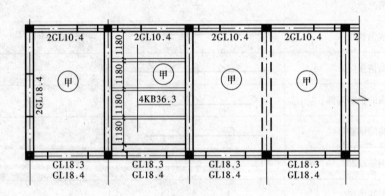

图8-8 预制板的表达方式（一）

（2）在结构单元范围内，画一条对角线，并沿着对角线方向注明预制板数量及型号（见图8-9）。

2. 现浇楼板的表达方式

对于现浇楼板，用粗实线画出板中的钢筋，每一种钢筋只画一根，同时画出一个重合断面，表示板的形状、板厚及板的标高（见图8-10）。

楼梯间的结构布置一般不在楼层结构平面图中表示，只用双对角线表示楼梯间。这部分内容在楼梯详图中表示。结构平面图的定位轴线必须与建筑平面图一致。对于承重构件布置相同的楼层，只画一个结构平面图，称为标准层结构平面图。

3. 楼层结构平面图顶板配筋图

图8-11、图8-12为某宿舍楼现浇楼板的顶梁和顶板配筋图实例。

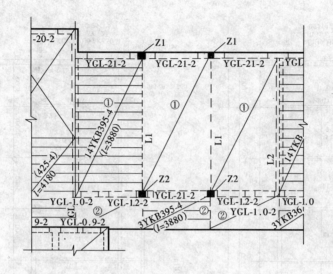

图 8-9　预制板的表达方式（二）

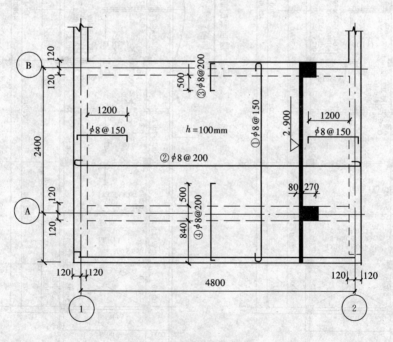

图 8-10　现浇板的图示方式

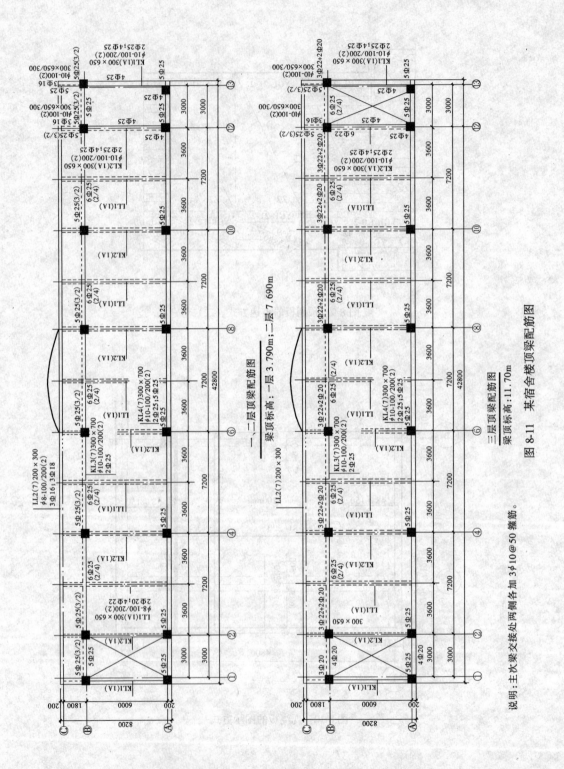

图 8-11 某宿舍楼梁顶梁配筋图

说明：主次梁交接处两侧各加 3φ10@50 箍筋。

202

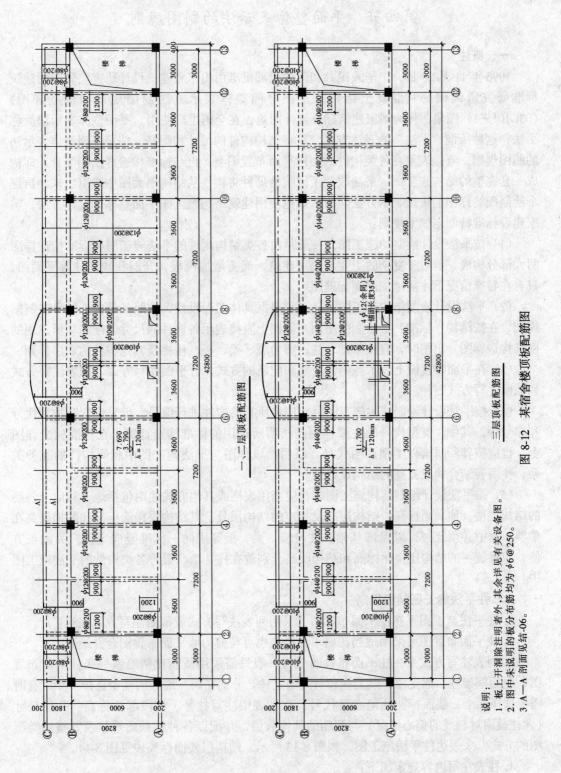

一、二层顶板配筋图

三层顶板配筋图

图 8-12 某宿舍楼顶板配筋图

说明：
1. 板上开洞除注明者外，其余详见有关设备图。
2. 图中未说明的板分布筋均为 φ6@250。
3. A—A 剖面见结-06。

203

第四节　平面整体表示法的制图规则

一、概述

1996 年 11 月 28 日，中华人民共和国建设部批准由山东省建筑设计研究院和中国建筑标准研究所编制的《混凝土结构施工图平面整体表示方法制图规则和构造详图》（03G101—1）图集，作为国家建筑标准设计图集，在全国推广使用。平面整体表示法简称平法，这种所谓"平法"的表达方式，是将结构构件的尺寸和配筋，按照平面整体表示法的制图规则，直接表示在各类构件的结构平面布置图上，再与标准构造详图相配合，即构成一套完整的结构施工图。平法改变了传统的那种将构件从结构平面图中索引出来，再逐个绘制配筋详图的繁琐表示方法。为了规范使用建筑结构施工图平面整体的设计方法，国家建设标准特制定如下规则：

（1）按平法设计绘制的施工图，一般是由各类结构构件的平法施工图和标准构造详图两大部分构成，但对于复杂的工业与民用建筑，尚需增加模板，开洞和预埋件等平面图，只有在特殊情况下才需增加剖面配筋图。

（2）平法设计绘制结构施工图时，必须根据具体工程设计，按照各类构件的平法制图规则，在按结构（标准）层绘制的平面布置图上直接表示各构件的尺寸、配筋和所选用的标准构造详图。出图时，宜按基础、柱、剪力墙、梁、板、楼梯及其他构件的顺序排列。

（3）在平面布置图上表示各构件尺寸和配筋的方式，分平面注写方式、列表注写方式和截面注写方式三种。

（4）按平法设计绘制结构施工图时，应将所有的构件进行编号，编号中含有类型代号和序号等，其中，类型代号的主要作用是指明所选用的标准构造详图；在标准构造详图上，也应按其所属构件类型注明代号，以明确该详图与平法施工图中相同构件的互补关系，使两者结合构成完整的结构设计图。

（5）按平法设计绘制结构施工图时，应当用表格或其他方式注明包括地下和地上各层的结构层楼（地）面标高、结构层高及相应的结构层号。其结构层楼面标高和结构层高在单项工程中必须统一，以保证基础、柱与墙、梁、板等用同一标准竖向定位。为施工方便，应将统一的结构层楼面标高和结构层高分别放在柱、墙、梁等各类构件的平法施工图中。

二、柱平法施工图制图规则

1. 柱平法施工图系在柱平面布置图上采用列表注写方式或截面注写方式表达。

2. 柱平面布置图可采用适当比例单独绘制也可与剪力墙平面布置图合并绘制。

3. 列表注写方式系在柱平面布置图上（一般只需采用适当比例绘制一张柱平面布置图，包括框架柱、框支柱、梁上柱和剪力墙上柱）分别在同一编号的柱中选择一个（有时需要选择几个）截面标注几何参数代号；在柱表中注写柱号、柱段起止标高、几何尺寸（含柱截面对轴线的偏心情况）与配筋的具体数值，并配以各种柱截面形状及其箍筋类型图的方式，来表达柱平法施工图，如图 8-13 所示。结构层楼面标高表见图 8-14。

4. 柱表注写内容规定如下：

（1）注写柱编号，柱编号由类型代号和序号组成，见表 8-5。

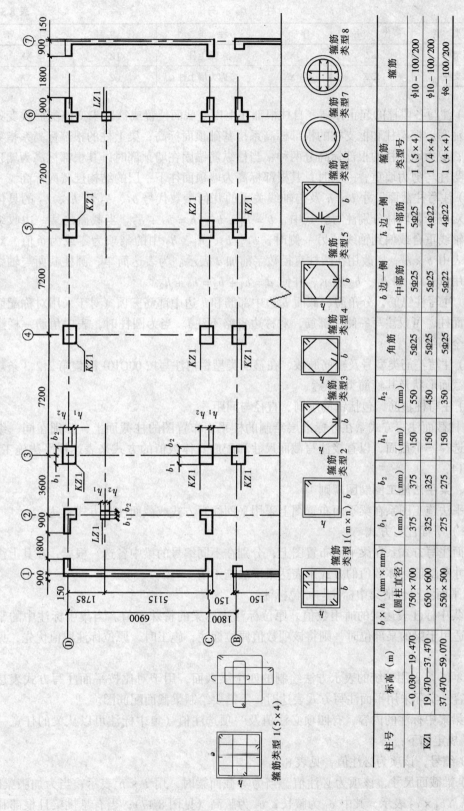

图 8-13 柱平法施工图列表注写方式

柱号	标高 (m)	$b \times h$ (mm×mm) (圆柱直径)	b_1 (mm)	b_2 (mm)	h_1 (mm)	h_2 (mm)	角筋	b 边一侧 中部筋	h 边一侧 中部筋	箍筋 类型号	箍筋
KZ1	-0.030~19.470	750×700	375	375	150	550	5Φ25	5Φ25	5Φ25	1 (5×4)	φ10-100/200
	19.470~37.470	650×600	325	325	150	450	5Φ25	5Φ25	4Φ22	1 (4×4)	φ10-100/200
	37.470~59.070	550×500	275	275	150	350	5Φ25	5Φ22	4Φ22	1 (4×4)	Φ8-100/200

205

柱 类 型	代 号	序 号	柱 类 型	代 号	序 号
框架柱	KZ	XX	梁上柱	LZ	XX
框支柱	KZZ	XX	剪力墙上柱	QZ	XX

(2) 注写各段柱的起止标高，自柱根部往上以变截面位置或截面未变但配筋改变处为界分段注写。框架柱和框支柱的根部标高系指基础顶面标高；梁上柱的根部标高系指梁顶面标高；剪力墙上柱的根部标高分两种：当柱纵筋锚固在墙顶部时，其根部标高为墙顶面标高；当柱与剪力墙重叠一层时，其根部标高为墙顶面往下一层的结构层楼面标高。

(3) 注写柱截面尺寸 $b \times h$ 及与轴线关系的几何参数代号 b_1、b_2 和 h_1、h_2 的具体数值，须对应于各段柱分别注写。其中，$b = b_1 + b_2$；$h = h_1 + h_2$。当截面的某一边收缩变化至与轴线重合或偏到轴线的另一侧时，b_1、b_2、h_1、h_2 中的某项为零或为负值。对于圆柱，表中 $b \times h$ 一栏改用在圆柱直径数字前加 d 表示。为表达简单，圆柱截面与轴线的关系也用 b_1、b_2 和 h_1、h_2 表示，并使 $d = b_1 + b_2 = h_1 + h_2$。

(4) 注写柱纵筋，分角筋、截面 b 边中部筋和 h 边中部筋三项（对于采用对称配筋的矩形截面柱，可仅注写一侧中部筋，对称边省略不注）。当为圆柱时，表中角筋一栏注写圆柱的全部纵筋。

(5) 注写箍筋类型号及箍筋肢数，在箍筋类型栏内注写按 00G101 图集第 2.2.3 条规定绘制柱截面形状及其箍筋类型号。

(6) 注写柱箍筋，包括钢筋级别、直径与间距。

5. 柱截面注写方式系在分标准层绘制的柱平面布置图的柱截面上，分别在同一编号的柱中选择一个截面，以直接注写截面尺寸和配筋具体数值的方式来表达柱平法施工图，见图 8-14。

三、梁平法施工图制图规则

梁平法施工图系在梁平面布置图上采用平面注写方式或截面注写方式表达。

（一）平面注写方式

平面注写方式系在梁平面布置图上，分别在不同编号的梁中各选一根梁，在其上注写截面尺寸和配筋具体数值的方式来表达梁平法施工图。

1. 平面注写包括集中标注与原位标注。

2. 集中标注表达梁的通用数值，原位标注表达梁的特殊数值。当集中标注中的某项数值不适用于梁的某部位时，则将该项数值原位标注，施工时，原位标注取值优先，见图 8-15。

图 8-16 是采用传统的表示方法绘制的四个梁截面，用于对比按平面注写方式表达同样的内容。实际采用平面注写方式表达时，不需要绘制梁截面配筋图。

3. 梁集中标注的内容，有四项必注值及一项选注值（集中标注可以从梁的任意一跨引出），规定如下：

（1）编号，该项为必注值，见表 8-6。

（2）梁截面尺寸，该项为必注值。当为等截面梁时，用 $b \times h$ 表示；当为加腋梁时，用 $b \times h\, Yc_1 \times c_2$ 表示，其中 c_1 为腋长，c_2 为腋高（见图 8-17）；当有悬挑梁且根部和端

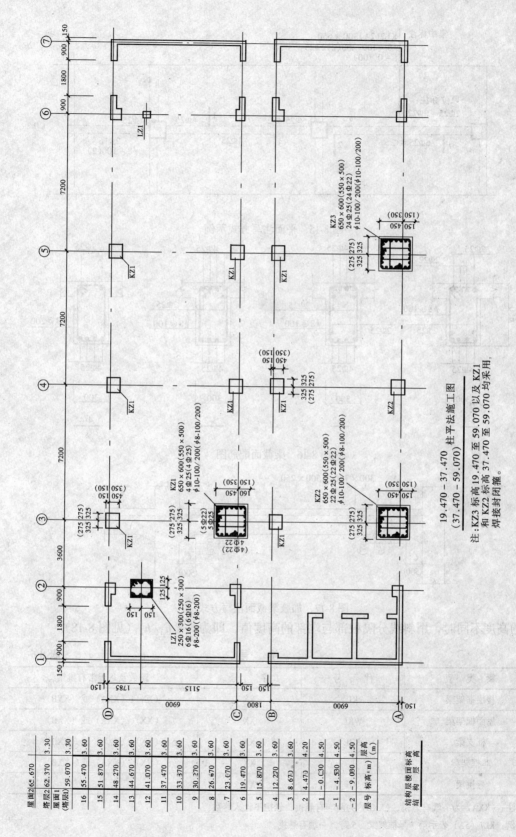

19.470～37.470 柱平法施工图

(37.470～59.070)

注：KZ3 标高 19.470 至 59.070 以及 KZ1
和 KZ2 标高 37.470 至 59.070 均采用
焊接封闭箍。

图 8-14 柱平面施工图截面注写方式

结构层楼面标高 结构层高		
屋面2 65.670		
塔层2 62.370		3.30
屋面1 (塔层1) 59.070		3.30
16	55.470	3.60
15	51.870	3.60
14	48.270	3.60
13	44.670	3.60
12	41.070	3.60
11	37.470	3.60
10	33.370	3.60
9	30.270	3.60
8	26.670	3.60
7	23.070	3.60
6	19.470	3.60
5	15.870	3.60
4	12.270	3.60
3	8.670	3.60
2	4.470	4.20
1	-0.030	4.50
-1	-4.530	4.50
-2	-9.030	4.50
层号	标高(m)	层高(m)

207

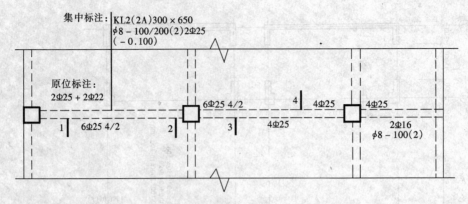

图 8-15 平面注写方式示例

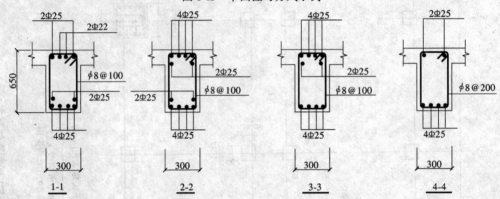

图 8-16 梁截面配筋图

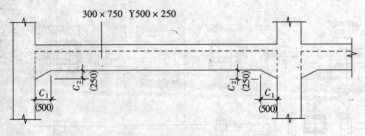

图 8-17 加腋梁截面注写方式

部的高度不同时，用斜线分隔根部与端部的高度值，即为 $b \times h_1/h_2$（见图 8-18）。

梁 编 号   表 8-6

梁 类 型	代 号	序 号	跨数及是否带有挑梁
楼层框架梁	KL	XX	（XX）、（XXA）或（XXB）
屋面框架梁	WKL	XX	（XX）、（XXA）或（XXB）
框支梁	KZL	XX	（XX）、（XXA）或（XXB）
非框架梁	L	XX	（XX）、（XXA）或（XXB）
悬挑梁	XL	XX	

注：（XXA）为一端有悬挑，（XXB）为两端有悬挑，悬挑不计入跨数。

例：KL7（5A）表示第 7 号框架梁，5 跨，一端有悬挑。

208

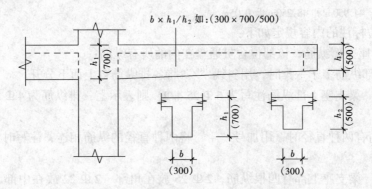

图 8-18 悬挑梁不等高截面尺寸注写方式

（3）梁箍筋，包括钢筋级别、直径、加密区与非加密区间距及肢数，该项为必注值。箍筋加密区与非加密区的不同间距及肢数需用斜线（"/"）分隔；当梁箍筋为同一种间距及肢数时，则不需用斜线；当加密区与非加密区的箍筋肢数相同时，则将肢数注写一次；箍筋肢数应写在括号内。加密区范围见相应抗震级别的标准构造详图。

【例 8-1】 ϕ10-100/200 （4），表示箍筋为 HPB235 级钢筋，直径 ϕ10，加密区间距为 100mm，非加密区间距为 200mm，均为四肢箍。

ϕ8-100 （4）/200 （2），表示箍筋为 HPB235 级钢筋，直径 ϕ8，加密区间距为 100mm，四肢箍；非加密区间距为 200mm，两肢箍。

当抗震结构中的非框架梁及非抗震结构中的各类梁采用不同的箍筋间距及肢数时，也用斜线 "/" 将其分隔开来。注写时，先注写梁支座端部的箍筋（包括箍筋的箍数、钢筋级别、直径、间距与肢数），在斜线后注写梁跨中部分的箍筋间距及肢数。

【例 8-2】 18ϕ12-150 （4）/200 （4），表示箍筋为 HPB235 级钢筋，直径 ϕ12，梁的两端各有 18 个四肢箍，间距为 150mm，梁跨中部分间距为 200mm，四肢箍。

（4）梁上部贯通筋或架立筋根数，该项为必注值。所注根数应根据结构受力要求及箍筋肢数等构造要求而定。当同排纵筋中既有贯通筋又有架立筋时，应用加号 "+" 将贯通筋和架立筋相连。注写时须将角部纵筋写在加号的前面，架立筋写在加号后面的括号内，以示不同直径及与贯通筋的区别。当全部采用架立筋时，则将其写入括号内。

【例 8-3】 2Φ22 用于双肢箍；2Φ22＋（4ϕ12）用于六肢箍，其中 2Φ22 为贯通筋，4ϕ12 为架立筋。

当梁的上部纵筋和下部纵筋均为贯通筋，且多数跨配筋相同时，此项可加注下部纵筋的配筋值，用分号 "；" 将上部与下部纵筋的配筋值分隔开来，少数跨不同者，按 00G101 图集第 4.2.1 条的规定处理。

【例 8-4】 3Φ22，3Φ20 表示梁的上部配置 3Φ22 的贯通筋，梁的下部配置 3Φ22 的贯通筋。

（5）梁顶面标高高差，该项为选注值。

梁顶面标高高差，系指相对于结构层楼面标高的高差值，对于位于结构夹层的梁，则指相对于结构夹层楼面标高的高差。有高差时，须将其写入括号内，无高差时不注。

注：当某梁的顶面高于所在结构层的楼面标高时，其标高高差为正值，反之为负值。例如，某结构层的楼面标高为 44.950m 和 48.250m，当某梁的梁顶面标高高差注写为（－0.050）时，即表明该梁顶面

标高分别相对于 44.950m 和 48.250m 低 0.05m。

4. 梁原位标注的内容规定如下：

(1) 梁支座上部纵筋，该部位含贯通盘在内的所有纵筋：

1) 当上部纵筋多于一排时，用斜线"/"将各排纵筋自上而下分开。

【例 8-5】 梁支座上部纵筋注写为 6Φ25 4/2，则表示上一排纵筋为 4Φ25，下一排纵筋为 2Φ25。

同排纵筋有两种直径时，用加号"+"将两种直径的纵筋相连，注写时将角部纵筋写在前面。

【例 8-6】 梁支座上部有四根纵筋，2Φ25 放在角部，2Φ22 放在中部，在梁支座上部应注写为 2Φ25+2Φ22。

2) 中间支座两边的上部纵筋不同时，须在支座两边分别标注；当梁中间支座两边的上部纵筋相同时，可仅在支座的一边标注配筋值，另一边省去不注，如图 8-19 所示。

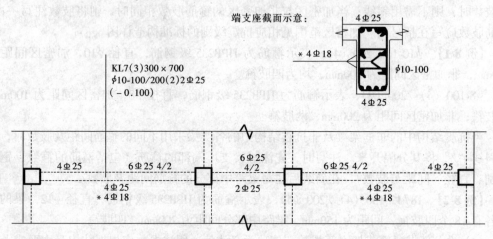

图 8-19 大小跨梁的注写方式

设计时应注意：

a. 对于支座两边不同配筋值的上部纵筋，宜尽可能选用相同直径（不同根数），使其贯穿支座，避免支座两边不同直径的上部纵筋均在支座内锚固。

b. 对于与边、角柱相交的屋面框架梁，当能够满足配筋截面面积要求时，其梁的上部钢筋应尽可能只配置一层，以避免梁柱纵筋在柱顶处因层数过多、密度过大导致不方便施工和影响混凝土浇筑质量。

(2) 梁下部纵筋：

1) 当下部纵筋多于一排时，用斜线"/"将各排纵筋自上而下分开。

【例 8-7】 梁下部纵筋注写为 6Φ25 2/4，则表示上一排纵筋为 2Φ25，下一排纵筋为 4Φ25，全部伸入支座。

2) 当同排纵筋有两种直径时，用加号"+"将两种直径的纵筋相连，注写时角筋写在前面。

3) 当梁下部纵筋不全部伸入支座时，将梁支座下部纵筋减少的数量写在括号内。

【例 8-8】 梁下部纵筋注写为 6Φ25 2 (−2) /4，则表示上排纵筋为 2Φ25，且不伸入支座，下排纵筋为 4Φ25，全部伸入支座。

4）梁的集中标注中已按规定分别注写了梁上部和下部均为贯通的纵筋值时，则不需要在梁下部重复做原位标注。

（3）侧面纵向构造钢筋或侧面抗扭纵筋，当梁高大于700mm时，需设置的侧面纵向构造钢筋按标准构造详图施工，设计图中不注。具体工程有不同要求时，应由设计者注明。

当梁某跨侧面布有抗扭纵筋时，须在该跨的适当位置标注抗扭纵筋的总配筋值，并在其前面加"＊"号。例如：在梁下部纵筋处另注写有＊6Φ18时，则表示该跨梁两侧各有3Φ18的抗扭纵筋。

（4）附加箍筋或吊筋，将其直接画在平面图中的主梁上，用线引注总配筋值（附加箍筋的肢数注在括号内），如图8-20所示，当多数附加箍筋或吊筋相同时，可在梁平法施工图上统一注明，少数与统一注明值不同时再原位引注。

施工时应注意：附加箍筋或吊筋的几何尺寸应按照标准构造详图，结合其所在位置的主梁和次梁的截面尺寸而定。

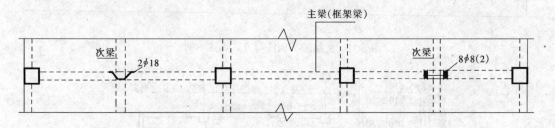

图8-20　附加箍筋和吊筋的画法

（5）当梁上集中标注的内容（即梁截面尺寸、箍筋、上部贯通筋或架立筋，以及梁顶面标高高差中的某一项或几项数值）不适用于某跨或某悬挑部分时，则将其不同数值原位标注在该跨或该悬挑部位，并下划细实线以示强调（见本章某些示例），施工时应按带下划实线的原位标注数值取用。

当在多跨梁的集中标注中已注明加腋，而该梁某跨的根部却不需要加腋时，则应在该跨原位标注等截面的 $b \times h$ 以修正集中标注中的加腋信息，见图8-21。

（二）截面注写方式

（1）截面注写方式，系在分标准层绘制的梁平面布置图上，分别在不同编号的梁中各选择一根梁用剖面号引出配筋图，并在其上注写截面尺寸和配筋具体数值的方式来表达梁平法施工图，如图8-22所示。

（2）对所有梁编号，从相同编号的梁中选择一根梁，先将"单边截面号"画在该梁上，再将截面配筋详图画在本图或其他图上。当某梁的顶面标高与结构层的楼面标高不同时，沿应继其梁编号后注写梁顶面标高高差（注写规定与平面注写方式相同）。

（3）在截面配筋详图上注写截面尺寸 $b \times h$、上部筋、下部筋、侧面筋和箍筋的具体数值时，其表达形式与平面注写方式相同。

（4）截面注写方式既可以单独使用，也可与平面注写方式结合使用。

注：在梁平法施工图的平面图中，当局部区域的梁布置过密时，除了采用截面注写方式表达外，也可采用前面所说的措施来表达。当表达异型截面梁的尺寸与配筋时，用截面注写方式相对比较方便。

四、梁支座上部纵筋的长度规定

（1）为方便施工，凡框架梁的所有支座和非框架梁（不包括井式梁）的中间支座上部

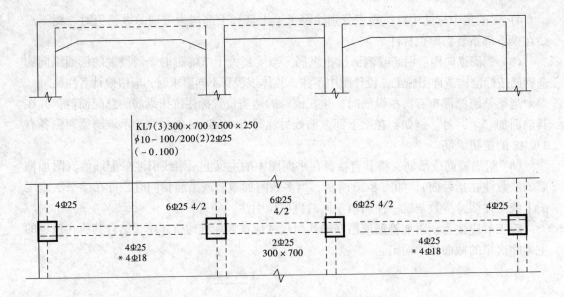

KL7(3)300×700 Y500×250
φ10-100/200(2)2Φ25
(-0.100)

4Φ25　　　6Φ25 4/2　　　6Φ25 4/2　　　6Φ25 4/2　　　4Φ25

4Φ25　　　　　2Φ25　　　　　4Φ25
*4Φ18　　　　300×700　　　*4Φ18

图 8-21　梁加腋平面注写方式表达示例

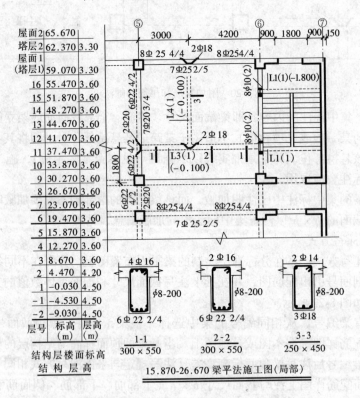

图 8-22　梁平法施工图截面注写方式

纵筋的延伸长度 l_0 值在标准构造详图中统一取为：第一排非贯通筋从柱（梁）边起延伸至 $l_n/3$ 位置；第二排非贯通筋延伸至 $l_n/4$ 位置。l_n 的取值规定为：对于端支座，l_n 为本跨的净跨值，对于中间支座，l_n 为支座两边较大一跨的净跨值。对于井式梁的支座上部纵筋的延伸长度 l_0 值，应由设计者采用在原位标注的支座上部纵筋后面，加注具体延伸长度值的方式予以注明。

（2）悬挑梁（包括其他类型梁的悬挑部分）上部第一排纵筋延伸至梁端头并下弯，第二排延伸至 $3l/4$ 的位置，l 为自柱（梁）边算起的悬挑净长。当具体工程需将悬挑梁中的部分上部盘斜向弯下时，应由设计者另加注明。

（3）特别是在大小跨相邻和端跨外为长悬臂的情况下，还应注意按《混凝土结构设计规范》（GB 50010—2002）第 9.3 节的规定进行校核，若不满足时应根据规范规定另行变更。

（4）不伸入支座的梁下部纵筋长度规定，当梁下部纵筋不全部伸入支座时，不伸入支座的梁下部纵筋截断点距支座边的距离，在标准构造详图中统一取为 $0.05l_m$（l_m 为本跨梁的净跨值）。

图 8-23 所示，是用传统表达方式画出的一根两跨钢筋混凝土连续梁的配筋图（为简化起见，图中只画出立面图和断面图）。从该图可以了解该梁的支承情况、跨度、断面尺寸以及各部分钢筋的配置状况。

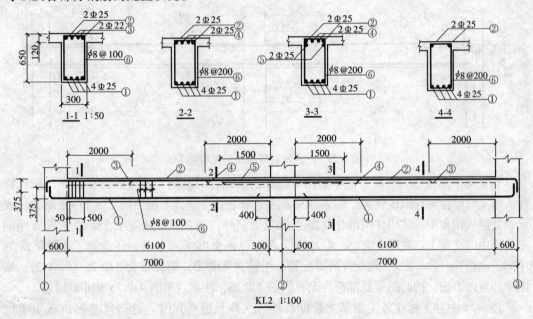

图 8-23　两跨连续梁配筋详图

如采用平面注写方式表达图 8-23 所示的两跨连续梁，可在该梁的平面布置图上标注，如图 8-24 所示，梁的平面注写包括集中标注和原位标注两部分。集中标注表达梁的通用数值，如图中引出线上所注写的三排数字。按规定：第一排数字注明梁的编号和断面尺寸：KL2 (2) 表示这是一根框架梁（KL），编号为 2，共有 2 跨（括号中的数字 2）。

梁断面尺寸是 $300\text{mm} \times 650\text{mm}$。第二排尺寸注写箍筋和上部贯通筋（或架立筋）情况：$\phi8$-100/200 (2) 表示箍筋为直径 $\phi8$ 的 HPB235 级钢筋，加密区（靠近支座处）间距为 100mm，非加密区间距为 200mm，均为 2 肢箍筋。2Φ25 表示梁的上部配有两根直径为 25mm 的 HRB335 级钢筋为贯通筋。如有架立筋，需注写在括号内。如 2Φ25 +（2Φ12），表示 2Φ25 的贯通筋和 2Φ12 的架立筋。如果梁的上部和下部都配有贯通筋，且各跨配筋相同，可在此处统一标注。如"3Φ22；3Φ20"，表示上部配置3Φ22的贯通筋，下部配置3Φ20的贯通筋，两者以分号";"分隔。第三排数字为选注内容，表示梁顶面标高相对于楼层结构标高的高差值，需写在括号内。梁顶面高于楼层结构标高时，高差为正（+）值，反之为负（-）值。图中（-0.050）表示该梁顶面标高比楼层结构标高低0.05m。

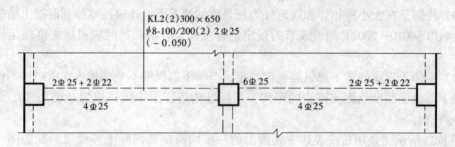

图 8-24　梁平面注写方式

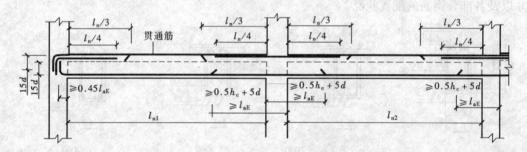

图 8-25　二级抗震等级楼层框架梁 KL

　　当梁集中标注中的某项数值不适用于该梁的某部位时，则将该项数值在该部位原位标注。施工时原位标注取值优先。图 8-24 中在左边和右边支座处上面注写 2Φ25＋2Φ22，表示该处除放置集中标注中注明的 2Φ25 上部贯通筋外，还在上部放置了 2Φ22 的端支座钢筋。而中间支座上部注明 6Φ25　4/2，表示除了 2 根Φ25 贯通筋外，还放置了 4 根Φ25 的中间支座钢筋（共 6 根）。此处分两排配置，上排为 4Φ25，第二排为 2Φ25（即 4/2）。从图中还可以看出，两跨的梁底部都各配有纵筋 4Φ25，注意这里的 4Φ25 并非贯通筋。

　　图 8-24 中并无标注各类钢筋的长度及伸入支座长度等尺寸，这些尺寸都由施工单位的技术人员查阅图集 00G101 中的标准构造详图，对照确定。图 8-25 所示是图集中画出的二级抗震等级楼层框架梁 KL 纵向钢筋构造图。图中画出该梁面筋、底筋、端支座筋和中间支座筋等的伸入（支座）长度和搭接要求。图中 l_{aE} 是抗震结构中梁的纵向受拉钢筋的最小锚固长度，可在图集中有关表格查出。如图 8-23 所示的梁，混凝土强度等级为 C25，受力筋为Φ25，从表中查得 $l_{aE}=40d=1000mm$，图中 l_{n1} 和 l_{n2} 为该跨的净空尺寸，如果 $l_{n1}\neq l_{n2}$，中间跨处的 l_n 取其大者。

第五节　结构施工平面图的读图实例

　　图 8-11、图 8-12、图 8-26~图 8-28 反映的是×××公司的宿舍楼的结构施工图，采用全现浇钢筋混凝土框架结构。基础采用柱下独立基础。本套图中梁、柱钢筋均采用平法标

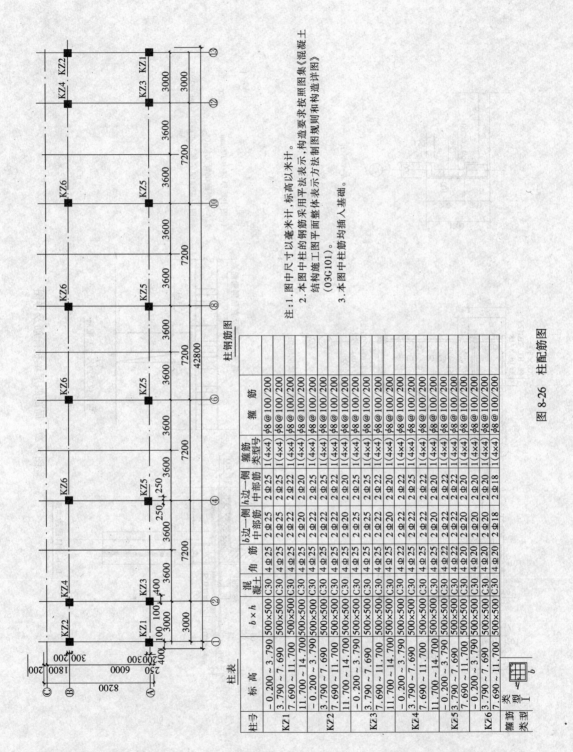

柱钢筋图

注:1. 图中尺寸以毫米计,标高以米计。
　　2. 本图中柱的钢筋采用平法表示,构造要求按照图集《混凝土
　　　 结构施工图平面整体表示方法制图规则和构造详图》
　　　 (03G101)。
　　3. 本图中柱筋均插入基础。

柱表

柱号	标高	$b \times h$	混凝土	角筋	b边一侧中部筋	h边一侧中部筋	箍筋类型号	箍筋
KZ1	−0.200～3.790	500×500	C30	4Φ25	2Φ25	2Φ25	1(4×4)	φ8@100/200
	3.790～7.690	500×500	C30	4Φ25	2Φ25	2Φ25	1(4×4)	φ8@100/200
	7.690～11.700	500×500	C30	4Φ25	2Φ22	2Φ22	1(4×4)	φ8@100/200
	11.700～14.700	500×500	C30	4Φ25	2Φ22	2Φ22	1(4×4)	φ8@100/200
KZ2	−0.200～3.790	500×500	C30	4Φ25	2Φ25	2Φ25	1(4×4)	φ8@100/200
	3.790～7.690	500×500	C30	4Φ25	2Φ22	2Φ22	1(4×4)	φ8@100/200
	7.690～11.700	500×500	C30	4Φ25	2Φ22	2Φ22	1(4×4)	φ8@100/200
	11.700～14.700	500×500	C30	4Φ25	2Φ25	2Φ25	1(4×4)	φ8@100/200
KZ3	−0.200～3.790	500×500	C30	4Φ25	2Φ25	2Φ25	1(4×4)	φ8@100/200
	3.790～7.690	500×500	C30	4Φ25	2Φ22	2Φ22	1(4×4)	φ8@100/200
	7.690～11.700	500×500	C30	4Φ22	2Φ22	2Φ22	1(4×4)	φ8@100/200
	11.700～14.700	500×500	C30	4Φ22	2Φ20	2Φ20	1(4×4)	φ8@100/200
KZ4	−0.200～3.790	500×500	C30	4Φ25	2Φ25	2Φ25	1(4×4)	φ8@100/200
	3.790～7.690	500×500	C30	4Φ22	2Φ22	2Φ22	1(4×4)	φ8@100/200
	7.690～11.700	500×500	C30	4Φ20	2Φ20	2Φ20	1(4×4)	φ8@100/200
	11.700～14.700	500×500	C30	4Φ20	2Φ20	2Φ20	1(4×4)	φ8@100/200
KZ5	−0.200～3.790	500×500	C30	4Φ20	2Φ20	2Φ20	1(4×4)	φ8@100/200
	3.790～7.690	500×500	C30	4Φ20	2Φ20	2Φ20	1(4×4)	φ8@100/200
	7.690～11.700	500×500	C30	4Φ20	2Φ20	2Φ20	1(4×4)	φ8@100/200
KZ6	−0.200～3.790	500×500	C30	4Φ20	2Φ20	2Φ20	1(4×4)	φ8@100/200
	3.790～7.690	500×500	C30	4Φ20	2Φ20	2Φ20	1(4×4)	φ8@100/200
	7.690～11.700	500×500	C30	4Φ18	2Φ18	2Φ18	1(4×4)	φ8@100/200

图 8-26　柱配筋图

215

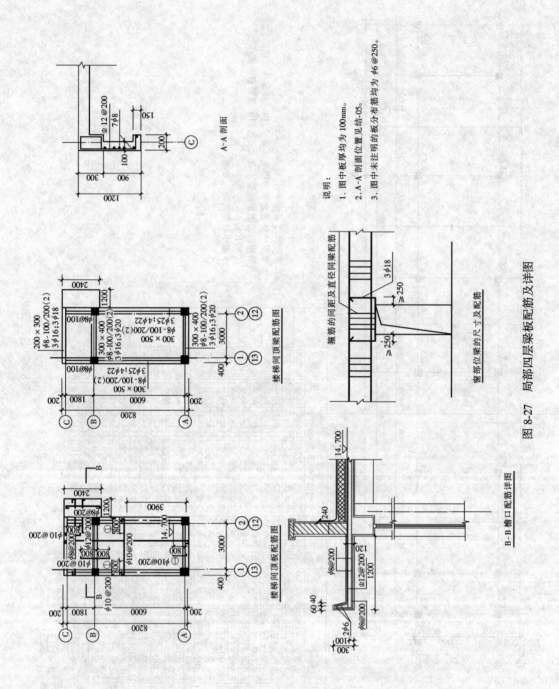

图 8-27 局部四层梁板配筋及详图

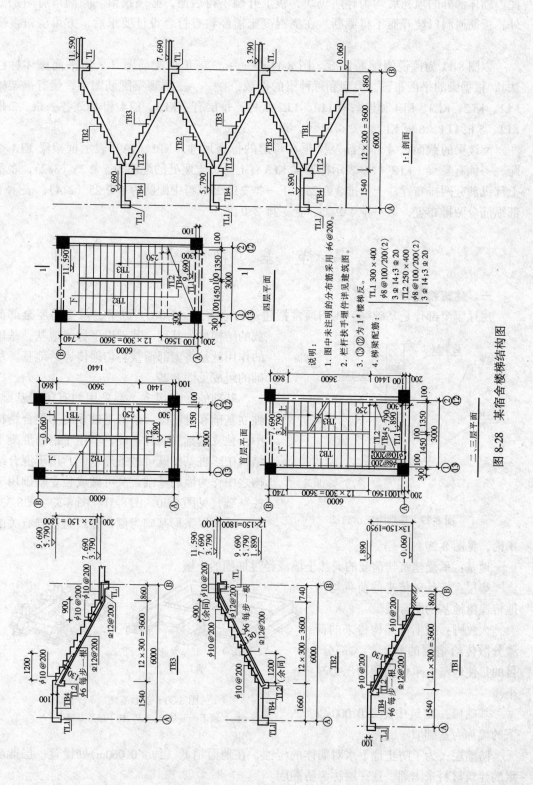

说明：
1. 图中未注明的分布筋采用 $\phi6@200$。
2. 栏杆扶手埋件详见建筑图。
3. ①②为 1# 楼梯反。
4. 梯梁配筋：

TL1 300×400
$3\,\underline{\Phi}\,14;3\,\underline{\Phi}\,20$ $\phi8@100/200(2)$
TL2 250×400
$3\,\underline{\Phi}\,14;3\,\underline{\Phi}\,20$ $\phi8@100/200(2)$

图 8-28　某宿舍楼梯结构图

217

注。砌体部分的填充墙均为轻质砌块，板上开洞不得后凿，必须预留。除洞口有附加筋外，板筋遇洞口绕开而不得截断。在浇混凝土前经检查符合设计要求后，方可浇筑混凝土。

以图 8-11 为例说明配筋情况。图 8-11 是一～三层顶梁配筋图（采用平面整体标注法），根据梁的平面布置、类型和每种梁的根数，在一、二层顶梁配筋图中，梁有框架梁 KL1、KL2、KL3、KL4 和连系梁 LL1、LL2 六种。每层有：KL3、KL4 和 KL2 各一根，2 根 KL1、5 根 LL1、6 根 KL2。

阅读梁的截面尺寸、配筋及梁顶在每层的标高尺寸。KL1（1A）表示框架梁 KL1 一跨，一侧有悬梁。KL3（7）表示框架梁 KL3 有七跨，支座处的配筋为 5Φ25（3/2），表示上部纵筋分两排布置，上一排 3Φ25，下一排 2Φ25，跨中配筋为 6Φ25（2/4），表示下部纵筋分两排布置，下一排 4Φ25，上一排 2Φ25。

第六节 基 础 图

一、建筑物基础

房屋哪个部位是基础呢？我们通常把建筑物地面（±0.000）以下、承受房屋全部荷载的结构称为基础。基础以下称为地基。基础的作用就是将上部荷载均匀地传递给地基。基础的组成见图 8-29。

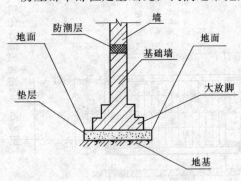

图 8-29　基础组成示意图

术语，见图 8-29。

地基：承受建筑物荷载的天然土壤或经过加固的土壤。

垫层：把基础传来的荷载均匀地传递给地基的结合层。

大放脚：把上部结构传来的荷载分散传给垫层的基础扩大部分，目的是使地基上单位面积的压力减小。

基础墙：建筑中把 ±0.000 以下的墙称为基础墙。

基础的形式很多，常采用的有条形基础、独立基础和桩基础。条形基础多用于混合结构中。独立基础又叫柱基础，多用于钢筋混凝土结构中。桩基础既可做条形基础，用于混合结构之中作为墙的基础，又可做成独立基础用于柱基础，见图 8-30、图 8-31、图 8-32、图 8-33。

下面以条形基础为例，介绍与基础有关的

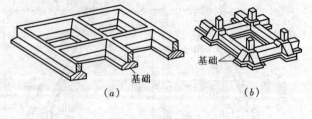

图 8-30　条形基础
（a）墙下条形基础；（b）柱下条形基础

防潮层：为了防止地下水对墙体的侵蚀，在地面稍低（约 -0.060m）处设置一层能防水的建筑材料来隔潮，这一层称为防潮层。

基础图主要用来表示基础、地沟等的平面布置及基础、地沟等的做法，包括基础平面图、基础详图和文字说明三部分。主要用于放灰线、挖基槽、基础施工等，是结构施工图的重要组成部分之一。

二、基础图的形成和作用

1. 基础平面图的产生和作用

假设用一水平剖切面，沿建筑物底层室内地面把整栋建筑物剖开，移去截面以上的建筑物和基础回填土后，作水平投影，就得到基础平面图。

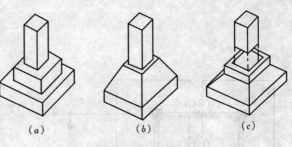

图 8-31　独立基础
(a) 阶梯形；(b) 锥台形；(c) 杯形

基础平面图主要表示基础的平面布置以及墙、柱与轴线的关系，为施工放线、开挖基槽或基坑和砌筑基础提供依据。

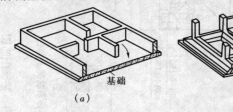

图 8-32　板式基础
(a) 无梁式；(b) 有梁式

2. 画法

在基础图中，绘图的比例、轴线编号及轴线间的尺寸必须同建筑平面图一样。线型的选用惯例是基础墙用粗实线，基础底宽度用细实线，地沟等用细虚线。

3. 基础平面图的特点

(1) 在基础平面图中，只画出基础墙（或柱）及基础底面的轮廓线，其他细部轮廓线都省略不画，如大放脚就不表示。这些细部的形状和尺寸在基础详图中表示。

(2) 由于基础平面图实际上是水平剖面图，故剖到的基础墙、柱的边线用粗实线画出；基础边线用中实线画出；在基础内留有孔、洞及管沟位置用虚线画出。

(3) 断面剖切符号。凡基础截面形状、尺寸不同时，即基础宽度、墙体厚度、大放脚、基底标高及管沟做法等不同，均标有不同的断面剖切符号，表示画有不同的基础详图。根据断面剖切符号的编号可以查阅基础详图。

(4) 不同类型的基础、柱分别用代号 J1、J2……Z1、Z2……表示。

4. 基础平面图的内容

基础平面图主要表示基础墙、柱、留洞及构件布置等平面位置关系，包括以下内容：

(1) 图名和比例。基础平面图的比例应与建筑平面图相同。常用比例为 1:100、1:200。

(2) 基础平面图应标出与建筑平面

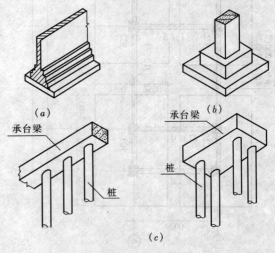

图 8-33　常见的基础类型
(a) 条形基础；(b) 独立柱基础；(c) 桩基础

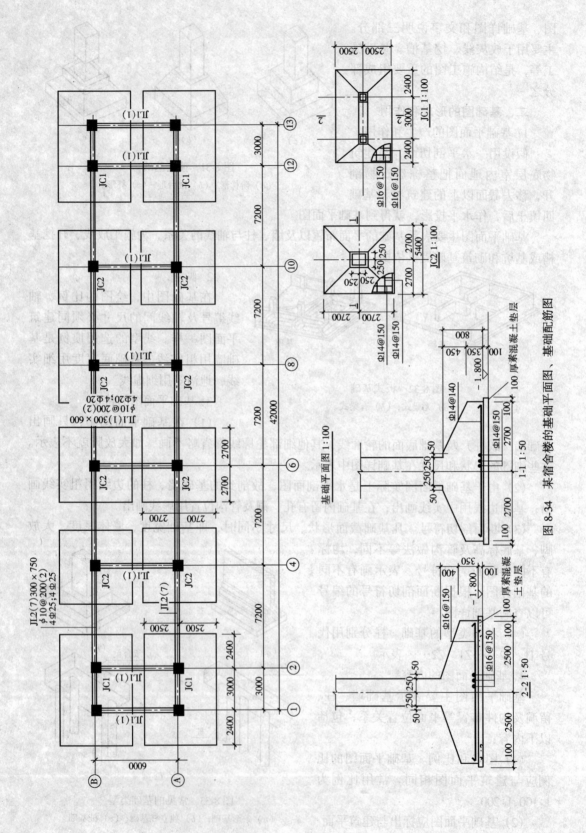

基础平面图 1:100

图 8-34 某宿舍楼的基础平面图、基础配筋图

220

图相一致的定位轴线及其编号和轴线之间的尺寸。

（3）基础的平面布置。基础平面图应反映基础墙、柱、基础底面的形状、大小及基础与轴线的尺寸关系。

（4）基础梁的布置与代号。不同形式的基础梁用代号 JL1、JL2……表示。

（5）基础的编号、基础断面的剖切位置和编号。

（6）施工说明。用文字说明地基承载力及材料强度等级等。

5. 基础详图的特点与内容

（1）不同构造的基础应分别画出其详图，当基础构造相同仅部分尺寸不同时，也可用一个详图表示，但需标出不同部分的尺寸。基础断面图的边线一般用粗实线画出，断面内应画出材料图例；若是钢筋混凝土基础，则只画出配筋情况，不画出材料图例。

（2）图名与比例。

（3）轴线及其编号。

（4）基础的详细尺寸，基础墙的厚度，基础的宽、高，垫层的厚度等。

（5）室内外地面标高及基础底面标高。

（6）基础及垫层的材料、强度等级、配筋规格及布置。

（7）防潮层、圈梁的做法和位置。

（8）施工说明等。

6. 读图示例

图 8-34 为基础平面图和基础配筋图，本图中所介绍的宿舍楼基础为钢筋混凝土柱下独立基础。

基础沿Ⓐ、Ⓑ轴布置，①、②轴和⑫、⑬轴的左右两柱各共用一个基础，为 JC1，共四个，其他为 JC2，共八个。

基础 JC1、JC2 有详图表示其各部尺寸、配筋和标高等。

基础用基础梁连系，横向基础梁为 JL1，共 8 根，纵向基础梁为 JL2，共 2 根。

基础梁 JL1 采用集中标注方法，标注含义为：JL1 为梁编号；（1）为跨数；300×600 为梁截面尺寸；φ10@200 为箍筋；（2）为双肢箍；4Φ20 为下部钢筋；4Φ20 为上部钢筋。

基础梁 JL2（7）表示梁从①～⑬轴共七跨；截面尺寸为 300×750，

φ10@200 为箍筋；双肢箍；4Φ25 为下部钢筋；4Φ25 为上部钢筋。

第九章 设备施工图

第一节 概 述

一、设备施工图的内容

一幢房屋，除了具有建筑和结构两大部分外，还要包括一些配套设备的施工，例如给水、排水、采暖、通风、电气照明、消防报警、电话通讯、有线电视、煤气等各种设备系统。设备施工图就是表达这些设备系统的组成、安装等内容的图纸。

根据建筑物功能的要求，按照建筑设备工程的基本原则和相关标准规范进行设计，然后根据设计结果绘制成图样，以反映设备系统布置形式、材料选用、连接方式、细部构造及其他技术参数，并指导设备系统安装施工，这种图样称为设备施工图。

设备施工图的种类很多，常见的有给排水设备施工图、供暖通风设备施工图、电气系统设备施工图、煤气设备施工图等。设备施工图虽然有多种多样的类型，但是都包括下列内容：

1. 设计总说明

用文字的形式表述设备施工图中不易用图样表达的有关内容，如设计数据、引用的标准图集、使用的材料器件列表、施工要求以及其他技术参数等。

2. 设备平面图

表示设备系统的平面布置方式，各种设备与建筑、结构的平面关系，平面上的连接形式等。平面图一般是在建筑平面图的基础上绘制的。

3. 设备系统图

表示设备系统的空间关系或者器件的连接关系。系统图与平面图相结合能很好地反映系统的全貌和工作原理。

4. 详图

表示设备系统中某一部位具体安装细节或安装要求的图样，通常采用已有的标准图集。

二、设备施工图的特点

(1) 设备施工图和建筑施工图、结构施工图一起组成一套完整的房屋施工图，有着密切的联系。因此，在设计过程中，必须注意与其他工程的紧密配合和协调一致，只有这样，才能使建筑物的各种功能得到充分发挥。

(2) 设备施工图一般采用规定的图形符号表示各种设备、器件、管网、线路等。而这些图例符号一般不反映实物的原形，因此，在识图前应首先了解各种符号表示的实物。

(3) 设备施工图中用系统图等图样表示设备系统的全貌和工作原理。

(4) 设备施工图往往直接采用通用的标准图集上的内容，表达某些构件的构造和作法。

（5）设备施工图中有许多安装、使用、维修等方面的技术要求不在图样中表达，因为有关的标准和规范中都有详细的规定，在图样中只需说明参照某一标准执行即可。

（6）各种设备系统都有自己的走向，在识图时，按顺序去读，使设备系统一目了然，更加易于掌握。

第二节　给排水系统设备施工图

给排水工程包括给水工程和排水工程两方面。给水工程是指水源取水、水质净化、净水输送、配水使用等工程；排水工程是指污水排出、污水处理、污水排放等工程。给排水工程都是由各种管道及其配件和水处理设备、构件组成。在房屋建筑工程中给排水工程是必不可少的。因此，给排水工程的施工图是工程图的一个主要内容。

给排水施工图包括室内给排水施工图和室外给排水施工图两部分。室内部分表示一栋建筑物的给水和排水工程，主要包括给排水平面图、给排水系统图和详图及施工说明。室外给排水施工图主要表示建筑物室外给水排水管道的布置，与室内管道的引入管、排出管之间的连接，以及管道的敷设坡度、埋深和交接情况、检查井位置和深度等。室外给排水施工图包括给排水平面图、管道纵剖面图、附属设备的详图等。

一、室内给排水施工图

（一）室内给排水平面图

1. 图示内容

室内给排水平面图是表明建筑物内给排水管道及设备的平面布置。可将室内给水管道和室内排水管道平面图分开绘制，也可以合画在一起。如图 9-2、图 9-3 是分开绘制的。主要包括以下内容：

（1）室内卫生设备的类型、数量以及平面位置。

（2）室内给水系统和排水系统中各个干管、立管、支管等的平面位置、走向、立管编号和管道的安装方式（明装或暗装）。

（3）管道器材设备如阀门、消火栓、地漏、清扫口等的平面位置。

（4）给水引水管、水表节点和污水排出管、检查井等的平面位置、走向以及与给水排水管网的连接（底层平面图）。

（5）管道及设备安装、预留洞的位置、预埋件、管沟等方面对土建的要求。

2. 图示特点

（1）比例

给排水平面图的比例，可与房屋建筑平面图相同，一般为用 1:100。根据需要也可用更大的比例，如 1:50；或较小的比例，如 1:200 等。

（2）给排水平面图的数量

多层房屋的给排水平面图原则上应分层绘制。若楼层平面用水房间和卫生设备及管道布置完全相同时，则只需画出一个平面图。由于底层管道平面图中的室内管道须与户外管道相连，所以必须单独绘制。而各楼层管道平面图，只需把有卫生设备和管路布置的盥洗房间范围的平面图画出即可，不必画出整个楼层的平面图。若屋顶有水箱时，可单独画出屋顶的平面图，但当管路布置较简单时，可将水箱画在顶层平面布置图中，用双点划线画出。

(3) 房屋平面图

给排水平面图中所画的房屋平面图不是用于房屋的土建施工，仅作为管道系统各组成部分的水平布局和定位基准。因此，仅需抄绘房屋的墙身、柱、门窗洞、楼梯、台阶等主要构配件，至于房屋的细部和门窗代号等均可略去。房屋平面图的轮廓图线都用细线（0.35b）绘制。底层平面图要画全轴线，楼层平面图可仅画边界轴线。

(4) 卫生器具平面图

常用的配水器具和卫生设备，如洗脸盆、大便器、淋浴器等是定型产品，不必详细画出其形体，可按表9-1图例画出；施工时，可按《给水排水国家标准图集》来安装。而盥洗槽、小便槽等是现场砌筑的，另有详图。所有的卫生器具图线都用细线（0.35b）绘制。也可用中粗线（0.5b），按比例画出其平面图形的外轮廓，内轮廓则用细实线表示。

(5) 管道平面图

管道是平面布置图的主要内容，通常用各种线型来表示不同性质系统的管道。如表9-1所列：给水管用粗实线（b）表示，污、废水管用粗虚线（b）表示；管道的立管用黑圆点（其直径约为3b）表示。

各种管道不论在楼面（地面）之上或之下，均不考虑其可见性，仍按管道类别用规定的线型画出。当在同一平面布置有几根上下不同高度的管道时，若严格按投影来画平面图，会重叠在一起，此时可以画成平行排列，即使明装的管道也可画入墙线内，但要在施工说明中注明该管道系统是明装的。

给水系统的引入管和污、废水管系统的室外排出管仅需在底层管道平面图中画出，楼层管道平面图中一概不需绘制。

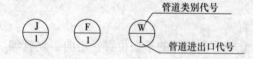

图9-1 给排水进出口编号表示法

(6) 管道系统及立管的编号

为了便于读图，当室内给排水管路系统的进出口数大于等于两个时，各种管路系统应分别予以编号。给水管可按每一室外引入管为一系统，污、废水管道以每一个承接排水管的检查井为一系统。系统索引符号如图9-1所示，用细线（0.35b）的单圆圈表示，圆圈直径以10mm为宜；圆圈上部的文字代表管道系统的类别，以汉语拼音的第一个字母表示，如"J"代表给水系统，"W"代表污水系统，"F"代表废水系统，圆圈下部的用阿拉伯数字顺序注写系统编号。图中有立管时，用指引线标上立管代号XL，X表示的是管道类别（如J，W或F）代号；若一种系统的立管数在两个或两个以上时，应注出管道类别代号、立管代号及数字编号。如JL-1表示1号给水立管，JL-2表示2号给水立管。

(7) 尺寸和标高

房屋的水平方向尺寸，一般在底层管道平面图中只需注出其轴线间尺寸。至于标高，只需标注室外地面的整平标高和各层楼面标高。

卫生器具和管道一般都是沿墙靠柱设置的，不必标注定位尺寸。必要时，以墙面或柱面为基准标出。卫生器具的规格可用文字标注在引出线上，或在施工说明中写明。

管道的长度在备料时只需用比例尺从图中近似量出，在安装时则以实测尺寸为依据，所以图中均不标注管道长度。至于管道的管径、坡度和标高，因管道平面图不能充分反映管道在空间的具体布置、管路连接情况，故均在管道系统图中予以标注。管道平面图中一概不标。

(8) 图例及说明

为了便于阅读图纸，无论是否采用标准图例，最好都应附上各种管道、管道附件及卫生设备等的图例，并对施工要求、有关材料等情况用文字加以说明。

管道系统上的附件及附属设备也都按表9-1所列的图例绘制。

给水排水施工图中的常用图例   表 9-1

名 称	图 例	说 明
给水管		
排水管		
雨水管		
检查井		
矩形化粪池	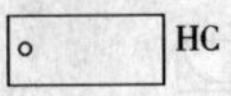 HC	HC 为化粪池代号
立 管	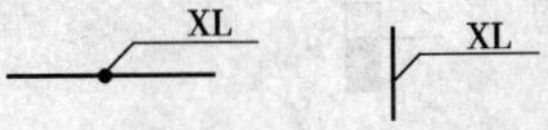 XL XL	X 为管道类别代号
放水龙头		
淋浴器		
自动冲洗水箱	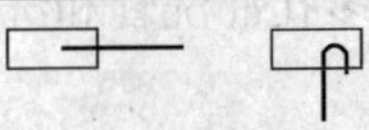	
水表井		
检查口	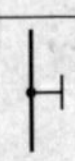	
清扫口		
通气帽		
存水弯		
圆形地漏	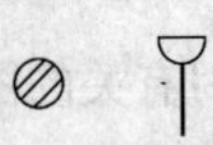	

名　称	图　例	说　明
截止阀		
闸　阀		
污水池		最好按比例绘制
坐式大便器	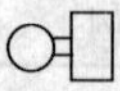	最好按比例绘制
挂式小便器		最好按比例绘制
蹲式大便器	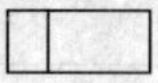	最好按比例绘制
小便槽	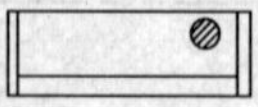	最好按比例绘制
方沿浴盆		最好按比例绘制
洗脸盆		最好按比例绘制
雨水口		

3. 室内给排水平面图示例

如图 9-2 所示为某宿舍楼底层和二、三层室内给水平面图。从图中看出，给水管自房屋的西北角入口，通过底层水平干管分三路送到用水处：第一路通过立管 1 送入大便器和盥洗槽；第二路通过立管 2 送入小便槽多孔冲洗管和洗涤池；第三路通过立管 3 送入淋浴间的淋浴喷头。

图 9-3 所示为某宿舍楼底层和二、三层室内排水平面图。从图中看出，排出管布置在西北角，为了便于粪便的处理，将粪便排出管与淋浴、盥洗排出管分开，把后者的排出管布置在房屋的前墙面，直接排到室外排水管道；也可先排到室外雨水沟，再由雨水沟排入室外排水管道。

4. 绘图步骤

（1）先画底层给水排水平面图，再画各楼层的给排水平面图。

（2）绘制每层给水排水平面图时，先抄绘房屋平面图和卫生器具的平面图，再画管道的平面图。

（3）画管道的平面图时，先画立管，再画引入管和排水管，最后按水流方向画出横支管和附件。给水管一般画至各设备的放水龙头或冲洗水箱的支管接口；排水管一般画至各设备的废、污水的排泄口。

（4）标注有关尺寸、标高、编号、注写有关的图例及文字说明等。

（二）给排水系统图

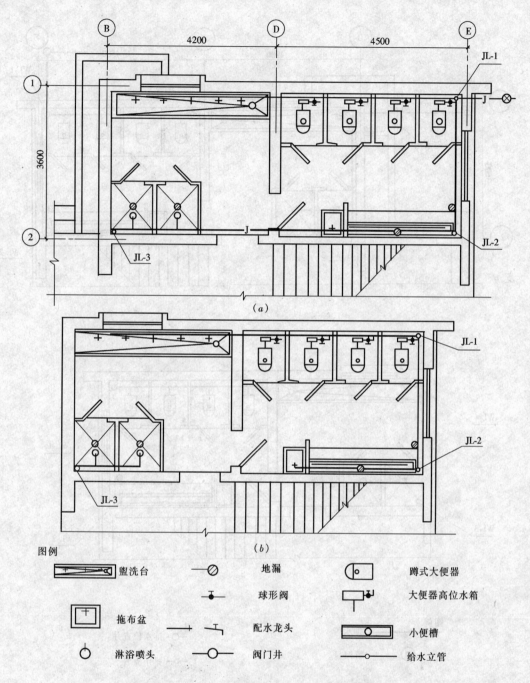

图 9-2 某宿舍楼室内给水平面图

(a) 底层给水平面图; (b) 二、三层给水平面图

1. 给排水系统图的图示内容

为了清楚地表示给水排水管道的空间布置情况,室内给水排水施工图,除平面布置图外,还需要有一个同时能反映空间三个方向的图来表达。这种图被称为给排水系统图(或称管系轴测图)。给排水系统图能反映各管道系统的管道空间走向和各种附件在管道上的位置。

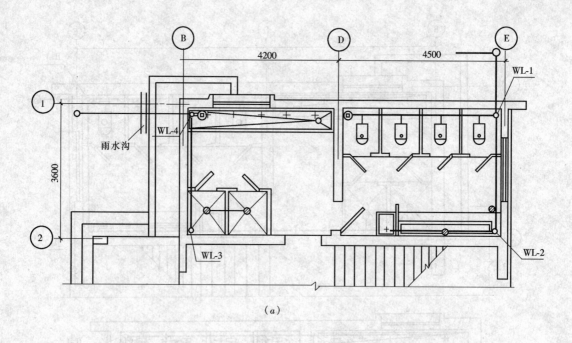

(a)

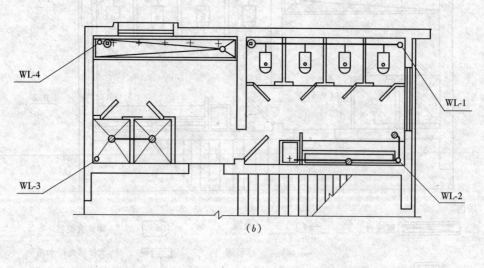

(b)

图例

———— 排水管   ─○─ 排水检查井

▣ 清扫口   ○ 排水立管

图 9-3 某宿舍楼室内排水平面图

(a) 底层排水平面图；(b) 二、三层排水平面图

　　给排水系统图表示给水管道和排水管道系统之间的空间走向，各管段的管径、标高、排水管道的坡度以及各种附件在管道上的位置。

　　2. 给排水系统图的图示特点

　　(1) 比例

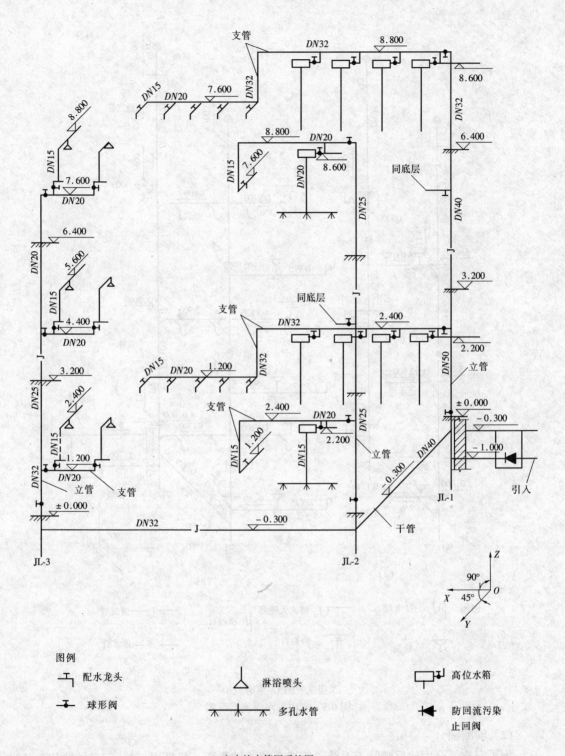

图例

⊣ 配水龙头　　　△ 淋浴喷头　　　⊡ 高位水箱

⊣• 球形阀　　　⊬ 多孔水管　　　◁ 防回流污染止回阀

室内给水管网系统图 1:100

图 9-4　室内给水管网系统图

　　一般采用与管道平面图相同的比例 1:100。当管道系统复杂或简单时，也可采用1:50、1:200。总之，视具体情况而定，以能表达清楚管路情况为基准。

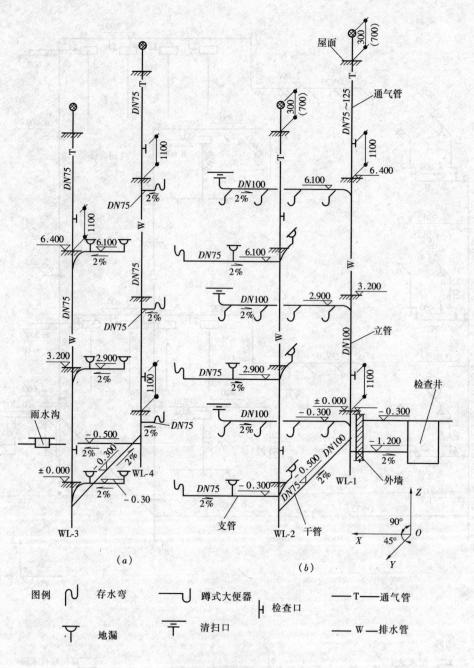

室内排水管网系统图 1:100

图 9-5　室内排水管网系统图

（2）轴测轴

为了完整、全面地反映管道系统，管道系统的轴测图一般采用三等正面斜轴测图。即 O_PX_P 轴处于水平位置；O_PZ_P 轴垂直；O_PY_P 轴一般与水平线成 45°的夹角。三轴的变形系数 $P_X = P_Y = P_Z = 1$，如图 9-6 所示。管道系统图的轴向要与管道平面图的轴向一致，即 O_PX_P 轴与管道平面图的水平方向一致，O_PZ_P 轴与管道平面图的水平方向垂直。

（3）管道系统

各种不同性质的管道系统，可按平面图上的编号分别绘制管道系统图。这样可避免过多的管道重叠和交叉，但当管道系统简单时，有时可画在一起。

图9-4、图9-5是根据图9-2、图9-3的平面布置图画出来的某宿舍楼的室内给排水系统图。

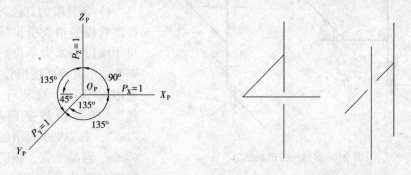

图9-6　三等正面斜轴测图　　　　　　图9-7　交叉管线的表示

管道的画法与管道平面图一样，用各种线型来表示各个系统。管道附件及附属构筑物也都用图例表示（参见表9-1）。当空间交叉的管道在图中相交时，应区分可见性，可见管道画成连续，不可见管道被遮挡的部分应断开，如图9-7所示。当管道被附属构筑物等遮挡时，可用虚线画出，此虚线粗度应与可见管道相同，但分段比表示污、废水管的线型短些，以示区别。

在管道系统图中，当管道过于集中、无法画清楚时，可将某些管段断开，移至别处画出，并在断开处用细点划线（$0.35b$）连接。如图9-8所示，前面淋浴喷头的管道，若按正确画法，将与后面的引入管混杂在一起，使图样不清楚，因此，在 A 点将管道断开，把前面的管道平移至空白处画出，图中移向右边，中间连以点划线，断开处画以断裂符号"波浪线"，并注明连接点的相应符号"A"，以便对应查阅。

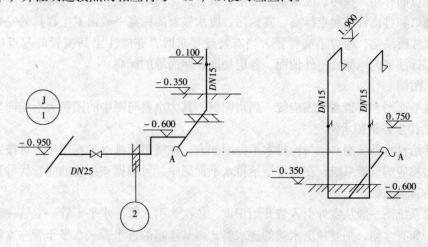

图9-8　管道过于集中时的画法

（4）房屋构件位置的表示

为了反映管道与房屋的联系，在管道系统图中还要画出被管道穿过的墙、梁、地面、楼面和屋面的位置，其表示方法如图9-9所示。这些构件的图线均用细线（$0.35b$）画出，剖面线的方向按剖面轴测图的剖面线方向绘制。

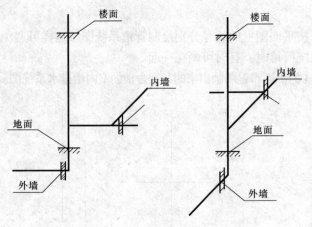

图 9-9　房屋构件的画法

（5）管道的标注

管道系统中所有管段的直径、坡度和标高均应标注在管道系统图上。

1）各管段的直径可直接标注在该管段旁边或引出线上。管径尺寸应以毫米为单位。镀锌焊接钢管、不镀锌焊接钢管、铸铁管、聚丙烯管等，应标注"公称直径"，在管径数字前加注代号"DN"，如 $DN50$ 表示公称直径为 50mm。混凝土管、钢筋混凝土管等管径以内径 d 表示，如 $d200$ 等。焊接钢管（直缝或螺旋缝电焊钢管）、无缝钢管等，管径以"外径 × 壁厚"表示（如 $D108 \times 4$ 等）。

2）给水系统的管路因为是压力流，当不设置坡度时，可不标注坡度。排水系统的管路一般都是重力流，所以在排水横管的旁边都要标注坡度，坡度可注在管段旁边或引出线上，在坡度数字前须加代号"i"，数字下边再以箭头以示坡向（指向下游），如 $i = \xrightarrow{0.05}$。当污、废水管的横管采用标准坡度时，在图中可省略不注，而在施工说明中写明即可。

3）标高应以米为单位，宜注写到小数点后第 3 位。管道系统图中标注的标高都是相对标高。在给水系统图中，标高以管中心为准，一般要求注出横管、阀门、放水龙头、水箱等各部位的标高。在污、废水系统图中，横管的标高以管底为准，一般只标注立管的管顶、检查口和排出管的起点标高，其他污、废水横管的标高一般由卫生器具的安装高度和管件的尺寸所决定，所以不必标注。当有特殊要求时，亦应注出其横管的起点标高。此外，还要标注室内地面、室外地面、各层楼面和屋面等的标高。

（6）图例

管道平面图和管道系统图应统一列出图例，其大小要与图中的图例大小相同。

3. 给排水系统图示例

识读给排水系统图必须与给排水平面图配合。在底层给排水平面图中，可按系统索引符号找出相应的管道系统；在各楼层给排水平面图中，可根据该系统的立管代号及位置找出相应的管道系统。

给水系统图一般从室外引入管开始识读。依次为引入管—水平干管—立管—支管—卫生器具；如有水箱，则要找出水箱的进水管，再从水箱的进水管—水平干管—立管—支管—卫生器具；排水系统图则要按照卫生器具—连接管—横支管—立管—排出管—检查井的顺序进行识读。

下面以图 9-4 的 JL-1 为例，识读如下：

从底层给水管网平面图（图 9-2）中找出 JL-1 管道系统的引入管。由两图可知：室外引入管中心标高为 –1.000,穿墙后通过水平干管（管径为 $DN32$，管中心标高为 –0.300）

分三路送到用水处,第一路通过立管 1(JL-1)送入大便器和盥洗槽;第二路通过立管 2 送入小便槽多孔冲洗管和洗涤池;第三路通过立管 3 送入淋浴间的淋浴喷头。从立管 JL-1 中看出楼地面的标高分别为 ±0.000、3.200、6.400;在标高为 2.400、8.800 处接管径为 DN32 的支管,其上接大便器高位水箱各四个,其中,标高为 2.400 的支管通过轴线为①的墙后降至标高为 1.200 接水龙头五支,标高为 8.800 的支管通过轴线为①的墙后降至标高为 7.600 接水龙头五支。二层的设置同底层,未画。

其他系统图读者自行识读。

4. 绘图步骤

(1) 画出系统的立管,定出各层的楼(地)面线、屋面线。

(2) 画给水引入管及屋面水箱的管路,排水管系统中的污水排出管、窨井及立管上的检查口和通气帽等。

(3) 从立管上引出各横向的连接管段,并画出给水管道系统中的截止阀、放水龙头、连接支管、冲洗水箱等或排水管系中的承接支管、存水弯、地漏等。

(4) 画墙、梁等的位置。

(5) 注写各管段的公称直径、坡度、标高,注写有关的图例及文字说明等。

二、室外给水排水施工图

(一) 室外给水排水总平面图

1. 室外给水排水总平面图的图示内容和特点

室外给水排水总平面图主要表明新建房屋周围的给排水管网的平面布置图。一般包括建筑总平面图的主要内容,表明地形及建筑物、道路等平面布置及标高情况;该区域内给排水管道及设施的平面布置、规格、数量、标高、坡度、流向等。

(1) 比例

室外给水排水总平面图主要以能表达清楚的室外管道为基准,比例不宜小于 1:500,一般采用与建筑总平面图相同的比例。

(2) 建筑物及各种附属设施

各种建筑物、道路、围墙等均按建筑总平面图的图例绘制,用中粗线画出建筑物外轮廓,其余地貌、道路、围墙等用细线画出,绿化可不画。

(3) 管道

一般把各种管道合画在一张总平面图上。各种管道可用不同线型表示。各种管道和附属构筑物都按表 9-1 所列的图例绘制。给水管道用粗实线(b),污、废水管道用粗虚线(b),雨水管道用粗双点划线(b),附属构筑物都用细线(0.35b)画出。

(4) 尺寸

各种管道的管径按管道系统图图示特点中的第 5 点所述方法标注,一般注在管道旁边,当地位有限时,可用引出线标出。

室外管道一般应标注绝对标高,当无绝对标高资料时,也可用相对标高标出。这些标高都标在引出线的上方,在引出线的下方标出各检查井的编号。如 Y-4 表示 4 号雨水井,W-1 表示 1 号污水井。检查井的编号顺序应从上游向下游,先干管后支管。

管道及附属构筑物的定位尺寸可以以附近房屋的外墙面为基准注出。对于复杂工程可以用标注建筑坐标来定位。

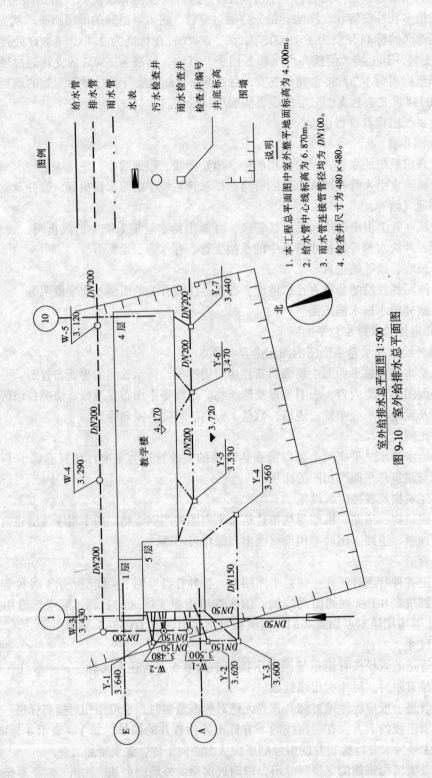

图例

———— 给水管

– – – 排水管

—·—·— 雨水管

▶ 水表

○ 污水检查井

□ 雨水检查井

检查井编号

井底标高

围墙

说明

1. 本工程总平面图中室外整平地面标高为 4.000m。

2. 给水管中心线标高为 6.870m。

3. 雨水管连接管管径均为 DN100。

4. 检查井尺寸为 480×480。

室外给排水总平面图 1:500

图 9-10 室外给排水总平面图

（5）指北针（或风玫瑰图）

为了表示房间的朝向，在管道总平面图上应画出指北针（或风玫瑰图）。

（6）图例

在管道总平面图上，应列出该图所用的图例，以便于识读。

（7）施工说明

施工说明一般有以下几个内容：标高、尺寸、管径的单位；与室内地面标高±0.000相当的绝对标高值；管道的设置方式（明装、暗装）；各种管道的材料及防腐、防冻措施；卫生器具的规格，冲洗水箱的容积；检查井的尺寸；所套用的标准图的图号；安装质量的验收标准；其他施工要求等。

2. 给排水总平面图示例

图 9-10 是某教学楼的给排水总平面图，在该图中，给水管道自南面围墙城市室外给水管引入后，经过水表，向北的支管 DN50 供应淋浴室及厕所。污水管道自厕所排出，直接排入检查井 W-1 及 W-2，管径为 DN150，流向北面 W-3 后转角向东，由 DN200 管径接至围墙外城市污水管。淋浴室废水排入雨水管道检查井 Y-1，管径为 DN150，然后沿着教学楼南面外墙，承接各个屋面雨水连接管，以管径 DN200 向东，自检查井 Y-7 通向城市雨水管道。

3. 给排水总平面图的画图步骤

（1）绘出建筑总平面图。

（2）画出给水系统的引入管和排水系统的排出管，并布置道路进水井（雨水井）。

（3）根据市政部门提供的原有室外给水系统和排水系统的情况，确定给水管线和排水管线。

（4）画出给水系统的水表、闸阀、排水系统的检查井和化粪池等。

（5）标出管径和管底的标高以及管道和附属构筑物的定位尺寸。

（6）画图例及注写说明。

（二）管道纵剖面图

1. 管道纵剖面图的内容及特点

管道纵剖面图主要表明管道的埋置深度、坡度及管道的竖向空间关系等。图 9-11 是一段排水管道的纵剖面图，表达了该排水管道的纵向尺寸、埋深、检查井的位置、深度，以及与之交叉的其他管道的空间位置。

（1）比例。

由于管道的长度方向比其直径方向大得多，为了说明地面起伏情况，通常在纵剖面图中采用横、竖两种不同的比例。

（2）管道、检查井、地层的纵剖面图。

在管道剖面图的下方用表格分项列出该干管的各项设计数据，如干管的直径、坡度、埋设深度，设计地面标高，自然地面标高，管底标高，检查井编号，检查井间距等。此外，还常在最下方，画出管道平面示意图，以便与剖面图对应。

（3）图线。

在管道纵剖面图中，通常将管道画成粗实线，压力管（如给水管）以单粗实线表示，重力管（如排水管、雨水管）以双粗实线表示，检查井、地面和钻井等剖面画成中实线，其他分格线、标注线等则采用细实线。

（4）为了显示土层的构造情况，在纵剖面图上还应绘出有代表性的钻井位置和土层的构造剖面。

2. 管道纵剖面图的绘图步骤

（1）选择合适的纵横向比例，布置图面。

（2）根据纵向比例，绘出水平分格线；根据横向比例和检查井间距绘出垂直分格线。

（3）画干管、检查井、地面线的剖面图。由于横竖比例不同，与干管连接或交叉的管道截面，可画成椭圆形。有时也可将管径较小的管道截面简化为圆形。

（4）检查无误后加深图线，注写文字说明。

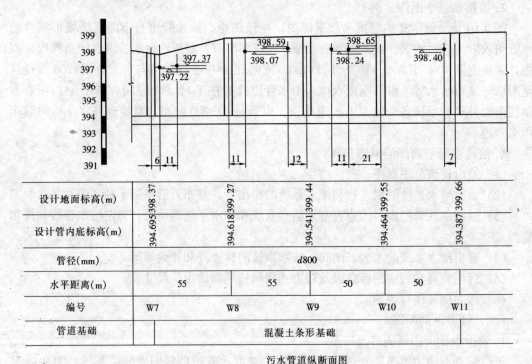

设计地面标高(m)	398.37	399.27	399.44	399.55	399.66
设计管内底标高(m)	394.695	394.618	394.541	394.464	394.387
管径(mm)			d800		
水平距离(m)	55	55	50	50	
编号	W7	W8	W9	W10	W11
管道基础			混凝土条形基础		

污水管道纵断面图

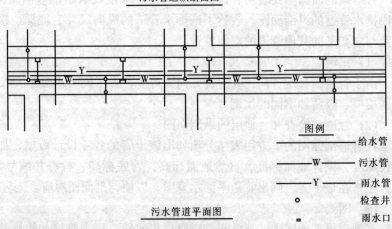

图例	
——————	给水管
——W——	污水管
——Y——	雨水管
○	检查井
▫	雨水口

污水管道平面图

图 9-11　室外给排水纵剖面图

三、详图

室内给排水平面图、给排水系统图和室外给排水总平面图及管道纵剖面图等，只表示了管道的连接情况、走向和配件的位置。这些图样比例较小，配件的详细构造和安装等情况表达不清楚。为了便于施工，需用较大比例画出配件及其安装详图。

常用的配件如果采用的是标准图集上的图，不必另行绘制，只需在施工图中，注明所套用的详图编号即可。

详图一般采用较大的比例，以能表达清楚或按施工要求确定。详图必须画得详尽、具体、明确，尺寸注写充分，材料、规格清楚。图 9-12 是挂式小便器明装和暗装两种形式的详图。图中绘制了正立面图、平面图和侧立面图，清楚地表达了挂式小便器的安装位置、管件连接方式、固定方法等。

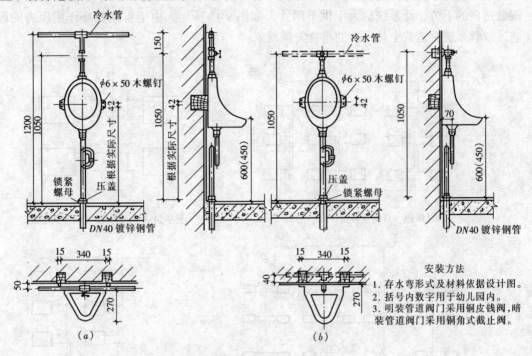

图 9-12　挂式小便器详图
(a) 给水管明装；(b) 给水管暗装

第三节　供暖、通风系统设备施工图

一、概述

供暖和通风系统是为了改善建筑物内人们的生活和工作条件以及满足某些生产工艺、科学实验的环境等要求而设置的。

1.供暖系统

在寒冷的季节里，建筑物内为了维持所需要的室温，就必须通过散热设备散热向室内补充热量，这样的系统称为供暖系统。供暖系统主要由热源、输热管网和散热器三部分组成。热源是能产生热能的部分，对热媒（指传递热能的媒介物，如热水、蒸汽等）进行加热，热媒经管道输送到散热设备中，在散热设备中放热，加热室内空气，达到一定的温度。热媒放热后再回到热源中重新被加热。如此不断循环，供暖系统把热量输送到室内，达到保证室温的目的。

在供暖系统中常用的热媒是水、水蒸气。民用建筑采用热水作热媒。

在热水供暖系统中，常以系统中设置的循环水泵作为热水循环动力，这种系统称为机械循环热水供暖系统，常用的形式有：

（1）双管系统

双管系统分别设置供、回水立管，各层散热器并联在立管上，每组散热器可根据室温进行单独调节。若供水干管设置在系统所有散热器的上方，回水干管设置在系统所有散热器的下方，此系统称为上供下回式，如图9-13所示。若系统供水、回水干管均设置在系统散热器的下方，此系统称为下供下回式，如图9-15所示。由于自然循环作用压力的影响，双管系统常造成上热下冷的垂直失调现象。

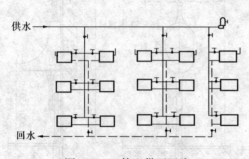

图9-13　双管上供下回式

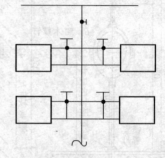

图9-14　垂直单管可调节跨越式

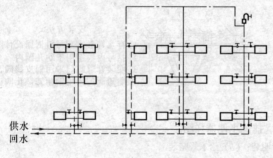

图9-15　双管下供下回式

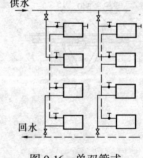

图9-16　单双管式

（2）垂直单管可调节跨越式系统

如图9-14所示，在立管上设置跨越管，以提高底层散热器的散热效果。在系统散热器支管上安装三通阀，每组散热器可单独调节，解决垂直热力失调问题。

（3）单双管式系统

如图9-16所示，每根立管散热器分为若干组，每组包括2～3层，散热器按双管形式连接。而各组之间则按单管式连接，故称单—双管式系统。该系统兼顾了单管和双管系统部分的优点，垂直失调得以缓解，而且散热器可以单独调节。

2．通风系统

建筑物内通风按照通风系统的工作动力不同，可以分为自然通风和机械通风两种。自然通风是依靠自然界的热压促使室内外空气进行交换的一种通风方法，但有时不能完全满足通风要求。机械通风是借助于通风机的动力，强迫空气沿着通风管道流动，使室内外空气进行交换。机械通风的动力强，能有效地控制风量和送风参数。

建筑通风包括排风和送风两个方面的内容，从室内排出污浊的空气叫排风，向室内补充新鲜空气叫送风。为了实现排风和送风所采用的一系列设备、装置构成了通风系统。

3. 供暖、通风施工图的组成

供暖、通风施工图，一般由基本图和详图两部分组成。基本图包括有管道平面图、管道系统图以及总说明等；详图表明各局部的加工制造或施工的详细尺寸及要求等。

二、室内供暖施工图

室内供暖施工图部分表示一栋建筑物的供暖工程，包括供暖平面图、系统图和详图。采暖施工图中，各种图线参考表 9-2，常见图例见表 9-3。

线 型 及 其 含 义 表 9-2

名　称		线　型	线　宽	一　般　用　途
实线	粗	———————	b	单线表示的管道
	中粗	———————	$0.5b$	本专业设备轮廓、双线表示的管道轮廓
	细	———————	$0.25b$	建筑物轮廓；尺寸等标注线；非本专业设备轮廓
虚线	粗	— — — — —	b	回水管线
	中粗	— — — — —	$0.5b$	本专业设备及管道
	细	- - - - - -	$0.25b$	地下管沟、改造前风管的轮廓线；示意性连线
波浪线	中粗	∿∿∿∿	$0.5b$	单线表示的软管
	细	∿∿∿∿	$0.25b$	断开界限
单点划线		—— · —— · ——	$0.25b$	轴线、中心线
双点划线		—— · · —— · · ——	$0.25b$	假想或工艺设备轮廓线
折断线		——／\——	$0.25b$	断开界限

图 例	名 称	图 例	名 称
—————— ●	采暖供水管	—⊣—⫽—	蝶阀
— — — — — ○	采暖回水管	—▷▲—	止回阀
——Z——	蒸汽管	—◁▷—	平衡阀
— · —n— —	凝结水管	—◀▷—	锁封阀
— — · — —	给水管	▷□— —/	温控阀
——P——	膨胀管	⊘	热表或流量计
——s——	循环管	⊘	水泵
——x——	泄水管	—⊬—	Y形过滤器
——✕——	单管固定支架	▯	自动排气阀
——✳——	多管固定支架	⊘	压力表
—⊣⫿⫿⫿⊢—	波纹伸缩器	⫿⊓	温度计
$i = 0.003$ →	坡度及坡向	▭▭ ▭	散热器
—◁▷—	截止阀	▭▭	散热器手动跑风门
—▷◁—	闸阀		

（一）供暖平面图

1. 供暖平面图的内容

室内供暖平面图是表明建筑物内供暖管道、附件及散热设备的平面布置及它们之间的相互关系。主要内容如下：

（1）散热器的平面位置、规格、数量以及安装方式。

（2）供暖管道系统的干管的位置、走向、管路的坡度、各管段的管径。

（3）各立管的位置、编号。采暖立管的系统编号为字母"L"加阿拉伯数字。

（4）供暖干管上的阀门、固定支架、补偿器等构配件的平面位置。

（5）在供暖系统上有关设备如膨胀水箱、集气罐（热水采暖）、疏水器（蒸汽采暖）的平面位置、规格、型号以及这些设备与连接管道的平面布置。

（6）标明供热总管入口和回水出口的位置，同时平面图上要标明热媒来源、流向以及与室外热沟的连接情况。

（7）在平面图上还要标明管道及设备安装的预留洞、预埋件、管沟等与土建施工关系和要求等。

2. 供暖平面图的图示特点

（1）比例：一般采用 1:100。当管道系统复杂或简单时，也可采用 1:50，1:200。总之，视具体情况而定，以能表达清楚管路情况为基准。

（2）编号：一项工程中，同时有供暖、通风等两个及以上不同系统时，应进行系统编号，如图 9-17（a）所示，其中，X 表示系统的代号，n 为顺序号。当一个系统出现分支时，可用如图 9-17（b）的形式。圆圈直径是 6~8mm。

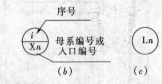

图 9-17　编号

竖向布置的管道系统，应标注立管编号，如图 9-17（c）所示，"L"表示立管，"n"表示立管的序号。在不致引起误解时，可只标序号。

（3）数量：多层采暖平面图原则上分层绘制，但是对于管道及散热设备布置相同的楼层平面图可绘制一个平面图。一般绘制底层平面图、楼层平面图、顶层平面图。

（4）房屋平面图：本专业需要的建筑部分仅作为管道系统及设备平面的布置和定位基准，因此仅需抄绘建筑平面图的主要内容如房间、走廊、门窗、楼梯、台阶等主要构配件。

（5）散热器：散热器等主要设备及部件均为工业产品，不必详画，可按表 9-3 所列的图例表示。

（6）管道：各种管道不论在楼地面之上或之下，都不考虑可见性问题，仍按管道的类型以规定的线型和图例画出。管道系统一律用单线绘制。

（7）尺寸标注：房屋的平面尺寸一般只需在底层平面图中注出轴线间尺寸，另外标注室外地面和各层楼地面标高；散热器要标注规格和数量。

3. 供暖平面图的示例

图 9-18 是建筑物一层部分供暖平面图。系统供、回水总管设置在 1/14 轴右侧，管径均为 DN80。供水总管标高为 −1.500m，回水总管标高为 −1.800m。在建筑物内供暖系统分成了四个环路，供、回水干管在室内地沟内敷设，供水干管末端标高为 −0.590m，回水干管始端标高为 −0.890m。该供暖系统采用的是双管下供下回式系统。还可以看出供回水干管的管径和坡度坡向、供回水立管的位置、立管的编号、散热器的位置及标注的散热器数量等。图 9-19 是建筑物 2~6 层部分供暖平面图。图上标注了供回水立管的编号，可以看出散热器的布置，在散热器的外侧按一定顺序标注了 2~6 层散热器数量（如 12 表示 12 片）以及散热器的长度（如 0.4 表示散热器长度用 0.4m）。

4. 供暖平面图的绘图步骤

（1）画出房屋的平面图。主要轮廓线一般用中实线画出，其他用细实线。

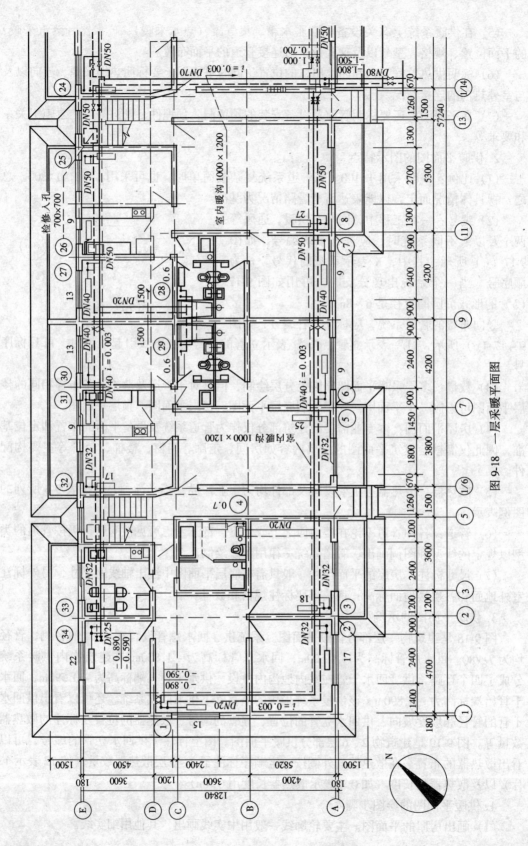

图 9-18 一层采暖平面图

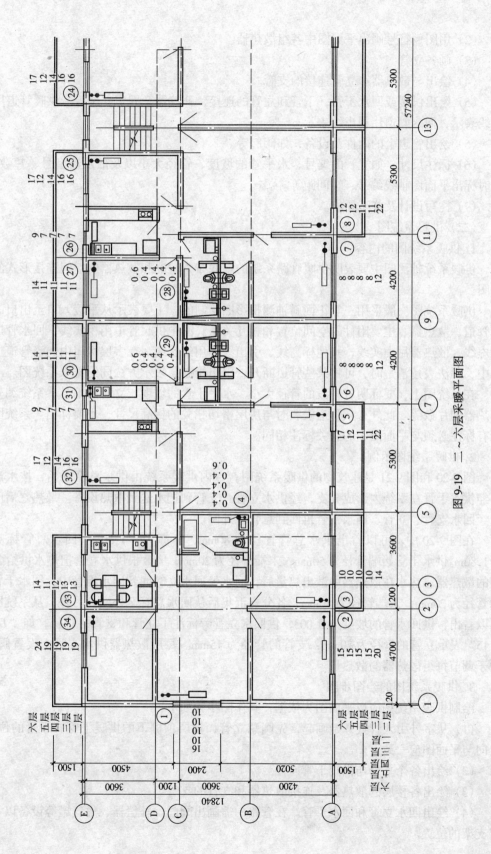

图 9-19　二~六层采暖平面图

243

（2）用图例符号画出平面图中各组散热器。

（3）画各立管。

（4）绘出与散热器和立管连接的支管。

（5）绘出供暖或回水干管，干管和立管的连接，补偿器及固定支架等。供暖管道用粗实线表示，回水管道用粗虚线表示。

（5）绘出管道上的附件及设备，如阀门等。

（6）标注尺寸，如立管的编号、水平管的坡度、管径大小以及散热器型号、片数等，同时标出平面图轴线编号、轴间距等。

（7）注写设计及施工要求。

（二）供暖系统图

1. 供暖系统图的内容

供暖系统轴测图主要表明供暖管路系统的空间布置情况和散热器的空间连接形式的立体图。

供暖系统图一般采用三等正面斜轴测投影图绘制的。主要表示从采暖入口至出口的采暖管道、散热器、主要附件的空间位置和相互关系。图中供暖管道用粗实线，回水管道用粗虚线，散热器用中实线，其他标高线、引出线等用细实线。在多层房屋内，当管道过于集中，无法表达清楚时，可将某些管道断开，引出绘制，表示方法同给排水系统图。

在系统图上，要标明各管段的管径大小、水平干管的坡度、立管的编号、系统编号和散热器的片数等。此外，在管道安装时与房屋密切相关的标高尺寸，也要标出。系统图的所有标注必须与平面图中的有关标注相同。

2. 供暖系统图示例

图 9-20 和图 9-21 是建筑物的供暖系统图。室内供暖系统由供水总管开始，按水流方向经供水干管在系统内形成分支，经供水立管、支管到把水送到散热设备。散热之后的回水经回水支管、立管、回水干管再回到总管至外网。

在图 9-20 中，可以看出供水总管管径为 80mm，标高为 –1.50m。回水总管标高为 –1.80m。供水干管始端管径为 50mm，末端管径为 20mm，有 8 根供水立管把热水供给 2～6 层的散热器，热水在散热器中散出热量后，回水经回水立管回到回水干管中，回水干管始端管径为 20mm，末端管径为 50mm，各分支汇集后从回水总管至外网。另外，从系统图上可以看出，供回水管的坡度为 0.003，供回水立管旁标注了立管和支管的管径，如 "$DN20 \times 15$" 表示立管的管径为 20mm，支管的管径为 15mm。每层散热器供水支管上设置阀门，便于调节每组散热器的散热量。

3. 供暖系统图的绘图步骤

绘制供暖系统图应以平面图为依据，其作图步骤如下：

（1）从室外引入管处开始画起，先画总立管，顶层顶棚下的供暖干管。干管的位置、走向与平面图应一致。

（2）绘出各个立管与供暖干管连接。

（3）绘出各楼层的散热器及连接散热器和立管的支管。

（4）绘出回水立管和回水干管。在管路中需画出阀门、补偿器、集气罐等设备以及固定支架的位置。

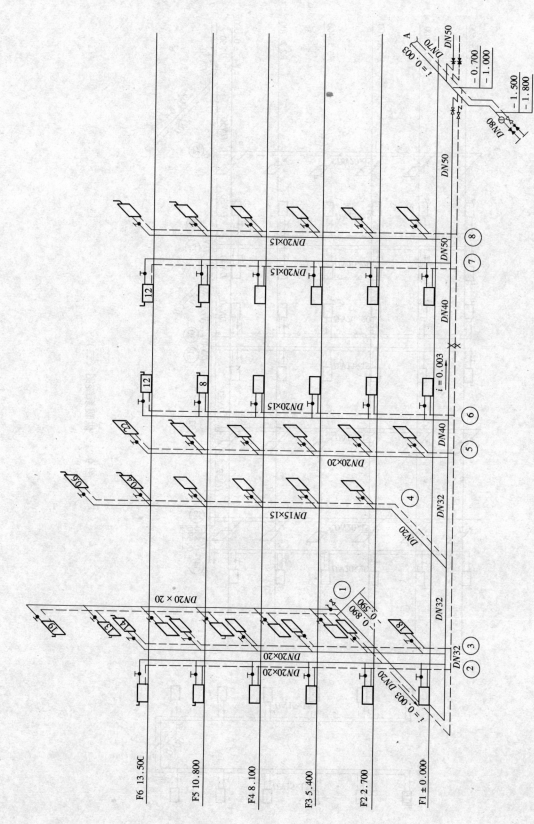

图 9-20 供暖系统图 (一)

245

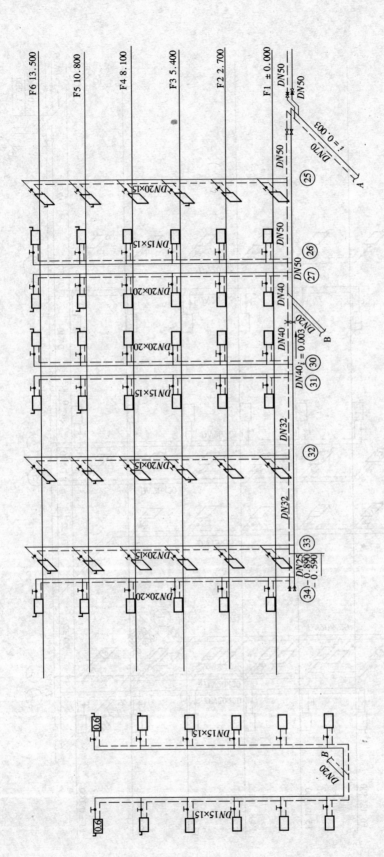

图 9-21 供暖系统图 (二)

（5）标注尺寸。图中需标出各层楼地面标高、干管的主要标高及干管各段的管径尺寸、坡度等。

（6）标注散热器的片数及各立管的编号。

（三）供暖详图

由于平面图和系统图采用的比例较小，管路及设备等均用图例符号画出，它们本身的构造和安装情况都不能表示清楚。因此，要用较大的比例画出其构造及安装详图。

若采用的是标准构配件，不用画出其详图，只要写明标准图集的编号即可，否则，需要另绘详图。

三、通风施工图

通风施工图由通风系统平面图、剖面图和系统轴测图及详图组成。通风施工图一般都是用一些图例符号表示的。表9-4列出通风施工图常用的图例符号。

通风施工图中的常用图例　　　　　　　　　　　表9-4

图　　例		名　　称
 $A \times B(h)$	$A \times B(h)$	风管及尺寸［宽×宽（标高）］
		风管法兰盘
		手动对开多叶调节阀
		开关式电动对开多叶调节阀
		调节式电动对开多叶调节阀
		风管止回阀
		三通调节阀
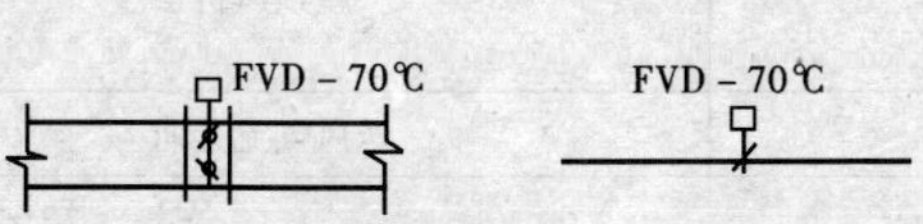 FVD－70℃	FVD－70℃	防火调节阀（70℃熔断）

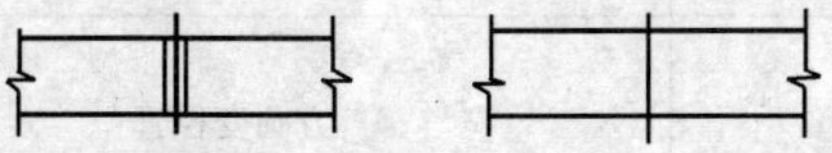

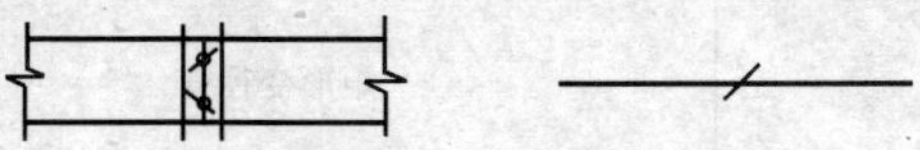

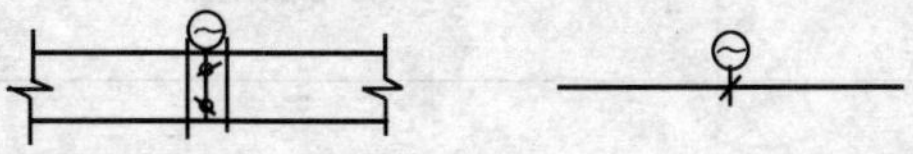

图　　例		名　　称
FVD-280℃　　　FVD-280℃		防烟防火调节阀（280℃熔断）
		风管软接头
		软风管
L=		消声器
		消声弯头
		带导流片弯头
		方圆变径管
		矩形变径管
		百叶风口（DBY-, SBY-）
FS		方形散流器
YS		圆形散流器
		轴流风机
		离心风机
		屋顶风机
		送风气流方向
		回风气流方向

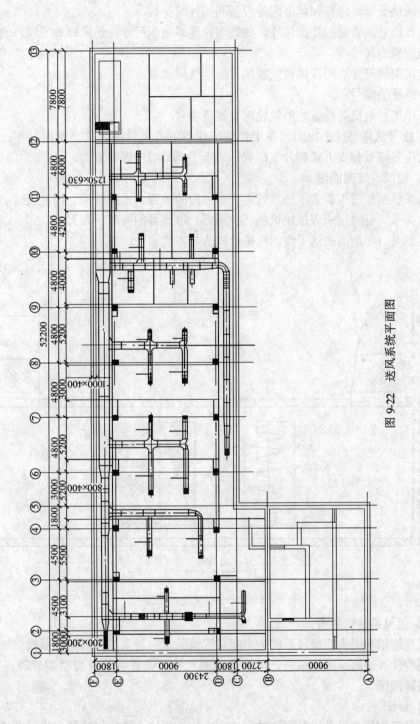

图 9-22 送风系统平面图

249

（一）通风系统平面图

通风系统平面图是表示通风管道和设备的平面布置，主要内容如下：

（1）通风管道、风口和调节阀等设备和构件的位置。

（2）各段通风管道的详细尺寸，如管道长度和断面尺寸，送风口和回风口的定位尺寸及风管的位置、尺寸等。

（3）用图例符号注明送风口或吸风口的空气流动方向。

（4）系统的编号。

（5）风机、电机等设备的形状轮廓及设备型号。

图9-22是送风系统平面图，图中详细标注各段通风管的长度、断面尺寸；绘出了截面变化的位置以及分支方式和分支位置；表示了风口的位置和方向。

（二）通风系统剖面图

通风系统剖面图主要表示通风管道竖直方向的布置，送风管道、回风管道、排风管道间的交叉关系。有时用来表达风机箱、空调器、过滤器的安装、布置。

图9-23中1-1剖面表达了空调机箱的构造与布置。

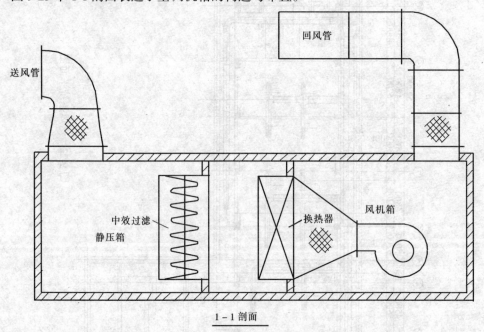

1 – 1 剖面

图9-23　通风系统剖面图

（三）通风系统轴测图

通风系统轴测图表明通风系统的空间布置情况。它是采用正面斜轴测投影法绘制的立体图。图中注有通风系统的编号、风管的截面尺寸、设备名称及规格型号等。图9-24为送风管道轴测图。

（四）详图

详图是将构件或设备以及它们的制造和安装，用较大的比例绘制出来的图样。如果采用的是标准图集上的图样，绘制施工图时不必再画，只要在图中表明详图索引符号即可。非标准详图应绘出详图。

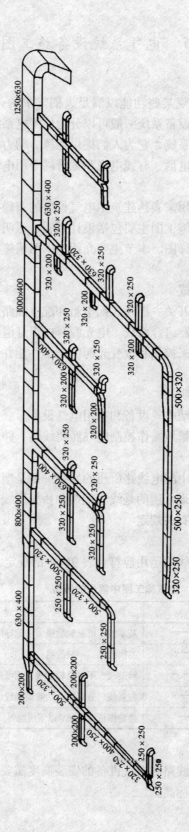

图 9-24　送风管道轴测图

第四节　电气系统设备施工图

一、概述

利用电工技术和电子技术实现某些功能以满足人们需求的一切电工、电子设备和系统，统称为电气设备系统。电气设备系统一般可以分为供配电系统和用电系统，其中根据用途不同分类三类：一类是强电系统，它为人们提供能源、动力和照明；第二类是弱电系统，它为人们提供信息服务，如电话、有线电视和宽带网等用电设备；第三类是建筑物和电气装置的防雷和接地等。

电气系统设备施工图主要是用来表达建筑中电气设备的布局、安装方式、连接关系和配电情况的图样。电气系统设备施工图主要包括设计说明、照明、电力、电话、电视、广播、防雷等的平面图、系统图和详图。本节主要介绍室内照明施工图的有关内容和表达方法以及弱电系统。

二、室内电气照明系统的组成

室内电气照明系统由灯具、开关、插座、配电箱和配电线路组成。

（1）灯具　由电光源和控照器组合而成。电光源有白炽灯泡、荧光灯管等。控照器俗称灯罩，是光源的配套设备，用来控制和改变光源的光学性能并起到美化、装饰和安全的作用。

（2）开关　用来控制电气照明。

（3）插座　主要用来插接移动电气设备和家用电气设备。

（4）配电箱　主要用来非频繁地操作控制电气照明线路，并能对线路提供短路保护或过载保护。

（5）配电线路　在照明系统中配电线路所用的导线一般是塑料绝缘电线，按敷设方式分为明线和暗线，现代建筑室内最常用的是线管配线和桥架配线。

三、室内电气照明施工图的有关规定

1. 图线

电气照明施工图对于各种图线的运用应符合表 9-5 中的规定。

电气施工图中常用的线型　　　　　　　　　　　　　　表 9-5

名　称	线　型	用　途　说　明
粗实线	——————	基本线、可见轮廓线、可见导线、一次线路、主要线路
细实线	——————	二次线路、一般线路
虚　线	- - - - - - -	辅助线、不可见轮廓线，不可见导线、屏蔽线等
点划线	- · - · - · -	控制线、分界线、功能围框线、分组围框线等
双点划线	— ·· — ·· —	辅助围框线、36V 以下线路等

2. 安装标高

在电气系统设备施工图中，线路和电气设备的安装高度需要以标高的形式标注，通常采用与建筑施工图相统一的相对标高。

3. 图形符号和文字符号

在电气系统设备施工图中，各种电气设备、元件和线路都是用统一的图形符号和文字符号表示的。应按照国家标准规定的符号绘制，如 GB 4728《电气图用图形符号》、GB 7159《电气技术中文字符号指定通则》等。对于标准中没有的符号可以在标准的基础上派生出新的符号，但要在图中加注说明。表 9-6 是一些室内电气照明系统中常用的文字符号及其含义。表 9-7 是部分室内电气照明系统中常用的图形符号。

4. 多线表示和单线表示法

电气系统设备施工图按电路的表示方法可以分为多线表示法和单线表示法。多线表示法是指每根导线在图样中各用一条线表示；单线表示法是指并在一起的两根或两根以上的导线，在图样中只用一条线表示。在同一图样中，必要时可以将多线表示法和单线表示法组合起来使用，在需要表达复杂连接的地方使用多线表示法，在比较简单的地方使用单线表示法。在用单线表示法绘制的电气施工平面图上，一根线条表示多条走向相同的线路，而在线条上划上若干短斜线表示根数（一般用 3 根导线数），或者用一根短斜线旁标注数字表示导线根数（一般用于三根以上的导线数），对于两根相同走向的导线则通常不必标注根数。

室内电气照明施工图中常用的文字符号 表 9-6

文字符号	含　义	文字符号	含　义	文字符号	含　义
电光源种类					
IN	白炽灯	FL	荧光灯	Na	钠　灯
1	碘钨灯	Xe	氙　灯	Hg	汞　灯
线路敷设方式					
E	明　敷	C	暗　敷	CT	电缆桥架
SC	钢管配线	T	电线管配线	M	钢索配线
P	硬塑料管配线	MR	金属线槽配线	F	金属软管配线
线路敷设部位					
B	梁	W	墙	C	柱
F	地面（板）	SC	吊　顶	CE	顶　棚
导线型号					
BX（BLX）	铜（铝）芯橡胶绝缘线	BVV	铜芯塑料绝缘护套线	BV（BLV）	铜（铝）芯塑料绝缘线
BXR	铜芯橡绝缘软线	BVR	铜芯塑料绝缘软线	RVS	铜芯塑料绝缘绞型软线
设备型号					
XRM	嵌入式照明配电箱	KA	瞬时接触继电器	QF	断路器
XXM	悬挂式照明配电箱	FU	熔断器	QS	隔离开关
其他辅助文字符号					
E	接　地	PE	保护接地	AC	交　流
PEN	保护接地与中性线共用	N	中性线	DC	直　流

5. 标注方式

在室内电气照明施工图中，设备、元件和线路除采用图形符号绘制外，还必须在图形符号旁加文字标注，用以说明其功能和特点，如型号、规格、数量、安装方式、安装位置等。不同的设备和线路有不同的标注方式。

（1）照明灯具的文字标注方式。

$a\ b\ \dfrac{c\times d\times l}{e}f$。其中，$a$ 为灯具数量；b 为灯具的型号或编号；c 为每盏照明灯具的灯泡

数；d 为每个灯泡的容量（W）；e 为安装高度（m）；f 为灯具的安装方式；l 为电光源的种类，常省略不标。

灯具安装方式有：吸壁安装（W）、线吊安装（WP）、链吊安装（C）、管吊安装（P）、嵌入式安装（R）、吸顶安装（—）等。

室内电气照明施工图中常用的图形符号　　　　　　　表 9-7

图形符号	说　　明	图形符号	说　　明
	单相插座	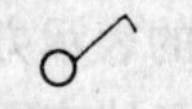	单极开关
	单相插座（暗装）		单极开关（暗装）
	带接地插孔单相插座		双极开关
	带接地插孔单相插座（暗装）		双极开关（暗装）
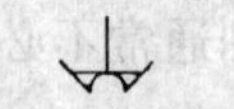	带接地插孔三相插座	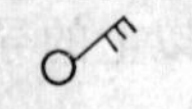	三极开关
	带接地插孔三相插座（暗装）		三极开关（暗装）
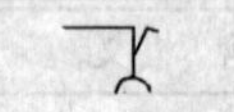	具有单极开关的插座		单极拉线开关
	带防溅盒的单相插座	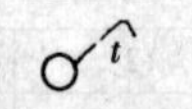	延时开关
	配电箱	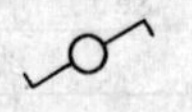	单极双控开关
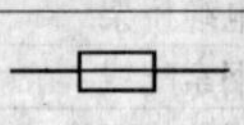	熔断器的一般符号	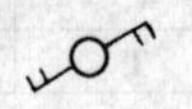	双极双控开关
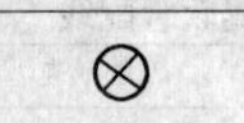	灯的一般符号	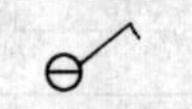	带防溅盒的单极开关
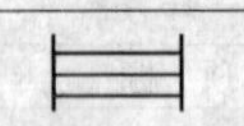	荧光灯（图示为 3 管）	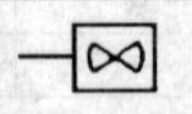	风扇的一般符号
	天棚灯	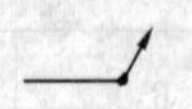	向上配线
	壁灯		向下配线

如：$10\ YG_2 2\ \dfrac{2\upsilon 40\upsilon FL}{2.5}C$，表示 10 盏型号为 YG_2-2 型号的荧光灯，每盏灯有 2 个 40W 灯管，安装高度为 2.5m，链吊安装。

（2）开关、熔断器及配电设备的文字标注方式一般为：$a\dfrac{b}{c/i}$ 或 $a\ b\ c/i$；当需要标注引入线时，文字标注方式为：$a\dfrac{b\ c/i}{d\ (e\upsilon f)\ g\ h}$，其中 a 为设备编号；c 为额定电流（A）或设备功率（kW），对于开关、熔断器标注额定电流，对于配电设备标注功率；i 为额定电流（A），配电设备不需要标注；e 为导线根数；f 为导线截面（mm²）；g 为配线方式和穿线管径（mm）；h 为导线敷设方式及部位。

如：$2\dfrac{HH_3\ 100/3\ 100/8}{BX\ 3\upsilon 35\ SC40\ FC}$，表示 2 号设备是型号为 HH_3-100/3 的三极铁壳开关，额定电流为 100A，开关内熔断器的额定电流为 80A，开关的进线是 3 根截面为 35mm² 的铜芯橡

胶绝缘导线（BX），穿40mm的钢管（SC40），埋地（F），暗敷（C）。

（3）线路的文字标注方式为：$a\ b\ cd\ e\ f$，其中，a 为线路编号或线路用途；b 为导线型号；c 为导线根数；d 为导线截面（mm^2），不同截面要分别标注；e 为配线方式和穿线管径（mm）；f 为导线敷设方式及部位。

如：$N1\ BV\ 2\upsilon2.5\ PE2.5\ T20\ SCC$，表示 N1 回路，导线为塑料绝缘铜芯线（BV），2 根截面为 $2.5mm^2$，1 根截面为 $2.5mm^2$ 的接零保护线（PE），穿直径 20mm 的电线管（T20），吊顶内（SC），暗敷（C）。

有时为了减少图画的标注量，提高图面清晰度，在平面图上往往不详细标注各线路，而只标注线路编号，另外提供一个线路管线表，根据平面图上标注的线路编号即可找出该线路的导线型号、截面、管径、长度等。

四、室内电气照明施工图

（一）室内电气照明平面图

1. 室内电气照明平面图的内容

室内电气照明平面图应以建筑平面图为基础，表达各种电气设备与线路的平面布置。主要内容如下：

（1）电源进线和电源配电箱及各配电箱的形式、安装位置等。

（2）照明线路中导线的根数、型号、规格、线路走向、敷设位置、配线方式、导线的连接方式等。

（3）照明灯具、控制开关、电源插座等的数量和种类，安装位置和相互连接关系。

2. 室内电气照明平面图的图示特点

（1）比例：一般与建筑平面图相同的比例。土建部分按比例画，电气部分可不完全按比例画。

（2）房屋平面图：用细实线简要画出房屋的平面形状如房屋的墙身、柱、门窗洞、楼梯、台阶等主要构配件，至于房屋的细部和门窗代号等均可略去。

（3）电气部分：配电箱、照明灯具、开关、插座等均按图例绘制。有关的工艺设备只需用细实线画出外形轮廓。供电线路用单线，不考虑可见性。

（4）平面图的数量：对于多层建筑物应分别绘制各层电气照明平面图，但是当楼层的照明布置相同时，可以合画一个标准层的平面图。与本层有关的电气设施不管位置高低，均应绘在同一层平面图中。

（5）尺寸标注：灯具、进户线、干线等供电线路按规定要求标注。

3. 室内电气照明平面图示例

图 9-25 为某宿舍的一层电气系统平面图。从图中可以看出：进户线为离地面高为 3m 的两根铝芯橡皮线，在墙内穿管暗敷，管径为 20mm。在 B 轴线走廊有个Ⅰ号配电箱，暗装在墙内，配电箱尺寸及位置尺寸已标出，并从中分出①、②两个支路，每条支路连接房屋一侧的灯具和插座，在②支路上还有三盏走廊灯。从Ⅰ号配电箱引上两根 $4mm^2$ 的铝芯橡皮线，用 15mm 直径的管道暗敷在墙内至二楼的配电箱。

4. 平面图的绘图步骤

（1）绘制建筑平面图。因为室内电气照明平面图主要表明电气系统，所以图中主要画出建筑平面图的主要内容，如房间、走廊、门窗位置。建筑平面图的主要轮廓线一般用中

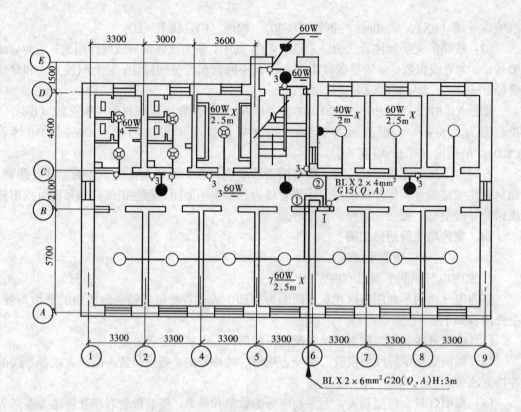

图 9-25　某宿舍一层电气平面图

说明：1. 进户线由电网架空引入单相二线 220V。

　　　2. 进户线、箱间干线、至门灯线为 BLX-500V，穿钢管暗访；其他为 BLVV 铝卡钉明设。

　　　3. 凡未标截面、根数、管径者为 2.5mm²、2 根、150mm。

实线画出。

（2）绘制灯具、开关、插座、配电箱等。按照规定图形符号在其位置上绘制灯具、开关、插座和配电箱等。

（3）绘制线路。用粗实线绘制线路，连接灯具、开关、插座、配电箱等。

（4）标注轴线编号和轴线间距。

（5）标注必要的文字符号说明。

（二）室内电气照明系统图

室内电气照明系统图不像给排水、采暖系统那样，它不是轴测投影，没有立体感，只是用图例、符号和线路组成的如同表格式的图形。

在电气照明系统中，反映了照明的安装功率，计算功率，计算电流，配电方式，导线和电缆的型号、规格，线路的敷设方式，穿管管径和开关、熔断器及其他控制保护测量设备的规格、型号等。

电气照明系统图的图示特点是：由各种电气图形符号用线条连接起来，并加注文字代号而形成的一种简图，它不表明电气设施的具体安装位置，不是投影，不按比例绘制；各种配电装置都是按规定图例绘制，相应型号注在旁边；供电线路用单粗实线，并按规定格式注出各段导线的数量和规格。

图9-26为室内电气照明系统图，它表达了以上电气照明系统的电气器件的类型与型号及安装要求、线路与配线要求等。从图中可以看出，该照明系统图采用单线图绘制，设备安装功率为7.0kW，需要系数取0.95，计算负荷为6.65kW，计算电流为10.1A，电源进线引自低压配电室，采用5根截面积为10mm²的塑料铜芯导线，总开关为NC100H/3P型空气开关，三极，其脱扣器整定电流$I_H = 40A$。电源进线后经照明配电箱分成6条回路；其中4条照明回路，分别采用2根截面积为2.5mm²的塑料铜芯绝缘导线穿管径为20mm的塑料管在吊顶内暗敷，1条插座回路，采用3根截面积为2.5mm²（一根作接零保护用）导线；1条备用。同时该照明系统图还标出了每个回路的功率和灯具数量等。

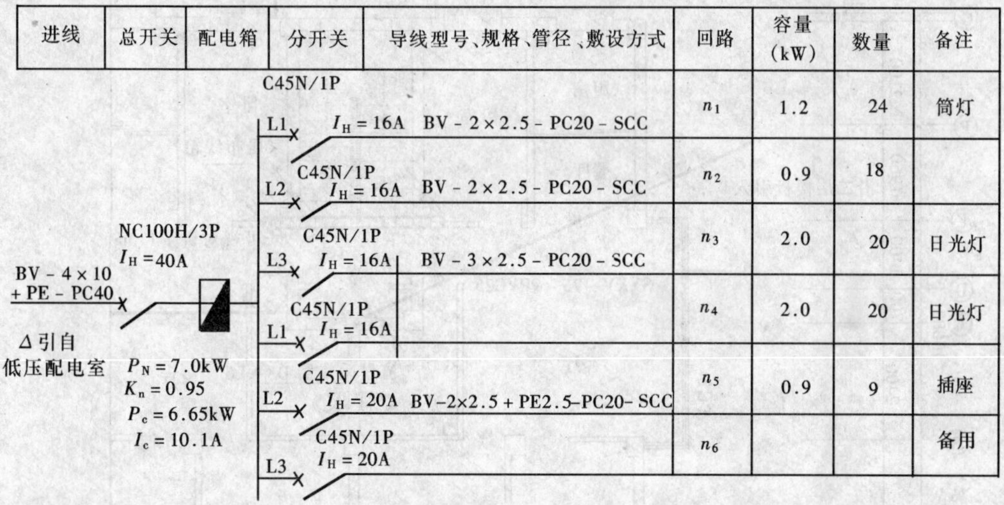

进线	总开关	配电箱	分开关	导线型号、规格、管径、敷设方式	回路	容量(kW)	数量	备注
			C45N/1P L1 $I_H = 16A$	BV $-2 \times 2.5 - $ PC20 $-$ SCC	n_1	1.2	24	筒灯
			C45N/1P L2 $I_H = 16A$	BV $-2 \times 2.5 - $ PC20 $-$ SCC	n_2	0.9	18	
BV -4×10 $+$ PE $-$ PC40 △引自 低压配电室 $P_N = 7.0$kW $K_n = 0.95$ $P_e = 6.65$kW $I_e = 10.1$A	NC100H/3P $I_H = 40A$		C45N/1P L3 $I_H = 16A$	BV $-3 \times 2.5 - $ PC20 $-$ SCC	n_3	2.0	20	日光灯
			C45N/1P L1 $I_H = 16A$		n_4	2.0	20	日光灯
			C45N/1P L2 $I_H = 20A$	BV$-2 \times 2.5 +$ PE2.5$-$PC20$-$ SCC	n_5	0.9	9	插座
			C45N/1P L3 $I_H = 20A$		n_6			备用

图 9-26　照明系统图

（三）电气详图

电气详图表明电气工程中许多部位的具体安装要求和做法。一般采用标准图。如果采用非标准图，均要另绘详图。

五、弱电与综合布线系统施工图

弱电系统是指通过电能进行信号传递、信息交换的电气系统，相对于动力、照明等通过电能传输能量的强电系统而言，弱电系统中的电能主要用来传输信号，能量极少。弱电系统已经成为现代建筑不可缺少的组成部分，随着生活水平的提高和科学技术的发展，新的弱电系统还在不断出现，使得建筑内的各项功能更加完善，为人们的生产生活活动提供了更加良好的环境。

弱电施工图主要由弱电平面图、弱电系统图和框图等组成。弱电平面图与电气照明平面图类似，主要是用来表示装置、设备、元件和线路平面布置的图样。弱电系统图是用来表示弱电系统中设备和元件的组成、元件之间的相互连接关系的图样，对于指导安装施工和系统调试具有重要的作用，如图9-27、图9-28所示。

1．几种常见的弱电系统

现代建筑中常见的弱电系统有消防自动报警系统、有线电视系统、防盗安保系统、电话通信系统等等。

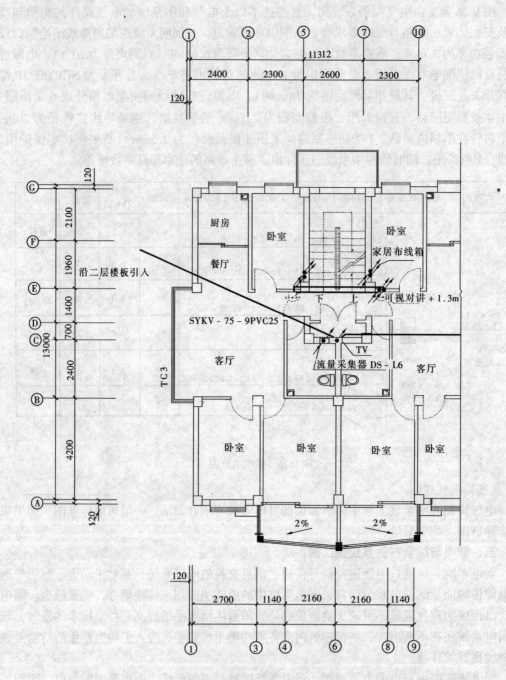

图 9-27 某住宅楼一层弱电平面图

（1）消防自动报警系统：消防自动报警系统监测建筑物内的火灾迹象，在未形成损失和灾难之前发出火灾报警，并自动执行某些消防措施。消防自动报警系统一般由火灾探测器、手动报警按钮、自动报警控制器、联动控制器、火灾显示屏等部分组成。

（2）有线电视系统：有线电视系统又称共用天线电视系统（Community Antenna Television，缩写为 CATV），它是一种通过同轴电缆连接多台电视机，共用一套电视信号接

图 9-26 为室内电气照明系统图，它表达了以上电气照明系统的电气器件的类型与型号及安装要求、线路与配线要求等。从图中可以看出，该照明系统图采用单线图绘制，设备安装功率为 7.0kW，需要系数取 0.95，计算负荷为 6.65kW，计算电流为 10.1A，电源进线引自低压配电室，采用 5 根截面积为 $10mm^2$ 的塑料铜芯导线，总开关为 NC100H/3P 型空气开关，三极，其脱扣器整定电流 $I_H = 40A$。电源进线后经照明配电箱分成 6 条回路；其中 4 条照明回路，分别采用 2 根截面积为 $2.5mm^2$ 的塑料铜芯绝缘导线穿管径为 20mm 的塑料管在吊顶内暗敷，1 条插座回路，采用 3 根截面积为 $2.5mm^2$（一根作接零保护用）导线；1 条备用。同时该照明系统图还标出了每个回路的功率和灯具数量等。

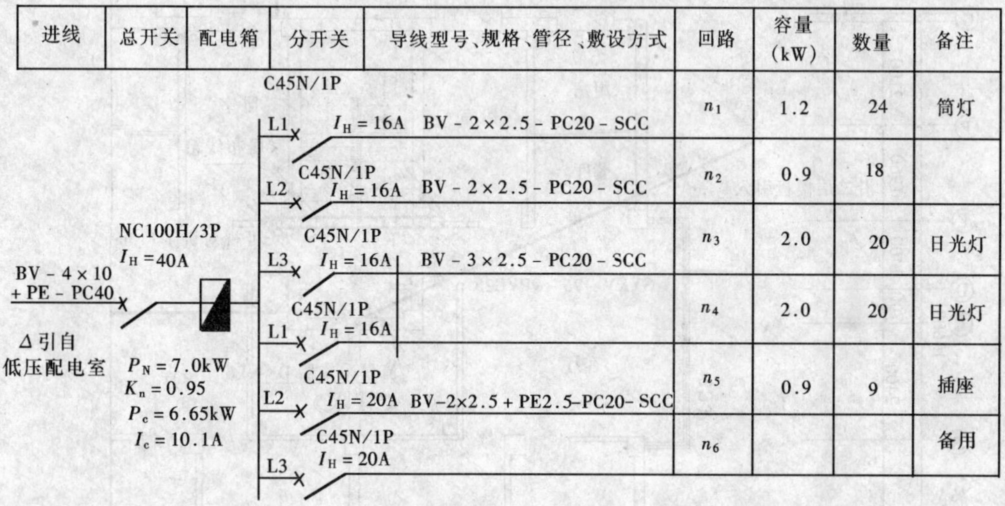

进线	总开关	配电箱	分开关	导线型号、规格、管径、敷设方式	回路	容量(kW)	数量	备注
			C45N/1P L1 $I_H = 16A$	BV $- 2 \times 2.5 -$ PC20 $-$ SCC	n_1	1.2	24	筒灯
			C45N/1P L2 $I_H = 16A$	BV $- 2 \times 2.5 -$ PC20 $-$ SCC	n_2	0.9	18	
	NC100H/3P $I_H = 40A$		C45N/1P L3 $I_H = 16A$	BV $- 3 \times 2.5 -$ PC20 $-$ SCC	n_3	2.0	20	日光灯
BV $- 4 \times 10$ $+$ PE $-$ PC40			C45N/1P L1 $I_H = 16A$		n_4	2.0	20	日光灯
△引自 低压配电室 $P_N = 7.0kW$ $K_n = 0.95$ $P_c = 6.65kW$ $I_c = 10.1A$			C45N/1P L2 $I_H = 20A$	BV$-2 \times 2.5 +$ PE2.5$-$PC20$-$SCC	n_5	0.9	9	插座
			C45N/1P L3 $I_H = 20A$		n_6			备用

图 9-26　照明系统图

（三）电气详图

电气详图表明电气工程中许多部位的具体安装要求和做法。一般采用标准图。如果采用非标准图，均要另绘详图。

五、弱电与综合布线系统施工图

弱电系统是指通过电能进行信号传递、信息交换的电气系统，相对于动力、照明等通过电能传输能量的强电系统而言，弱电系统中的电能主要用来传输信号，能量极少。弱电系统已经成为现代建筑不可缺少的组成部分，随着生活水平的提高和科学技术的发展，新的弱电系统还在不断出现，使得建筑内的各项功能更加完善，为人们的生产生活活动提供了更加良好的环境。

弱电施工图主要由弱电平面图、弱电系统图和框图等组成。弱电平面图与电气照明平面图类似，主要是用来表示装置、设备、元件和线路平面布置的图样。弱电系统图是用来表示弱电系统中设备和元件的组成、元件之间的相互连接关系的图样，对于指导安装施工和系统调试具有重要的作用，如图 9-27、图 9-28 所示。

1. 几种常见的弱电系统

现代建筑中常见的弱电系统有消防自动报警系统、有线电视系统、防盗安保系统、电话通信系统等等。

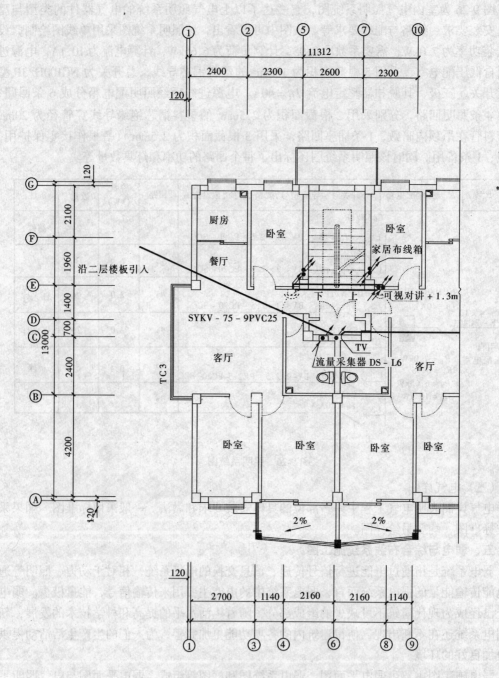

图 9-27　某住宅楼一层弱电平面图

（1）消防自动报警系统：消防自动报警系统监测建筑物内的火灾迹象，在未形成损失和灾难之前发出火灾报警，并自动执行某些消防措施。消防自动报警系统一般由火灾探测器、手动报警按钮、自动报警控制器、联动控制器、火灾显示屏等部分组成。

（2）有线电视系统：有线电视系统又称共用天线电视系统（Community Antenna Television，缩写为 CATV），它是一种通过同轴电缆连接多台电视机，共用一套电视信号接

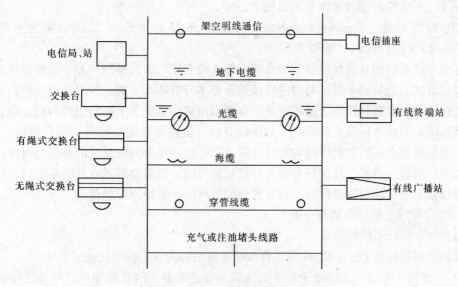

图 9-30 弱电布置图形符号应用示例

弱电电气图常用图形符号（一）　　　　　　　　　表 9-8

序　　号	类　　别	名　　称	文字符号	说　　明
1	传输线路	电　话	F	电视或无线电广播
		电报和数据传输	T	
		视频通路	V	
		声　道	S	

弱电电气图常用图形符号（二）　　　　　　　　　表 9-9

序　　号	类　　别	名　　称	文字符号	说　　明
2	电信插座	电　话	TP	
		电　传	TX	
		传声器	M	
		电　视	TV	
		调　频	FM	
		调幅中波	MW	
		调幅短波	SW	又可划分为 SW1、SW2……
		扬声器		采用扬声器图形符号
3	电信设备	电　视	TV	
		广　播	BC	
		数据终端	DTE	
		光中继器	0—REP	

各异，没有统一的标准，相互不能兼容，系统一经确定就不能轻易改动。因此，传统的弱电系统布线方式具有很大局限性，各个系统在设计、施工时难以协调，投入使用后也难以统一管理，当系统需要更新升级或功能布局发生改变时又不得不大幅度地更改布线，造成浪费。这就要求新型的布线系统必须具有灵活性和可扩展性。另一方面，现代化的办公和生活要求建筑物具备更完善的条件，随着现代计算机通信和控制技术的发展，出现了具有办公自动化、建筑自动化和先进通信系统的智能建筑，为了实现这三大自动化系统的集成和统一管理，要求一种新型的布线系统能够以标准的方式兼容各种信息和硬件设备。在这

种情况下，开放性的综合布线系统出现了。

综合布线系统（Premises Distribution System，缩写为 PDS），又称结构化布线系统（Struc-tured Cabling System，缩写为 SCS）。

综合布线系统的开放性是指布线系统能够支持多家厂商的不同产品，能够提供面向用户的设计方式，安装时不需要对将要连接的设备本身有详细了解。所以这种开放性的综合布线系统消除了非兼容性布线系统带来的麻烦和浪费，解决了上面提出的问题。综合布线系统按照统一的技术标准，采用统一的传输介质，提供标准通信接口（信息插座），能支持不同类型设备之间的数据传输和网间互联，几乎包容全部弱电系统的布线，可以适应数据、文本、图像、语音、控制信号等各种信号的传输。当需要扩展或调整系统时，只要在相应的设备上进行跳线设置即可，具有管理配置灵活、维护方便的优点。

4. 综合布线系统的构成与分类

（1）综合布线系统的构成

我国的国家标准 CECS 72:97 将综合布线系统划分为 6 个模块化的子系统。

1）工作区子系统　工作区子系统由终端设备适配器、信息插座以及终端设备到信息插座之间的连接线缆组成，一般将一个独立的需要设置终端的区域划分为一个工作区。工作区的每一个信息插座（Telecommunications outlet，缩写为 TO）都应该支持电话、计算机、电视机、传感器以及其他终端设备的设置和安装。

2）配线（水平）子系统　配线子系统由楼层配线设备、跳线设备以及每层配线设备到信息插座之间的配线线缆等组成。它起于楼层配线架（Floor Distributor，缩写为 FD），终止于信息插座（TO），将干线子系统延伸到用户工作区。

3）干线（垂直）子系统　干线子系统由设在建筑物设备间的主配线设备和跳线设备以及从设备间至各楼层配线间的连接线缆组成。它起于大楼主配线架（Building Distributor，缩写为 BD），终止于楼层配线架（FD），是建筑物中的主干线缆。

4）设备间子系统　设备间子系统由建筑物进线设备、各种主机设备和保护设备等组成，是设置进线设备、进行网络管理和管理人员值班的场所。

5）管理子系统　管理子系统设置在建筑物每层的配电间内，由交接间的配线设备和输入输出设备组成，为连接其他子系统提供连接手段。

6）建筑群子系统　建筑群子系统由连接各建筑物之间的线缆、园区配线架（Campus Distributor，缩写为 CD）以及电气保护设备等组成，它提供建筑群之间通信所需的连接。

图 9-31 是典型的综合布线系统的示意图。

（2）综合布线系统的分类

综合布线系统根据功能和配置的不同可以分为三个等级：基本型、增强型、综合型。在进行综合布线系统选型和设计时，应根据实际需要选择适当的等级。

1）基本型　用于综合布线系统中配置标准比较低的场合，支持语音和某些数据通信，价格较低，便于管理。

2）增强型　用于综合布线系统中中等配置的场合，支持语音和高速数据通信，统一色标进行管理，可以提供发展余地。

3）综合型　用于综合布线系统中配置标准比较高的场合，在增强型的基础上增加了光缆系统。

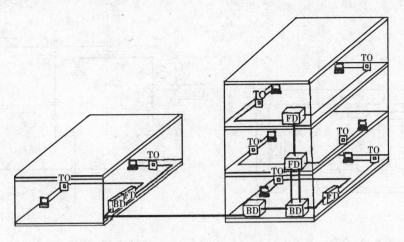

图 9-31　综合布线系统布线示意图

第五节　煤气系统设备施工图

现在的住宅楼建设，由于煤气网的建设以及为了给居民提供更好的服务设施，煤气安装已成为住宅楼的重要组成部分。

煤气管道是由干管从地下接入房屋，分别引到各层用户，通过煤气分户表接到煤气灶上，以供使用。煤气管道的分布近似于给水管道，但煤气管道对密封要求严格，对煤气设备、管道的设计、加工和敷设都有严格的要求。必须防腐、防漏气，同时加强维护和管理工作。

煤气施工图必须依据《城市煤气设计规范》有关规定，并结合当地煤气建设的具体情况进行绘制。

煤气施工图一般有平面图、系统图及详图三种，并附有设计说明。

一、煤气平面图

对于多层建筑物应分别绘制各层煤气平面图，但是若中间层的煤气管道布置相同时，可以合画在一起。图中表达的内容有：应标明要求安装煤气管道和用气设备的房间用途，管道走向，煤气表、用气设备、烟道、通风道等的位置，以及管径、标高、建筑尺寸线等。比例一般采用1：50或1：100。煤气管道用粗实线，其他轮廓用中实线。如图9-32所示，为某一厨房的煤气平面图，该图中表示煤气管道从室外进入，通过立管进入到各层楼，再进入厨房。另外还表明煤气系统的平面布置相关尺寸及要求。

二、煤气系统图

为了清楚地表明煤气管道的空间布置情况，煤气系统施工图，除平面布置图外，还需要有一个同时能反映空间三个方向的图来表达，这种图被称为煤气系统图。它是采用正面斜轴测投影法绘制的立体图。

在图中要注明分层地面相对标高、立管和水平管的走向、管径、管道坡度、管道安装高度以及管附件（煤气表、清扫口、阀门、活接头等）所在的位置，如图9-33所示是某住宅的煤气系统图。

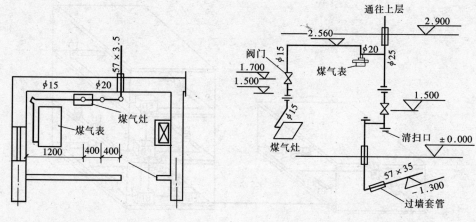

图 9-32 煤气平面图

图 9-33 煤气系统图

三、详图

在平面图或系统轴测图中的某些部位,当需要放大节点或表达清楚时,可绘制详图。如煤气表安装、煤气入口做法、管道防腐做法等详图。若套用标准图,只需注明所选用的图名和图号。否则需要另行绘制安装或加工详图。

图 9-34 所示为煤气抽水缸的详图。上部为地面可见的砖砌井,由一根直径为 20mm 的抽水管通入到下部的凝水器,煤气管道通过凝水器,将凝结水留在凝水器中,由抽水管抽出。图中表明了各元件的尺寸、安装要求及材料,施工人员可按此图进行施工安装。

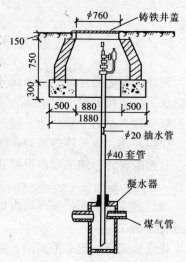

图 9-34 煤气抽水缸详图

第十章 建筑装饰施工图

第一节 概 述

一、建筑装饰施工图的概念

随着人们物质生活水平的不断提高，以及建筑新材料、新技术、新工艺、新结构的不断发展，在原建筑施工图上难以兼容复杂的装饰要求，从而出现了建筑装饰设计，用其来表达建筑室内外装饰的造型构思和施工工艺等。建筑装饰设计一般要经过两个阶段：一是方案设计阶段，一是施工图设计阶段。在方案设计阶段，要画方案图和效果图。方案确定后，根据确定的方案绘制施工图，以此指导施工和编制工程预算。建筑装饰的作用一方面保护建筑主体结构，使主体结构在室内外各种环境因素作用下具有一定的耐久性；另一方面是为了满足人们的使用要求和精神要求，进一步实现建筑的使用和审美功能。

建筑装饰施工图一般包括图纸目录、装饰设计施工说明、基本图和详图组成。将图纸中未能详细标明或图样不易标明的内容写成装饰设计施工说明；基本图包括装饰平面图、装饰立面图、装饰剖面图；详图包括构配件详图和装饰节点详图。本章主要介绍室内装饰图的内容和画法。

二、室内装饰施工图的特点

室内装饰施工图总的来讲仍属于建筑工程施工图，因此其画法要求及规定应与建筑施工图相同。但由于两者表达的内容侧重点不同，因此在表现方法、图面要求及一些表达方面也不完全相同。另外由于室内装饰设计在我国尚属发展初期，目前，国家还没有统一的绘图标准与规则，在实际应用中参照《房屋建筑制图统一标准》执行。与建筑工程施工图差别主要表现在以下方面：

（1）省略原有建筑结构材料及构造。由于室内装饰与装修是在已建房屋中进行二次设计，即只在房屋表面进行装饰，因此在装饰设计、施工中只要不改变原由建筑结构，画图时便可省略原建筑结构的材质及构造而不予表现。

（2）装饰工程施工图中尺寸的灵活性。在建筑施工图中尺寸必须完整、准确，班组不同工种施工时对尺寸的要求也不同。然而在装饰工程施工图中，特别是其基本图样中，可只标注影响施工的控制尺寸。对有些不影响工程施工的细部尺寸，图中也可不必细标，允许施工操作人员在施工中按图的比例量取或依据实际现场确定。

（3）装饰工程施工图中图示内容的不确定性。装饰设计中对家具、家电及摆设等物品在施工图中只提供大致构想，具体实施可由用户根据爱好自行确定。

（4）装饰工程施工图中表示方式的不统一性。建筑装饰施工图图例部分无统一标准，多是在流行中互相沿用，各地多少有点大同小异，有的还不具有普遍意义，不能让人一望而知，需要文字说明。另外，由于可采用的标准图不多，致使基本图中大部分局部和装饰配件都需要专画详图来表达其构造。

（5）装饰工程施工图中常附以效果图与直观图。效果图是进行装饰工程设计的基础和依据，施工图是设计效果的再现。为保证准确再现装饰设计的效果，在装饰工程施工图中多附上效果图或直观图，帮助施工人员理解设计意图，以便更好地进行工程施工。特别是在家具、摆设及一些固定设施等设计时，多配以透视图。

第二节　装饰平面图

装饰平面图包括装饰平面布置图（也称平面图）和顶棚平面图（也称天花平面图）。

装饰平面布置图是假想用一个水平剖切平面，在窗台上方位置，沿房屋的水平方向剖开，移去上面部分，所得到的正投影。它的作用主要是用来说明房屋内各种家具、家电、陈设及各种绿化、水体等物体的大小、形状、所用材料和相互关系，同时它还能体现出装饰后房屋能否满足使用要求及建筑功能的优劣。另外平面图也是集建筑艺术、建筑技术与建筑经济于一体的具体表现，是整个室内装饰设计的关键。

顶棚平面图有两种形成方法：一是采用仰视投影图法，即假想房屋水平剖开后，移取下面部分向上作正投影而成。二是镜像投影法，即将地面视为整片的镜面，对镜中顶棚的形象作正投影而成。顶棚平面图一般采用镜像投影法绘制，因为镜像视图所显示的图形的纵横轴线的位置与房屋的建筑平面图完全相同，看图十分方便。顶棚平面图的作用主要是用来表明顶棚装饰的平面形式、尺寸和材料，以及灯具和其他各种室内顶部设施的位置和大小等。

上述两种平面图，其中装饰平面布置图的内容尤其繁杂，加上它控制了水平向纵横两轴的尺寸，其他视图又多由它引出，因此是我们学习的重点和基础。

一、装饰平面图

室内平面布置图是建筑装饰施工图的主要图样，图 10-1 为某住宅的室内设计平面图。它是根据室内设计原理中的使用功能、精神功能、人体工程学以及用户的要求等，对室内空间进行布置的图样。由于空间的划分、功能的分区是否合理会直接影响到使用效果和精神感受，因此，在室内设计中平面布置图通常是首先设计的内容。

图 10-1 中所示的客厅是家庭生活的活动中心，它与餐厅、阳台连接在一起，从而具有延伸、宽敞、通透的感觉。客厅平面布置的功能分区主要有：主座位区、视听电器区、空调机、主墙面、人行通道等方面。根据客厅的平面形状、大小以及家具、电器等的基本尺寸，将沙发、茶几、地柜、电视、通道等布置为图示中的客厅部分。其中的主墙面为③轴墙面（即 A 向立面），在此墙面上将作重点的装饰构造处理，详见"装饰立面图"一节（图 10-5），客厅的地面铺 800mm × 800mm 的地面砖。在室内平面图不太复杂时，楼地面装饰图可直接与其合并（例如本图所示），复杂时也可以单独设计楼地面装饰图。如果地面各处的装饰做法相同，为了使平面图更加清晰，可不必满堂都画，一般选择图像相对疏空处部分画出，如卧室、书房的地面就是部分画出。

主卧室与次卧室，主要家具有床、窗头柜、梳妆台、嵌墙衣柜等。其中床头靠墙，其余三面作为人行通道，方便使用。地面采用实木地板。

书房，主要分阅读和休息两个功能区，配有沙发、茶几、书桌、微机、书橱等，地面铺实木地板。

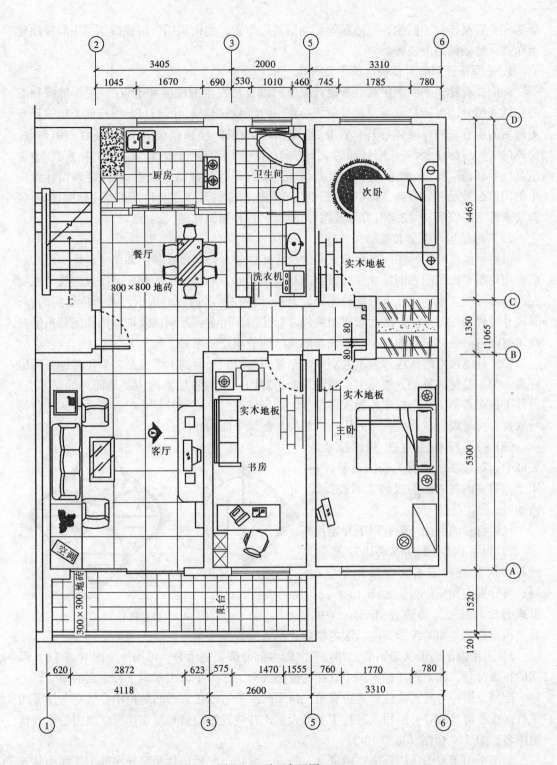

图 10-1　平面布置图 1:100

　　餐厅与厨房相连，为了节省空间，厨房门采用推拉式，加之餐厅与客厅相通，使本来不大的餐厅，显得视野相对宽阔。餐厅主要布置了餐桌和就餐椅，其地面与客厅的相同；

厨房主要有操作台、橱柜、电冰箱等，均沿墙边布置，地面采用防滑瓷砖。卫生间按原建筑布置，地面铺防滑瓷砖。

1. 平面布置图的需要表达的主要内容

标明原有建筑平面图中被装饰设计保留的以及新发生的柱网和承重墙、主要轴线和编号。轴线编号应保持与原有建筑平面图一致，并注明轴线间尺寸和总尺寸；标明装饰设计变更过后的所有室内外墙体、门窗、管井、电梯和自动扶梯、楼梯和疏散楼梯、平台和阳台等。房间的名称应标注全，并注明楼梯的上下方向；标明固定的装饰造型、隔断、构件、家具、卫生洁具、照明灯具、花台、水池、陈设以及其他固定装饰配置和部品的位置；标注装饰设计新发生的门窗编号及开启方向，对家具的橱柜门或其他构件的开启方向和方式也应标明；标明装饰要求等文字说明；标注索引符号及编号、图纸名称和制图比例。

2. 装饰结构与配套布置的尺寸标注

（1）平面尺寸的标注。平面布置图的尺寸标注分为外部尺寸和内部尺寸。外部尺寸一般套用建筑平面图的轴间尺寸和门窗洞、洞间墙尺寸，而装饰结构和配套布置的尺寸主要在图内部标注。内部尺寸一般比较零碎，直接标注在所示内容的附近。若遇重复的内容，其尺寸可代表性的标注。平面布置图的尺寸标注的作用主要是明确装饰结构和配套布置在建筑空间内的具体位置和大小，以及与建筑结构的相互关系。

（2）其他尺寸的标注。为了区别平面布置图上不同平面的上下关系，必要时也要标出标高。为了简化计算，方便施工，装饰平面布置图一般取各层室内主要地面为标高零点。另外平面布置图上还应标注各种视图符号，如剖切符号、索引符号、投影符号等。这些符号除投影符号以外，其他符号的识别方法均与建筑平面图相同。

（3）投影符号的标注。投影符号是装饰平面布置图所特有的视图符号，它用于标明室内各立面的投影方向和投影面编号。

投影符号的标注一般有以下规定：

1）当室内空间的构成比较复杂，或各立面只需要图示其中某几个立面时，可分别在相应位置画上图 10-2（a）形式的投影符号。等边直角三角形中，

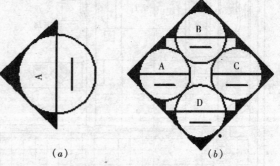

(a)   (b)

图 10-2 投影符号

直角所指是该立面的投影方向，圆内字母表示该投影面的编号。

2）当室内平面形状是矩形，并且各立面大部分都要图示时，可用一个图 10-2（b）形式的投影符号，四个直角标明四个立面的投影方向，四个字母表示四个投影面的编号。

绘制投影符号时，应注意等边直角三角形的水平边或正方形的对角中心线应与投影面平行，投影符号编号一般用大写拉丁字母表示，并将投影面编号写在相应立面图的下方作为图名，如 A 立面图（见图 10-5）。

装饰平面布置图还应标明室内家具、陈设、绿化、配套产品和室外水池、装饰小品等配套设置的平面形状、数量和位置。这些布置不能将实物原形画在平面布置图上，将借助一些简单、明确的图例表示。目前国家还没有统一的装饰平面图例，在表 10-1 中，列举了一部分比较流行的室内常用的平面图例，仅供参考。

图　例	说　明	图　例	说　明
	双人床		立式小便器
	单人床		装饰隔断（应用文字说明）
	沙发（特殊家具根据实际情况绘制其外轮廓线）		玻璃拦河
		ACU	空调器
	坐凳		电视
	桌	W　　G	洗衣机
	钢琴	WH	热水器
	地毯		灶
	盆花		地漏
	吊柜		电话
食品柜　茶水柜　矮柜	其他家具可在柜形或实际轮廓中用文字注明		开关（涂墨为暗装，不涂墨为明装）
	壁橱		插座（同上）
	浴盆		配电盘
			电风扇
	坐便器		壁灯
			吊灯
	洗脸盆		洗涤槽
			污水池
			淋浴器
			蹲便器

3. 布置图的画图步骤

（1）选比例，定图幅。

（2）画出建筑主体结构的平面图，一般采用简化的建筑结构，以突出装饰结构和装饰布局的画图方式。通常对建筑结构用粗实线或涂黑表示（见图 10-1）。

（3）画出建筑装饰结构的平面形式和位置，一般用中实线表示。

（4）画出地面的拼花造型图案、绿化等，一般用细实线表示。

（5）标注装饰结构与配套布置的尺寸、剖切符号、详图的索引符号、图例名称及文字说明等。

4. 平面布置图的阅读要点

（1）先看图名、比例、标题栏，弄清该图是什么平面图。

（2）阅读各个房间的名称，通过房间名称，了解各个房间的功能、面积。

（3）了解各个房间满足功能对装饰面的要求。通过装饰面的文字说明，了解各饰面对材料规格、品种、色彩和工艺制作要求，明确各装饰面的结构材料与饰面材料的衔接关系与固定方式。

（4）面对众多的尺寸，要注意区分建筑尺寸和装饰尺寸。注重装饰的细部尺寸标注。为了避免重复，同样的尺寸往往只代表性地标注一个，读图时要注意将相同的构件或部位归类。

（5）读图时分清平面布置图上的各种视图符号，如剖切符号、索引符号、投影符号等，通过阅读，明确剖切位置和方向、明确索引部位和详图所在位置、弄清投影面的编号和投影方向，为进一步的阅读剖面图、投影图做好准备。

概括起来，阅读装饰平面布置图应抓住面积、功能、装饰面、设施以及与建筑结构的关系这五个要点。

二、顶棚平面图

顶棚（又称天花）的功能综合性较强，其作用除装饰外，还兼有照明、音响、空调、防火等功能。顶棚是室内设计的重要部位，其设计是否合理对于人们的精神感受影响非常大。由于顶棚是特殊的部位，施工的难度较大。顶棚的装饰通常分为悬吊式和直接式两种。悬吊式天棚造型复杂，所涉及的尺寸、材料、颜色、工艺等的表达较多，造价较高；直接式天棚是利用原主体结构的楼板、梁进行饰面的处理，其造型、工艺做法等较为简单，造价较低。

图 10-3 是对应于图 10-1 室内平面布置图的"顶棚平面图"。由于室内的净空高度较低（2.65m），为了避免影响采光或有压抑感，其卧室、客厅、餐厅、书房面层均做直接式，即在结构层上刮腻子、涂刷乳胶漆；为了增加立面造型，客厅影视墙顶，用石膏线和造型灯处理，其他各顶棚用石膏做双层顶角线处理，以增加其温馨的气氛；厨房、卫生间由于油烟、潮气较大，为了便于清洁和防潮，选用 PVC 金属塑料扣板作为悬挂式顶棚材料。

1. 顶棚平面图的主要内容和表示方法

（1）表明墙柱和门窗洞口位置。

顶棚平面图一般不图示门窗及其开启方向线，只图示门窗过梁底面。为了区别门洞与窗洞，窗扇用一条细虚线表示或用建筑图中画法表示。

（2）标明顶棚造型（如跌级、装饰线等）、灯饰、空调风口、排气扇、消防设施等的

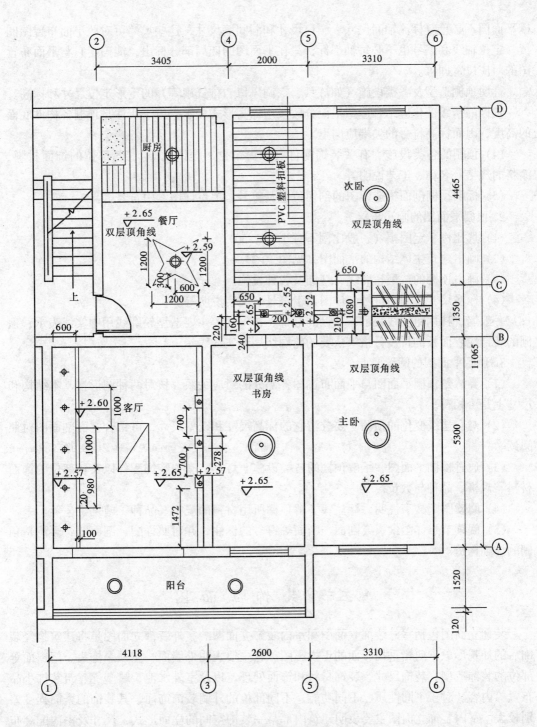

图 10-3　顶棚平面图

轮廓线，条块状饰面材料的排列方向线。

（3）顶棚的尺寸标注。

顶棚平面图一般都采用镜像投影法绘制。用镜像投影法绘制的顶棚平面图，其图形上的前后、左右位置与装饰平面图布置图完全相同，纵横轴线的排列也与之相同。因此，顶棚平面图不必重复标注轴间尺寸、洞口尺寸和洞间墙尺寸，这些尺寸可对照平面布置图阅读。定位轴线和编号也不必每轴都标，只在平面图的四周部分标出，能确定它与平面布置图的对应位置即可。

标明顶棚造型及各类设施（如灯具、空调风口、排气扇等）的定形定位尺寸和标高。

顶棚的迭级变化应结合造型平面分区线用标高形式表示，由于所注是顶棚各构件底面的高度，因而标高符号的尖端应向上。

（4）顶棚的各类设施、有关装饰配件（如窗帘盒、挂镜线等）、各部位的饰面材料、涂料的规格、名称、工艺说明等。

（5）标明顶棚剖面构造详图的剖切位置及符号、节点详图索引符号等。

2. 顶棚平面图的画法步骤

（1）选比例、定图幅（一般比例不宜小于 1:50）。

（2）画出建筑主体结构的平面图（见图 10-3）。

（3）画出顶棚的造型轮廓线、灯饰及各种设施。

（4）标注尺寸、剖切符号、详图索引符号、文字说明等。

一般墙、柱用粗实线表示；顶棚的灯饰、排气扇等主要造型轮廓线用中实线表示；顶棚的装饰线、面板的拼装分格等次要的轮廓线用细实线表示。

3. 顶棚平面图的阅读要点

（1）弄清楚顶棚平面图与平面布置图各部分的对应关系，核对两种图形在基本结构和尺寸上是否相符。

（2）对有迭级变化的顶棚，要分清它的标高尺寸和线型尺寸，可结合立面剖面图对照阅读。

（3）通过顶棚平面图，了解顶棚的各类设施、灯具、有关装饰配件以及各部位的饰面材料、规格、品种与数量。

（4）阅读图上文字说明、标注，了解顶棚所用材料的规格、品种、施工工艺等。

（5）阅读节点详图索引或剖面、断面等符号的标注，并对照详图、剖面图，弄清楚顶棚的详细构造。

第三节 装饰立面图

装饰立面图包括室外装饰立面图和室内装饰立面图。室外装饰立面图是将建筑物经装饰后的外观形象，向铅垂投影面的正投影图。它主要表明外墙面、屋顶、檐头、门窗面等部位的装饰造型、装饰尺寸、装饰材料和饰面处理，以及室外水池、雕塑等建筑装饰小品布置等内容。对于不同性质、不同功能、不同部位的外墙装饰饰面，其装饰的繁简程度差别较大。室内装饰立面图主要表明建筑内部某一装饰空间的立面形式、尺寸及室内配套布置等内容。室内装饰形式比较复杂，目前常采用以下几种表达形式：

内视立面图。假想将室内空间垂直剖开，移去剖切平面前面的部分，对余下部分作正投影而成。这种立面实质上是带有立面图示的剖面图。它所示图像的进深感较强，并能同时反映顶棚的迭级变化。其缺点是剖切位置不明确，因为在平面布置图上没有剖切符号，仅用投影符号表明视向，所以剖切面图示安排似乎有些随意，较难与平面布置图和顶棚平面图相对应。

墙立面投影图。假想将室内各墙面沿面与面相交处拆开，移去暂时不予投影的墙面，将剩下的墙面及其装饰布置向铅直投影面作投影而成。这种立面图不出现剖面图像，只出现相邻墙面及其上装饰构件与该墙面的表面交线。

立面展开图。假想将室内各墙面沿某轴拆开，依次展开，拉平在一个连续的铅直投影面上，像是一条横幅的画卷，形成的立面展开图。这种立面图能将室内各墙面的装饰效果连贯的展示在人们眼前，以便人们研究各墙面之间的统一与反差，以及相互衔接关系，对室内装饰设计和施工有着重要作用。

（一）装饰立面图的主要内容和表达方法

1. 室外装饰立面图

（1）立面图反映了建筑物的外貌构造形状，如外墙上的檐口、门窗套、阳台、腰线、雨篷、花台及台阶等构造形状。

（2）反映各部位构造建筑材料及作法，如墙面是清水墙还是混水墙，其饰面是干粘石，还是贴面砖等。

（3）尺寸标注。立面图上一般不标注尺寸，只标注主要部位的相对标高。如各层建筑标高、房屋的总高度、室外地坪标高等。有的立面图也在侧边采用竖向尺寸，标注出窗口的高度、层高尺寸等。见图10-4为某公共建筑室外装饰正立面图。

2. 室内装饰立面图

（1）墙柱面饰面造型（如壁饰、装饰线、固定于墙身的柜、台、座等）的轮廓线、壁灯、装饰件等。

（2）吊顶及吊顶以上的主体结构（如梁、板等）。

（3）墙柱面的饰面材料、涂料的名称、规格、颜色及工艺说明等。

（4）尺寸标注。表明墙柱面装饰造型的定形尺寸、定位尺寸；楼地面、吊顶天花的标高等；标注立面和顶棚剖切部位的装饰材料、材料分块尺寸、材料拼接线和分界线定位尺寸。

（5）标注详图索引、剖面、断面等符号，以及标注立面图两端墙柱体的定位轴线、编号。

图10-5所示为客厅的主墙面装饰立面图，图中详细表达了客厅的③轴墙面上的装饰造型，如地柜、壁龛、装饰面、装饰灯、装饰抹灰等形状、大小。该立面图实质上是客厅的剖面图。与建筑剖面图不同的是，它没有画出其余各楼层的投影，而重点表达该客厅墙面的造型、用料、工艺要求等，以及顶棚部分的投影。对于活动的家具、装饰物等都不在图中表示。它属于墙立面投影图的形式。

（二）装饰立面图的画法步骤

（1）选定比例、定图幅，画出地面、楼板及墙面两端的定位轴线等，建筑主体结构的墙、梁、板用粗实线表示。

（2）画出墙面的主要造型轮廓线和次要轮廓线。其中主要造型轮廓行用中实线表示，次要轮廓线用细实线表示。

（3）标注尺寸、剖切符号、详图索引符号、文字说明等。

（三）装饰立面图的阅读要点

（1）阅读室内装饰立面图时，应结合装饰平面图、该室内的其他立面图对照，明确该室内的整体做法与要求，并搞清楚装饰立面视向图标在平面布置图中的位置。

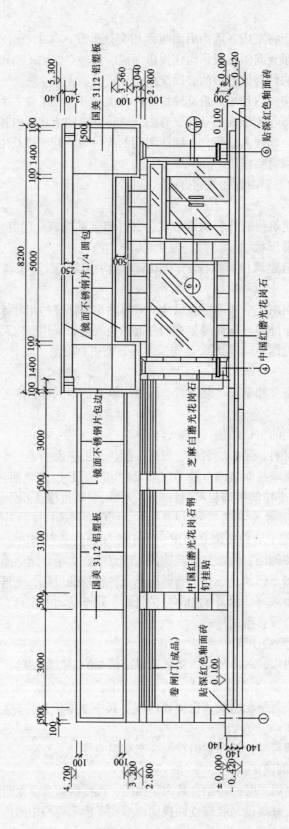

图 10-4　某公共建筑室外装饰立面图

（2）明确建筑装饰立面图上与该工程有关的各部分的尺寸和标高。

（3）清楚投影方向指定的墙面上不同线形的含义，清楚立面上各种装饰造型的凹凸起伏变化和转折关系，以及这些饰面所用材料和施工工艺要求。

（4）立面上各种不同材料饰面之间的衔接收口较多，要注意收口的方式、工艺和所用材料。这些收口方法的详图，可在立面剖面图或节点详图上找到。

（5）搞清楚装饰结构与建筑结构的衔接，装饰结构之间的连接方法和固定方法，以便提前准备预埋件和紧固件。

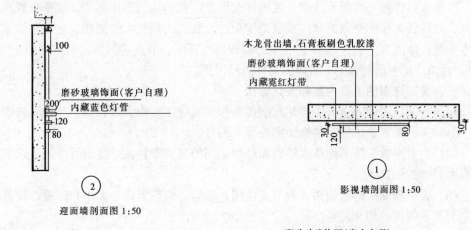

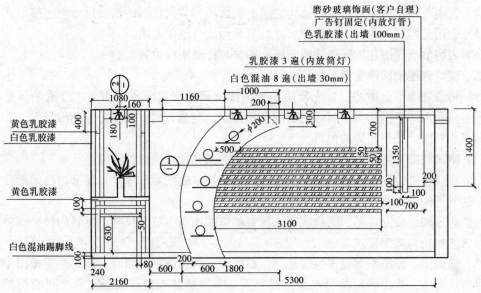

图 10-5　客厅主墙面装饰立面图

第四节　装　饰　详　图

装饰详图指的是装饰细部的局部放大图、剖面图、节点详图等。由于在装饰施工中常

275

有一些复杂或细小的部位，受图幅和比例的限制，在以上所介绍的平、立面图样中未能表达或未能详尽表达时，则需要使用装饰详图来表示该部位的形状、结构、材料名称、规格尺寸、工艺要求等。装饰详图主要包括装饰剖面详图（又称装饰剖面图）和装饰节点详图两种。

装饰剖面详图是用假想平面将室外某装饰部位或室内某装饰空间垂直剖开而得的正投影图。它主要表明上述部位或空间的内部构造情况，或装饰结构与建筑结构、建筑材料与饰面材料之间的构造关系等。

装饰节点详图是将两个或多个装饰面交汇点，或构造的连接部位，按垂直或水平方向剖开，并以较大比例绘制的详图或装饰构配件按较大比例放大的图样，它是装饰工程中最基本和最具体的施工图，如图 10-5 中的装饰剖面详图。节点详图的比例常采用 1:1、1:2、1:5、1:10，其中比例为 1:1 的详图又称为足尺图。

一、装饰详图的主要内容和表达方法

建筑装饰详图的表达方法与建筑剖面图和建筑施工详图大致相同。其主要内容如下：

（1）表明图名、比例、装饰详图符号及编号。

（2）表明建筑装饰剖面基本结构和剖切空间的基本形状，并注出所需的建筑主体结构的有关尺寸和标高。

（3）表明装饰结构的剖面（或节点详图）形状、构造形式、大小和位置、材料组成及固定与支承构件的相互关系。

（4）表明装饰结构与建筑主体结构之间的剖面图与节点详图的衔接尺寸与连接形式。

（5）表明某些装饰构件、配件的尺寸，工艺做法与施工要求。

（6）表明节点详图和构配件详图的所示部位与详图所在位置。

二、装饰详图的阅读要点

（1）阅读装饰节点详图，首先要搞清楚该图从何处剖切或放样而来。分清是从平面图，还是从立面图上剖切。了解该剖面的剖切位置、剖视方向、图示符号和编号等，并在平面图或立面图上找到相应的位置。

（2）阅读装饰剖面图要结合平面图（平面布置图和顶棚平面图）进行。

（3）在众多图像和尺寸中，应分清楚建筑主体结构的图像和尺寸、装饰结构的图像和尺寸，达到正确的阅读装饰详图的尺寸。

（4）通过阅读装饰详图，明确装饰工程各部位的构造方法和尺寸、材料的种类规格和色彩、工艺做法与施工要求等。

（5）剖面图、详图细部较多也较复杂，在阅读建筑装饰剖面图时，还要注意按图中索引符号所示方向，找出各部位节点详图对照看。弄清楚各连接点或装饰面之间的衔接方式，以及包边、盖缝、收口等细部的材料、尺寸和详细做法等。

三、装饰详图的画法步骤

（1）选比例、定图幅。

（2）画出主要结构的轮廓线。

（3）画出次要部分的轮廓线以及细部线。

（4）标注尺寸、文字说明等。

参 考 文 献

1 宋安平．建筑制图．北京：中国建筑工业出版社，1997
2 郑国权．道路工程制图．北京：中国建筑工业出版社，1990
3 李国生．土建工程制图．广东：华南理工大学出版社，2002
4 何斌．建筑制图．北京：高等教育出版社，2001
5 颜锦绣．建筑制图．山东水利专科学校高等示范专科专业试用教材，1998 年
6 乐嘉龙主编．学看建筑装饰施工图．北京：中国电力出版社，2002 年
7 龚小兰等主编．建筑工程施工图读解．北京：化学工业出版社，2003 年
8 唐西隆等主编．土木建筑工程制图．广州：华南理工大学出版社，2003 年
9 何铭新等主编．建筑制图．北京：高等教育出版社，2000 年
10 王文仲主编．建筑识图与构造．北京：高等教育出版社，2003 年
11 鲍风英主编．怎样看建筑施工图．北京：金盾出版社，2001 年
12 平法整体表示方法制图规则 00G101．中国建筑标准设计研究所出版，2002 年
13 刘志麟．建筑制图．北京：机械工业出版社，2001
14 司徒少年等．土建工程制图．上海：同济大学出版社，2002
15 李国生等．土建工程制图．广州：华南理工大学出版社，2002
16 易幼平．土木工程制图．北京：中国建材工业出版社，2002
17 程志胜．建筑识图与构造．北京：机械工业出版社，1999
18 李宣．安装工程识图与制图．北京：中国电力出版社，2002
19 王强等．建筑工程制图与识图．北京：中国机械工业出版社，2003
20 同济大学建筑制图教研室编．画法几何．上海：同济大学出版社，2003
21 陈文斌等．建筑工程制图．上海：同济大学出版社，2003
22 林国华．画法几何与建筑制图．北京：人民交通出版社，2001